U0158570

项目资助

国家社会科学基金项目“移动互联网条件下的新闻传播新形态、特征、趋势及应对策略研究”（编号14CXW026）成果；

2022年度河北省哲学社会科学学术著作出版资助；

河北省文化名家暨“四个一批”人才资助项目资助；

河北经贸大学学术著作出版基金资助

移动化生存

移动互联网与新闻传播变革

景义新　沈静　著

Mobile Survival :

Mobile Internet and News Communication Revolution

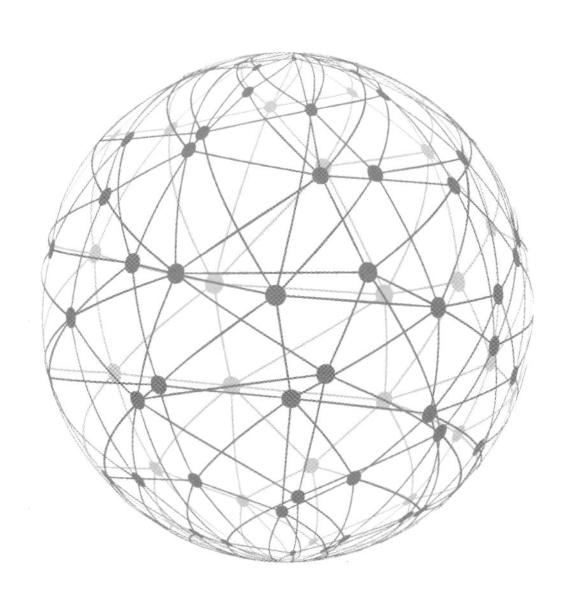

中国社会科学出版社

图书在版编目（CIP）数据

移动化生存：移动互联网与新闻传播变革／景义新，沈静著．—北京：中国社会科学出版社，2023．3

ISBN 978－7－5227－1310－6

Ⅰ．①移…　Ⅱ．①景…②沈…　Ⅲ．①移动网—研究②新闻学—传播学—研究　Ⅳ．①TN929．5②G210

中国国家版本馆 CIP 数据核字（2023）第 022304 号

出 版 人　赵剑英
责任编辑　赵　丽
责任校对　王佳玉
责任印制　王　超

出　　版　中国社会科学出版社
社　　址　北京鼓楼西大街甲 158 号
邮　　编　100720
网　　址　http://www.csspw.cn
发 行 部　010－84083685
门 市 部　010－84029450
经　　销　新华书店及其他书店

印　　刷　北京明恒达印务有限公司
装　　订　廊坊市广阳区广增装订厂
版　　次　2023 年 3 月第 1 版
印　　次　2023 年 3 月第 1 次印刷

开　　本　710×1000　1/16
印　　张　16．75
插　　页　2
字　　数　266 千字
定　　价　89．00 元

序 言 一

欣闻景义新、沈静即将出版专著《移动化生存——移动互联网与新闻传播变革》，并嘱我为该书作序。该书是一部研究移动互联网条件下新闻传播行业变革趋势及应对策略的专著，同时也是景义新主持的国家社会科学基金项目《移动互联网条件下的新闻传播新形态、特征、趋势及应对策略研究》（14CXW026）的最终成果，历经数年研究于2019年提交结项，现今该书由中国社会科学出版社出版。

当今时代，传播技术的发展速度之快令人惊叹。近年来，移动互联网的普及率逐年攀升，手机网民的数量也随之不断增长，根据中国互联网络信息中心（CNNIC）发布的第48次《中国互联网络发展状况统计报告》数据显示，截至2021年6月，我国互联网普及率为71.6%，我国手机网民规模达10.07亿，占总体网民规模的99.6%。移动互联网的飞速发展，改变了原有的新闻传播生态，探索由此带来的新闻传播变革及应对策略，成为一项紧迫的研究课题。

在这样的时代背景下，该书以具有体系性和全面性的视角，以移动终端、移动网络和应用服务三个移动互联网核心要素为基点，从新闻传播新形态、新闻传播新特征、新闻传播新趋势等不同层面来详细探讨移动传播新格局，进而提出媒体、受众和政府监管层面的应对策略。

该书以移动互联网技术为出发点。首先对移动终端、移动网络和应用服务三个移动互联网核心要素进行界定，并对从1G到5G的移动互联网技术发展变迁过程进行详细梳理，表明移动互联网技术对新闻传播业的影响日益深化。在此基础上，对移动互联网技术条件下的新闻服务类、视频传播类、社交娱乐类、位置服务类以及生活服务类等典型传播应用进行解析，从而为进一步探讨移动互联网条件下的新闻传播变革趋势及应对策略奠定良好的技术基础。

总体而言，该书对移动互联网技术及其传播应用形成较为清晰的认知，全面描摹了移动互联网条件下的传者图像，通过对职业媒体人的问卷调查研究，探索性地指出未来传者演变趋势；探讨了移动互联网条件下的融合媒介，指出移动互联网条件下形成了“个人化”传播、“社交化”传播以及“全时空”传播三个典型传播特征，并对移动互联网条件下的融合媒介多元发展趋势做出判断；分析了移动互联网条件下的全媒内容，解读其构建的新型传播内容形态；剖解了移动互联网条件下的多元受众，指出在移动互联网条件下，往常意义上的受众更大程度上转化为积极用户角色。该书继而分别为媒体机构、传播受众以及国家监管部门提出应对策略。首先，通过业内人士的深度访谈，指出媒体机构作为新闻信息的主要供应方和传播者，需要立足移动传播规律，真正融入当下这个移动智媒时代，开创自身更好的融合发展局面；传播受众要实现自身媒介素养的自我跃升，主动接受新媒介素养教育并坚守移动互联网传播伦理；国家监管体系也应加强新闻信息服务从业者、内容审核、新媒体融合产业管理体系以及个人信息保护等层面的监管。

从学术价值层面考量，该书研究移动互联网条件下的新闻传播变革，既对传统新闻传播理论形成一定的补充和发展，也对网络与新媒体传播、新型媒介融合进行了一定的理论探索；从应用价值层面考量，该书既有利于传统媒体与移动新媒体融合发展，同时还有助于媒体机构、传播受众和国家政府采取恰当的应对之策，共建良好有序的移动传播新格局。

当然，该书也存在若干可供进一步探究和完善之处。比如，该书应用价值很高，但理论研究深度上略显不足，这需要在今后的研究工作中进一步侧重和加强；该书着力于国内移动互联网与新闻传播变革研究，对国外移动互联网与新闻传播变革关注较为有限，在今后的研究工作中可以进一步强化研究的国际视野；该书对新闻传播变革中的媒体重心放在传统主流媒体上，而对市场化新媒体平台及其新型产品关注不足，今后可以对此展开更多层面的研究和探讨。但是从总体上看，该书不失为一部立足移动互联网时代，理论结合实践，可为新闻传播学界和业界提供有益参考的优秀读本。

作为景义新的博士后导师，我对他比较了解。他于 2016 年 9 月进入中国人民大学新闻学院博士后流动站从事博士后研究工作，2019 年 5 月完成博士后期间所有工作任务，顺利出站，实属不易。因为我知道，他在此期间，还于2018 年春到2019 年夏借调到河北省委教育工委（河北省教育厅）工作。对于一名青年学者而言，在肩负着主持国家社科基金项目研究和博士后在站研究工作这样的双重任务的同时，还为河北省教育行政系统做了一年多的事务工作，没有全力的付出和十足的努力，这些叠加起来的任务是不可能完成的。当然，通过省级机关的行政锻炼，在一定程度上提升了他的行政管理能力，这为他快速成长为高等院校难得的“双肩挑”人才奠定了良好基础。正是基于他所具有的较强科研能力和管理能力，2019 年 7 月，景义新被任命为河北经贸大学文化与传播学院副院长。

主持国家社科基金项目并顺利结项，从事博士后研究工作并顺利出站，对于景义新而言，这是他人生中的重要节点，更是他人生中新的起点。在这里，我必须要说的是，沈静博士作为景义新的爱人，一直在背后默默地无条件地支持着他，两人同甘共苦、相濡以沫。希望这一对博士伉俪在未来的人生路上继续携手并肩、同心同行，一起努力在新闻传播研究领域取得更好的成绩，并继续迎接更加美好的生活！虽然人生没有完美，但需保持一颗追求完美的心、向上向善的心！

是为序。

中国人民大学新闻学院教授、博士生导师
中国人民大学新闻与社会发展研究中心主任
国家“万人计划”哲学社会科学领军人才
文化名家暨“四个一批”国家级人才

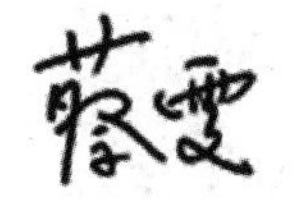

2022 年 3 月于北京

序 言 二

20世纪末期，尼古拉·尼葛洛庞帝提出了“数字化生存”的概念，描绘了数字科技给人们的工作、生活等方方面面带来的冲击和挑战，被称为跨入数字化新世界的指南。今天，数字信息和网络技术已经成为人类社会发展的重要驱动力。在人们的日常生活中，“网络化生存”成为常态，互联网技术变得越来越重要，人们一旦离开了互联网，就会变的浑身不自在。面对互联网技术的快速迭代，各行各业都需要顺应互联网发展规律，新闻传播行业也不例外。在移动互联网技术快速普及的今天，由移动互联网所引发的新闻传播行业的变革实际上是一种颠覆性的革命，“移动化生存”成为一种新的常态，这恰恰构成了《移动化生存——移动互联网与新闻传播变革》这部专著的核心主题。

本书由河北经贸大学文化与传播学院景义新、沈静合作撰写。本书作为国家社会科学基金项目“移动互联网条件下的新闻传播新形态、特征、趋势及应对策略研究”最终成果，试图揭示移动互联网条件下新闻传播变革的发展动向与未来趋势。移动互联网的迅速迭代，不断创生出一系列新闻传播的新形态，呈现出一系列新特征。面对由此带来的剧烈变化，新闻传播业如何积极应对，无论对政府、媒体还是公众，都是至关重要的问题。这部专著就是围绕移动互联网带来的新闻传播业复杂变化、发展趋势及其应对策略展开的系统性研究，具有较强的理论价值和现实意义。

本书全面探讨了移动互联网条件下的新闻传播新形态及特征，判断其未来演变趋势，进而从媒体、公众、政府等不同角度提出应对策略和建议。概括而言，该书对移动互联网技术及其传播应用形成了较为清晰的认知，全面描摹了移动互联网条件下的传者图像，探索了移动互联网条件下的融合媒介，解读了移动互联网条件下的全媒内容，分析了移动互联网条件下的多元受众，提出了移动互联网条件下的传播主体应对策略。

该书抓住了移动互联网技术的三个核心要素：移动互联网的基础设施——移动网络；移动互联网的技术设备——移动终端；移动互联网的技术应用——应用服务。由此出发，分析了移动互联网技术条件下的典型传播应用，包括视频传播类应用、社交娱乐类应用、位置服务类应用、新闻服务类应用、生活服务类应用等。这些传播应用涉及移动社交技术、位置信息技术、移动视频技术、移动传感技术等移动互联网关键技术，正是这些技术不断创生出新闻传播的新形态。

为了对移动互联网条件下的传者图像进行描摹，两位作者对国内的职业媒体人群体展开了较为扎实的问卷调查和数据分析。通过这项调查研究，获得了职业媒体人对媒体转型的整体实践认知，从职业媒体人的视角，明确了媒体转型最重要的事项，摸清了媒体转型急需的体制机制改革重点，以及媒体转型措施的效果评价。勾勒出职业媒体人新媒体产品的生产图景，既关注职业媒体人新媒体产品的生产情形，也了解了职业媒体人的新媒体培训状况。伴随移动互联网技术的发展，传统媒体经历了迅速转型变革过程，从移动手机报到两微一端，再到今天的智能化融媒体，体现了传统媒体转型的未来方向。作者探索性指出未来传播的演变趋势：新闻媒体与技术公司合作日益紧密，自媒体社交化传播的参与式图景逐渐凸显，媒体从业人员专业素质要求不断提高，人机协同的内容自动化生产机制日渐形成。本书所揭示的这些演变趋势对新闻传播行业未来发展颇有启示。

本书探索了移动互联网条件下的融合媒介形态及特征。移动互联网对传播媒介形态带来全面影响。媒介终端从传统大众媒介形态衍变为数字化智能型终端形态，媒介渠道从各自独立的报纸、广播、电视融合为无所不包的移动化数字传播平台，媒介内容也从原来的单一媒体内容升级为全媒体内容。两位作者指出移动互联网条件下的三个典型传播特征："个人化"传播——个体性因素与私密性意涵，"社交化"传播——伴随虚拟社交的信息传播过程，"全时空"传播——随时随地的信息传播体验。在此基础上，本书对融合媒介的发展趋势形成了几点判断：各种媒介融合趋势将进一步加强，未来传播媒介将更趋智能化，新闻传播媒介边界将不断模糊，网络媒介面临的信息安全问题将更为复杂。同时，本书对移动互联网条件下的全媒内容和多元受众也进行了深入分析。

特别值得一提的是，本书用三章的篇幅全面提出了移动互联网条件下媒体转型发展的策略，为媒体、公众以及政府部门提供了重要参考。作者针对媒体提出的对策和建议包括：进一步改革现行媒体管理体制，加强与完善媒体内部管理机制，改革新媒体生产机制与优化生产流程，强化新媒体生产的用户思维和市场导向，引进新媒体人才及完善人才培训培养机制。在国家监管层面，本书认为相关部门应当构建新闻信息服务从业者职责体系，健全新闻信息内容审核和管控制度，建立互联网视听内容监管标准，全面加强互联网直播服务监管，不断提高新媒体融合产业管理体系创新，加强移动互联网终端服务监管，完善新媒体融合信息版权管理体系，持续完善个人信息法律保护制度，加强有关政府部门监管力度，不断强化用户信息安全教育，全面提高移动互联网信息安全保障。本书也对公众提出了若干建议，包括主动接受新媒介素养教育，以更新信息观念为基础，以掌握信息技术为核心，不断进行媒介使用行为的调适，在态度上坚持以批判和质疑精神为前提，在行为上注重信息的处理、筛选与鉴别，坚守移动互联网传播伦理，肩负社会责任和公民道德，自觉抵制伦理失范行为。

总体而言，本书是理论与实践深度结合的综合性研究成果，具有较强的理论价值和现实意义。"文工交叉，应用见长"是华中科技大学新闻与信息传播学院一直以来的办学特色。景义新、沈静是我在华中科技大学新闻与信息传播学院的学弟和学妹，这对博士伉俪携手走到今天实属不易，取得这样的成果可喜可贺。任何研究成果都不可能是完美的，都需要不断接受新的理论和实践考验，都需要在知识体系的不断更新中进行修正和完善。唯有如此，人类社会所创造的理论大厦才会越来越坚固，才能更好的指引人类自身的实践活动，创造更加美好的未来世界。以此共勉！

是为序。

浙江大学传媒与国际文化学院院长、教授、博士生导师
国家“百千万人才工程”入选者
教育部青年长江学者

2022年9月于杭州

目　录

第一章

绪　　论

当前社会正处于一个飞速发展的移动互联网时代，5G 技术应用日趋成熟，更加凸显了移动互联网技术发展的日新月异。从 1G 到 5G 的技术变迁，也不断见证着移动互联网对社会传播形态乃至人类生存方式产生的深刻影响。对于新闻传播行业而言，由此带来的变化是前所未有的，这就需要行业内部跟上新技术的发展步伐。移动互联网条件下的新闻传播行业，既面临着新的发展机遇，也需要迎接艰难的挑战。这种机遇和挑战不仅是对广大传统纸媒和广电媒体而言，对于传统门户网站等网络媒体而言也是如此，其在移动互联网条件下也要经历一番移动化转型。概而言之，“移动化生存”正在成为移动互联网条件下新闻传播变革的核心要义。

第一节　研究背景及意义

本书立足移动互联网技术，探讨移动互联网对新闻传播行业带来的全方位影响，既关注移动互联网带来的新闻传媒领域的深度变革，也关注移动互联网带来的网民和用户结构的深刻变化，从而彰显了本书的理论价值和现实意义。

一　研究背景

（一）移动互联网条件下的网民结构之变

当前，移动互联网带来的中国网民结构变化日益突出。一方面可以通过手机网民数量的增长进行判断；另一方面也可以通过手机网民占比的增长态势进行判断。以下将通过对中国互联网络信息中心（China Internet Network Information Center，CNNIC）历年数据的再度整理和计算，得出表 1 - 1 的具体数据，并对之进行详细解析。

表 1 - 1　移动互联网条件下的网民构成情况（数据来源：CNNIC）

年份	网民总量（万人）	手机网民数量（万人）	手机网民占比（%）
2006	13700	1700	12.4
2007	21000	5040	24.0
2008	29800	11760	39.5
2009	38400	23344	60.8
2010	45730	30274	66.2
2011	51310	35558	69.3
2012	56400	41997	74.5
2013	61758	50006	81.0
2014	64875	55678	85.8
2015	68826	61981	90.1
2016	73125	69531	95.1
2017	77198	75265	97.5
2018	82851	81698	98.6
2019	90400	89700	99.3
2020	98900	98600	99.7

通过表 1 - 1 的数据统计，自 2006 年将手机网民数量纳入统计，随着每年网民总量的不断增加，手机网民数量增加的幅度更加明显，手机网民占比也呈现出不断增长的态势。尤其是 2019 年和 2020 年，中国网民数量和手机网民数量均实现大幅度增长。2020 年，中国网民用户总数逾 9.89 亿，手机网民数量则高达 9.86 亿，手机网民占比达到 99.7%，已基本接近全覆盖。从移动互联网技术覆盖情况而言，3G 网络已经覆盖全国所有乡镇，4G 网络商业化已全面铺开，5G 网络商用正在稳步推进。通过移动互联网条件下的网民结构之变，足以说明移动互联网日益成为社会信息传播系统的核心支撑力量。

通过对2006—2020年手机网民数据的整理分析，可以清晰地看到中国手机网民占比呈现直线上升态势。2006年，手机网民占比超过十分之一（12.4%）；2007年，手机网民占比几乎翻了一番，占比接近四分之一（24.0%）；2008年，手机网民占比接近四成（39.5%）；2009年，手机网民占比增长到六成（60.8%），手机网民占比增长的显著程度可见一斑。2010年之后，手机网民占比增速放缓，但依然有较为明显的增长。2016年以来，手机网民占比日趋饱和，增长更加趋缓，终至接近普及之态势。

（二）移动互联网带来的新闻传播变革

移动互联网的飞速发展，改变了原有的传播生态，探索由此带来的新闻传播变化及应对策略，成为一项紧迫的研究课题。移动互联网对新闻传播带来的变化不是某一个层面，而是体现在全方位的变革。从新闻传播的主要环节或要素而言，移动互联网带来传者图像的重新描摹，重构了传播媒介的融合形态，形成了传播内容的全媒生产格局，塑造了更加多元和积极的受众群体。这些环节或要素之间又环环相扣，在移动互联网的影响下错综复杂的交织在一起。

从新闻传媒领域的变革角度而言，移动互联网带来的影响是最直接的、剧烈的，“移动优先”已经成为传统媒体转型的重要发展战略，其新闻产品生产首要任务是满足移动互联网受众的新闻信息需求，如中央广播电视总台打造的央视新闻移动网、新华社定位“新主流、新体验”的移动应用客户端、人民日报全新上线的短视频平台“人民日报+”等，均是传统媒体面向移动互联网开拓的新平台。而传统门户网站的代表也纷纷朝向移动互联网发展，如搜狐网推出定位“此时新闻现场、此刻真实力量”的搜狐新闻客户端、网易推出定位“全球资讯，一触即发”的网易新闻客户端、新浪网推出定位“微博热点抢先看，重大事件深报道”的新浪新闻客户端。这种移动化平台的探索实践仅是新闻传媒面向移动互联网转型的一个开端，未来的新闻传播格局将更为波澜壮阔。随着5G技术的日益成熟，同时伴随人工智能、大数据、VR/AR、区块链等技术的进一步融合，人类正在迎来一个崭新的“移动智媒”时代。

二　研究的意义

（一）研究的理论意义

本书研究移动互联网条件下的新闻传播变革，既对传统新闻传播理论形成必要补充和发展，也对网络与新媒体传播、新型媒介融合进行理论性探索，因此具有较高的理论价值。

一方面，传统的新闻传播理论虽然对传统报刊和广播电视的新闻传播规律做了深入而细致的研究，但是在移动互联网技术突飞猛进的发展态势下，正亟待进一步突破创新，以有效解释新的传播现象和揭示新的传播规律。

另一方面，探讨移动互联网条件下新闻传播发生的系列新变化，深刻认识从传统网络到移动网络的变迁及影响，由此对新媒体传播现象进行理论上的梳理，对移动互联网条件下的媒介融合做出理论性的探索分析，也有一定价值。

（二）研究的现实意义

本书紧密追踪移动新媒体的发展态势，探讨移动互联网条件下的新闻传播新形态及未来趋势，有利于传统媒体与移动新媒体融合发展，同时还有助于媒体、受众和政府管理部门采取恰当的应对之策，共建良好有序的移动传播新格局。

一方面，通过探究移动互联网条件下的新闻传播新形态及其新特征，并形成对未来发展趋势的判断，使得传统主流媒体在移动化转型中目标更清晰、方向更明确，推动中国传统媒体与新媒体深度融合与创新发展。

另一方面，面对移动互联网带来的传播之变，媒体、受众和政府管理部门等各个层面相关主体均需调整自身的认知和行为状态，做出恰当的应对之策，从而创造出一个和谐有序的社会传播新局面。

第二节　研究文献综述

本书围绕移动互联网与新闻传播相关领域进行学术史梳理，既关注移动互联网技术层面的研究，也注重梳理移动互联网与媒介化社会发展的脉络。技术层面包括移动互联网终端技术、接入网络技术、应用服务技术、安全与隐私保护等层面的研究，移动互联网与媒介化社会层面包括移动互联网与政治、经济、文化、社会等相关研究。从整个文献综述看，直接探讨新闻传播的相关文献是本书关注的重点。通过扎实的学术史梳理，为本书的深入开展奠定良好的基础。

一 移动互联网技术层面的研究

本书从移动互联网的背景出发，通过对移动互联网技术的研究文献进行梳理，试图把握移动互联网研究的总体技术路径，有利于接下来对移动互联网条件下的新闻传播展开更深入准确的分析。以下将遵照移动互联网技术研究的不同主题展开综述。

（一）移动互联网技术宏观层面研究

移动互联网技术研究文献中，数量最多的是针对某方面主题或具体技术展开的中观或微观研究，但也有少部分文献展开总体性的宏观研究，主要包括界定移动互联网技术的总体范畴、描述移动互联网技术的总体特征与趋势等。

关于移动互联网技术的总体范畴界定。对移动互联网的官方定义中，中国工业和信息化部电信研究院给定的概念被普遍认可，其认为移动互联网是以移动网络作为接入网络的互联网及服务，包括移动终端、移动网络和应用服务三个要素，基本展现了移动互联网的总体范畴。而在诸多研究文献中，具有代表性的成果是罗军舟等发表在《计算机学报》的论文，其对移动互联网的研究范畴进行了清晰划定，指出移动互联网作为多学科交叉研究领域，移动互联网技术涉及移动通信、互联网、嵌入式系统、无线网络等，移动互联网研究体系主要分为移动终端、接入网络和应用服务三个层面。其中，移动终端和接入网络是应用服务的基础设施。在该体系中，移动互联网研究主要包括移动终端、接入网络、应用服务以及安全与隐私保护四个方面，[1] 这四个方面准确概括出移动互联网技术研究的基本范畴，学界的相关研究成果基本上都是围绕这四个方面来展开的。

---

① 罗军舟、吴文甲、杨明：《移动互联网：终端、网络与服务》，《计算机学报》2011 年第 11 期。

关于移动互联网技术的总体特征与趋势的研究。首先，移动互联网技术特征方面有诸多相关论述。吴大鹏等指出移动互联网有桌面互联网开放协作的特征，继承了移动网的实时性、隐私性、便携性、准确性、可定位等特点，移动互联网业务发展表现为精准化、泛在化、社交化。[①] 庾志成指出移动互联网技术的四个基本特征：终端移动性、终端和网络的局限性、业务与终端及网络的强关联性、业务使用的私密性。[②] 其次，移动互联网技术发展趋势方面成果也较丰富。文军等结合移动互联网的研究现状，提供了移动互联网技术未来朝向多样化发展、与物联网融合发展、IPv4 地址向 IPv6 地址技术过渡、定位技术向综合利用和高效精确发展的四个趋势。[③] 胡世良针对移动互联网发展的基本业态进行总结，指出移动互联网在客户长尾需求、应用服务创新、用户数据流量、产业生态系统、绿色网络环境等方面将取得更大的发展。[④]

在探讨了总体性的宏观研究后，以下部分将分为移动终端、接入网络、应用服务、安全与隐私保护四个方面梳理主要研究文献，从而有助于从移动互联网技术内部来深化认识，为开展移动互联网条件下的新闻传播研究打下良好的技术认知基础。

（二）移动互联网的终端技术研究

移动互联网的终端技术研究主要包括终端硬件、操作系统、软件平台、应用软件、节能、定位、上下文感知、内容适配和人机交互等方面研究。[⑤] 根据现有文献情况，终端技术研究主题较分散，主要集中在终端硬件、操作系统、定位服务、终端界面等方面，且往往多个主题互相交织在一起。

关于终端硬件和操作系统方面的研究。刘韬等分析了当前主要的移动互联网终端，涵盖移动互联网终端类型、主流智能操作系统、人

---

① 吴大鹏、欧阳春等编著：《移动互联网关键技术与应用》，电子工业出版社 2015 年版，第 3 页。

② 庾志成：《移动互联网技术发展现状和发展趋势》，《移动通信》2008 年第 5 期。

③ 文军、张思峰、李涛柱：《移动互联网技术发展现状及趋势综述》，《通信技术》2014 年第 9 期。

④ 胡世良：《移动互联网发展的八大特征》，《信息网络》2010 年第 8 期。

⑤ 罗军舟、吴文甲、杨明：《移动互联网：终端、网络与服务》，《计算机学报》2011 年第 11 期。

机交互界面及热点应用三个方面的技术进展，指出由于移动用户终端的强势介入导致移动互联网终端和移动互联网应用服务高速扩张，云计算、应用服务的推广将进一步推动移动互联网终端市场呈现繁荣景象。[①] 陆钢等主要从当前智能手机和平板电脑等主流智能终端使用的操作系统入手，分析各类操作系统平台在开发语言、开发工具等方面存在的差异，进而分析主流跨平台开发技术现状，提出下一代跨平台开发构想，通过跨平台应用开发技术让开发者一次开发应用实现多终端平台运行，从而降低应用开发周期和成本，促进移动互联网应用产业链快速发展。[②]

关于移动互联网定位技术服务的研究。孙巍等认为利用移动定位信息开展的服务将是移动互联网的一种特色服务，获取移动定位信息的定位技术及其定位系统成为研究热点，并将定位技术分为基于三角关系和运算的定位技术、基于场景分析的定位技术和基于临近关系的定位技术三种类型。[③] 蒋晓琳等通过分析几种重要的移动网定位技术，提出移动定位业务将促进众多传统产业的精确信息化管理，刺激行业市场的定位业务深化。尤其是伴随 LBS 业务形态和商业模式的快速普及，不仅可通过用户位置感知用户所在的社会环境，还可挖掘地理位置背后的社会属性及其相互关联性，形成对用户的个性化服务基础，通过结合相关技术打造全新的 LBS 用户服务体验。[④]

关于移动互联网终端技术其他方面的研究。程桂花等对移动互联网海量移动终端用户的可信接入问题提出一种芯片加密的可信接入系统设计方案，将移动终端的可信接入过程划分为硬件预处理和可信接入两个子系统，在硬件预处理部分将有限状态机的思想用于模拟运算电路控制子系统的状态描述，而在可信接入部分将模拟运算电路抽象为控制系统状态转移图，再将其转换为有限状态机，同时采用寄存器同步稳定输出控制信号，有效实现了移动互联网终端设备的可信接入

---

① 刘韬、王文东：《移动互联网终端技术》，《中兴通讯技术》2012 年第 3 期。

② 陆钢、朱培军、李慧云、文锦军：《智能终端跨平台应用开发技术研究》，《电信科学》2012 年第 5 期。

③ 孙巍、王行刚：《移动定位技术综述》，《电子技术应用》2003 年第 6 期。

④ 蒋晓琳、赵妍：《移动互联网定位业务与技术研究》，《电信网技术》2013 年第 5 期。

问题。[1] 程丽荃专门分析智能手机移动互联网应用的界面设计，指出界面设计原则为尊重用户心理、友好用户反馈，设计方法包括树状结构下的信息架构设计、完整操作指引的流程图设计、作为引导链接媒介的导航设计等。[2]

（三）移动互联网的接入网络技术研究

移动互联网的接入网络研究，主要包括无线通信基础理论与技术、蜂窝网络、无线局域网、多跳无线网络、异构无线网络融合、移动性管理与无线资源管理等方面的研究。[3] 简单划分为无线通信技术和移动无线网络两个主题，有利于厘清接入网络技术的总体研究状况，但研究中往往难分彼此，本书主要依照其侧重点的不同进行分析。

关于无线通信技术的研究。刘宏波等从专网无线通信的主要业务场景、系统架构等方面结合云计算虚拟化技术与弹性计算、平台软件化服务，探讨专网无线通信与云计算平台融合的潜在行业需求及技术可行性，并结合专网用户特点与当前有待突破的技术难点提出专网无线通信技术与云计算平台融合演进的路线和阶段，为专网无线通信设备厂商及专网用户提供一种技术演进路线和高效解决方案。[4] 徐全盛等指出大数据和无线网络技术是应对未来社会高度信息化挑战的关键技术，通过这两项技术不仅可以整合零星信息，还可以分析数据要素之间的关系，提升网络服务的潜力。[5]

关于移动无线网络的研究。周博等通过对目前移动互联网的接入网络技术分析发现，丰富的网络接入手段及无处不在的接入网络服务各有

① 程桂花、王杨、赵传信、邓琨：《应用模逆运算的移动互联网可信终端设计方法》，《计算机技术与发展》2012 年第 11 期。

② 程丽荃：《智能手机移动互联网应用的界面设计研究》，《电子技术与软件工程》2015 年第 2 期。

③ 罗军舟、吴文甲、杨明：《移动互联网：终端、网络与服务》，《计算机学报》2011 年第 11 期。

④ 刘宏波、潘鸯鸯、刘洋：《专网无线通信技术与云计算平台融合演进的研究》，《移动通信》2016 年第 23 期。

⑤ 徐全盛、葛林强、邹勤宜：《基于大数据分析的无线通信技术研究》，《通信技术》2016 年第 12 期。

利弊，通过充分利用不同网络技术的互补性形成网络融合，将成为促进移动互联网未来发展的关键。[①] 杨峰义等提出一种基于软件定义网络和网络功能虚拟化的新型5G网络架构，并进一步提出通过云计算技术以及网络与用户感知体验的大数据分析，使得业务和网络深度融合，加强5G网络的智能化用户行为和业务感知能力。[②] 苏国良通过对无线通信产业及无线通信领域的热点问题进行分析，提出未来通信网络将是一个综合的一体化解决方案，不同的带宽接入技术将会与公众移动通信网络形成有效互补，实现无线互联网络对全球的无缝覆盖。[③]

（四）移动互联网的应用服务技术研究

移动互联网的应用服务技术研究，一方面包括移动搜索、移动社交网络、移动互联网应用拓展；另一方面包括基于云计算的服务、智能手机感知应用等方面的研究。[④] 移动应用是移动互联网的主要接入方式，移动搜索起重要导引作用，移动社交网络是重要主题，云计算应用则渗透其中各个方面。总之，应用服务技术方面的研究十分重要。

移动搜索相关研究方面，马友忠等认为移动应用成为移动互联网主要接入方式，通过对移动应用集成的研究，设计了移动应用集成的基本框架，并对其中的数据抽取、移动应用匹配、移动应用推荐等关键技术进行分析。[⑤] 李庆捷通过分析认为现有的移动搜索存在照搬互联网模式、速度慢、返回信息不准确、个性化不足等缺点，并从爬虫、索引和搜索三大模块来研究移动搜索引擎的开发。[⑥]

移动社交网络技术研究方面，胡海洋等提出移动社交网络的协作式内容分发机制，将社区内邻近物理位置的用户组成临时虚拟用户组，以协作方式通过基站从内容服务商下载内容在组内完成分发，并提出用户

---

① 周博、李照华：《移动互联网接入网络技术》，《科技资讯》2013年第8期。

② 杨峰义、张建敏、谢伟良、王敏、王海宁：《5G蜂窝网络架构分析》，《电信科学》2015年第5期。

③ 苏国良：《无线通信技术发展趋势》，《移动通信》2010年第10期。

④ 罗军舟、吴文甲、杨明：《移动互联网：终端、网络与服务》，《计算机学报》，2011年第11期。

⑤ 马友忠、孟小峰、姜大昕：《移动应用集成框架、技术与挑战》，《计算机学报》2013年第7期。

⑥ 李庆捷：《移动搜索引擎的设计与实现》，《数字技术与应用》2012年第10期。

组中内容分发的最大传播时间最小化策略和非服务性用户的内容平均传播时间最小化策略，在此基础上综合考虑所需支付的内容获取费用与网络连接费用，从而实现优化内容分发机制。① 王玉祥等提出基于上下文、信任网络和协作过滤算法的移动社交网络服务选择机制，构成“用户—服务—上下文”三维协作过滤服务选择模型，从而提高服务选择的准确性和可靠性。②

移动互联网云计算服务研究方面，邓茄月等指出在移动云计算中终端的移动性要求在任何时间、任何地点都能安全接入数据，提出移动云计算的架构和服务模型，并指出移动云计算应用中尚存在低宽带、迟延性、无线连接稳定性、无线网络异构性等问题。③ 郄小明等认为云计算为移动互联网提供了从手持终端到数据中心的一种良好沟通架构，加上无线网络和 HTML5 的发展可以构建云计算平台，将各式各样复杂的应用通过 HTML5 简化为浏览器，海量运算通过云处理完成，同时云存储作为大规模分布式存储系统对第三方用户公开接口，用户根据需求购买相应容量和带宽，解决越来越多的移动数据量存储问题。④

移动互联网的其他应用服务技术方面的研究。数据可视化技术应用方面，张青等指出通过移动互联网数据可视化技术创造交互式的视觉信息，有利于探索和解释复杂数据，而技术层面不单是算法，更是一个流程。除了视觉映射外，也需要设计并实现前端数据采集、处理和后端用户交互等关键环节。可视化技术在用户行为特征、社交关系及兴趣关系特征、用户位置特征等典型场景的实际应用非常广泛。⑤ 人工智能技术在移动互联网中的应用方面，贺倩提出通过人工智能的深度学习算法，可以对移动应用的用户黏性、业务友好性等展开移动应用性能分析，依靠

① 胡海洋、李忠金、胡华、赵格华：《面向移动社交网络的协作式内容分发机制》，《计算机学报》2013 年第 3 期。

② 王玉祥、乔秀全、李晓峰、孟洛明：《上下文感知的移动社交网络服务选择机制研究》，《计算机学报》2010 年第 11 期。

③ 邓茄月、覃川、谢显中：《移动云计算的应用现状及存在问题分析》，《重庆邮电大学学报（自然科学版）》2012 年第 6 期。

④ 郄小明、徐军库：《云计算在移动互联网上的应用》，《计算机科学》2012 年第 10 期。

⑤ 张青、陶彩霞、陈翀：《移动互联网数据可视化技术及应用研究》，《电信科学》2014 年第 10 期。

人工智能算法进行多因子身份认证和生物识别认证，以及人工智能技术催生虚拟现实/增强现实技术等移动互联网新应用。[①]

（五）移动互联网的安全与隐私保护研究

移动互联网的安全与隐私保护研究基本涉及移动终端、接入网络、应用服务三个层面，具体包括内容安全、应用安全、无线网络安全、移动终端安全、位置隐私保护等方面研究。[②] 安全与隐私保护这一主题一直贯穿整个移动互联网领域的研究，一方面移动互联网发展过程中始终存在各种各样的安全问题；另一方面学界也一直在探寻多样化的安全问题解决策略。这个主题的探索对移动互联网条件下的新闻传播研究也具有重要意义。

关于移动互联网存在的安全问题研究。王学强等从应用层、中间层、内核层、传感器和通信网络层来阐释移动互联网面临的安全威胁，包括应用层的恶意代码入侵、中间层的应用代码签名攻击和代码控制流攻击、内核层的内核漏洞、传感器的用户信息窃取、通信网络层的无线网络接入攻击、传统网络传输弱点威胁等具体威胁。[③] 蒋晓琳等认为移动互联网的安全区别于固定互联网的特点包括：终端更易招致窃听和监视、病毒传播途径更加多元、攻击的危险度和严重性更强、业务系统环节多导致安全问题更复杂、节点自组织能力强易引发大规模攻击、恶意信息传播更具即时性和精确攻击。[④] 杜跃进等注重从用户安全的角度展开研究，指出攻击者对用户的威胁主要是在移动终端植入恶意应用，进行系统破坏、隐私窃取、远程控制、恶意扣费、流氓行为、诱骗欺诈和恶意传播等恶意行为，并指出用户安全问题源于移动应用商店自身安全保障不到位、移动应用盈利模式催生恶意应用增长、用户安全意识不足且缺乏权威引导等原因。[⑤]

---

① 贺倩：《人工智能技术在移动互联网发展中的应用》，《电信网技术》2017 年第 2 期。

② 罗军舟、吴文甲、杨明：《移动互联网：终端、网络与服务》，《计算机学报》，2011 年第 11 期。

③ 王学强、雷灵光、王跃武：《移动互联网安全威胁研究》，《信息网络安全》2014 年第 9 期。

④ 蒋晓琳、黄红艳：《移动互联网安全问题分析》，《电信网技术》2009 年第 10 期。

⑤ 杜跃进、李挺：《移动互联网安全问题与对策思考》，《信息通信技术》2013 年第 8 期。

关于移动互联网安全解决策略研究。彭国军等指出目前面向移动互联网终端的安全防护技术手段主要包括病毒木马查杀、骚扰拦截、网络防火墙、软件管理、系统优化、隐私保护、手机防盗等，但基本仍处于被动地位，未来应通过安全厂商与移动智能终端制造商、系统提供商和移动互联网服务提供商的协同合作，共同建构一套有效的安全防御体系。[①] 孙其博认为可以采用动静结合的方式制定移动互联网的安全标准体系。一方面研究制定一套移动互联网安全总体架构，设计移动互联网可以采用的安全防护体系；另一方面研究移动互联网主动安全防御技术，在网络运转过程中提高对异常流量、攻击流量的防控能力。[②] 杜跃进等研究提出一套涉及应用商店、用户、测评机构、行业协会和主管部门五个主要角色的整体安全监管方案，包括政策和标准、抽检机制、举报机制、通告机制四个主要组成部分，各个组成部分与五个主要角色相互作用，从技术和管理两条线解决移动互联网的安全问题。[③] 王宇航等专门针对移动互联网的隐私保护问题，提出基于泛化法、模糊法、掩盖法、加密法的位置隐私保护技术，并指出位置隐私保护的未来研究方向是降低定位频率、完善隐私政策以及定位模糊化和泛化技术。[④]

二 移动互联网与社会发展研究

（一）移动互联网与政治相关议题研究

移动互联网对政治领域的影响和建构起着重要作用，相关研究文献十分庞杂，以下将围绕社会治理、电子商务、舆情管理等主要研究议题进行梳理。

关于移动互联网与社会治理的研究。学界普遍认为移动互联网对社会治理构成重要影响，雷卫华等认为移动互联网为社会治理创新提供了契机，应借助移动互联网积极适应新型社会互动方式，在社会治理形式

---

① 彭国军、邵玉如、郑祎：《移动智能终端安全威胁分析与防护研究》，《信息网络安全》2012 年第 1 期。

② 孙其博：《移动互联网安全综述》，《无线电通信技术》2016 年第 2 期。

③ 杜跃进、李挺：《移动互联网安全问题与对策思考》，《信息通信技术》2013 年第 8 期。

④ 王宇航、张宏莉、余翔湛：《移动互联网中的位置隐私保护研究》，《通信学报》2015 年第 9 期。

和渠道上进行创新，健全信息共享与整合机制，建立跨部门、跨区域协作机制，挖掘基于移动互联数据的社会信息，为社会治理提供新方法和新工具。[①] 钟林认为国家治理能力现代化主要包括开放性与包容性、协同性与系统性、合法性与有效性、互动性与回应性等基本特征，应以民为本、平等参与、共同体生活作为国家治理能力现代化逻辑生成的前提要件，将多元国家治理主体间的持续互动、相互信任、协商共识作为国家治理能力现代化主要内生环节，这些都离不开移动互联网技术的运用。[②] 张志安等认为互联网给国家治理带来了新的压力与挑战。由政府主导的互联网管理要转向政府、市场、社会多元主体等共同参与的互联网治理。互联网治理与国家治理具有相当程度上的同构性，互联网技术所释放的技术红利可以为中国实现国家治理现代化提供有效动力，进而提出在互联网治理过程中给市场和社会赋权，有效约束行政权力，实行“柔性治理”[③]。

关于移动互联网与电子政务的研究。多数研究强调基于移动互联网电子政务的优势及发展策略，郑跃平等认为当前移动互联网的发展带来移动政务的快速崛起，但政府由于技术能力及人力物力资源不足，不能很好满足当前公众“互联网+政务”需求，并从实际出发提出不同政务服务平台需要相互协作形成有机整体、发挥各自优势并形成优势互补。尤其是政府要进一步与第三方平台合作及通过多元融合方式最终实现政务的创新和变革，促进“移动互联网+政务”发展。[④] 王海豹的研究专门分析了影响移动电子政务发展的五大问题：政府重视不够、网络不佳、数据不足、标准化和安全性欠缺、法律法规不健全，并针对这些问题提出加快移动电子政务发展的相应对策。[⑤] 也有研究专门就移动互联网条件

---

① 雷卫华、汪涛：《移动互联网环境下如何创新社会治理》，《中国经济周刊》2017年第22期。

② 钟林：《国家治理能力现代化：背景、内涵与生成》，博士学位论文，华中科技大学，2015年。

③ 张志安、吴涛：《国家治理视角下的互联网治理》，《新疆师范大学学报》（哲学社会科学版）2015年第5期。

④ 郑跃平、黄博涵：《“互联网+政务”报告（2016）——移动政务的现状与未来》，《电子政务》2016年第9期。

⑤ 王海豹：《移动电子政务发展问题分析及对策研究》，《电子政务》2011年第11期。

下的微博、微信等政务平台展开，如王玥等主要分析了微信政务，指出微信政务平台对政府社会化媒体治理的重要作用，并提出中国政务微信应增加开通政务微信的部门类型以弥补地区差异，提高政务微信认证比例，加强微信认证管理，账户头像和问候方式应更具人性化和更便捷，丰富政务微信发布形式，提高微信发布频率，采用微刊形式降低单日发布信息数量，提高信息负载效率，提升政务微信账号与公众的互动水平。[①] 王芳菲专门分析了政务客户端形态，认为政府机构围绕服务型政府的定位而开发功能各异的政务客户端，正尝试借助移动互联网为公众提供更为优质、便捷的内容和服务，针对政务客户端出现的短板，提出着重基础平台搭建，同时角色定位要兼顾公众期待并配备保障机制等应对措施。[②]

关于移动互联网与舆情管理的研究。唐涛指出移动互联网舆情的新特征：舆情网络平台泛在化、宽带化、终端移动化、智能化，舆情主体间构成强关系网络，引发舆论热潮的舆情客体触点更多，舆情信息碎片化，舆情传播圈群化，实时基于地理位置传播，并建议提高政府和主流媒体舆论引导能力，完善信息把关人制度，提高舆情汇集分析能力。[③] 洪小娟等认为移动互联网舆情具有跨时空性、泛在性、强互动性、零时延性、群体极化性、井喷型爆发等特点，在舆情生命周期的每个阶段，以手机为代表的移动互联网舆情的表现特征与传统互联网不同，监管部门应密切关注手机等移动载体对于舆情参与程度的变化，以把握舆情变动规律。[④] 针对当前存在的舆情管控难题，喻国明等认为如果长期以“零和博弈”的逻辑去管控新媒体条件下的舆论生态，其管控的效力必然处在不断递减的态势中。从技术发展所造就的舆情生态中寻找和确认社会治理合法性、有效性的“基因”和应用逻辑，将两者关系转变为“非零博弈”的共生关系，是未来舆情生态

---

① 王玥、郑磊：《中国政务微信研究：特性、内容与互动》，《电子政务》2014 年第 1 期。

② 王芳菲：《问题与应对：中国政务客户端的发展研究》，《现代传播（中国传媒大学学报）》2017 年第 1 期。

③ 唐涛：《移动互联网舆情新特征、新挑战与对策》，《情报杂志》2014 年第 3 期。

④ 洪小娟、刘雅囡、姜楠：《移动互联网舆情生成机制研究》，《南京邮电大学学报》（社会科学版）2013 年第 6 期。

治理的关键所在。[①] 基于网络舆论对政府形象的重要性，还有研究探讨移动互联网对政府形象的影响和建构问题，黄河等认为政府形象在中国社会转型的关键期作为一种特殊的政治资源作用突出，而伴随移动互联网的快速发展，政府形象构建的外部环境、内容和手段都发生了很大变化。对政府形象而言，移动互联网既是形象构建的外部环境，也是具体实现手段和方式，同时还提供了全新的内容和载体。[②]

（二）移动互联网与经济相关议题研究

移动互联网对经济发展的贡献度很高，不仅促进传统产业转型，也不断衍生新的经济模式，以下主要从移动互联网与经济发展、移动互联网与商业消费两个层面进行梳理。

关于移动互联网与经济发展研究。很多研究论及移动互联网对传统产业和经济模式的改造，李海舰等认为移动互联网改变了交易场所、拓展了交易时间、丰富了交易品类、加快了交易速度、减少了中间环节，对商业企业、工业企业、金融企业乃至医疗企业、高等院校、政府机构产生了广泛而深刻的影响。根据互联网思维，传统企业必须进行再造，方向是打造智慧型组织：网络化生态、全球化整合、平台化运作、员工化用户、无边界发展、自组织管理。[③] 张守美认为依托移动互联网的“泛在”与“脱域”的结合，改变着世界的现实基础，革新空间思维，为世界经济社会发展转型提供了颠覆性的前提条件，表现为生产的泛在化经营与组织的地理学“脱域”、经济要素泛在与分配关系的脱域性架构、市场泛在与交换关系脱域、消费方式与关系的世界性趋同等。[④] 有研究专门对某些产业形态展开论述，王红等研究移动互联网条件下的文化产业，认为移动互联网时代文化产业商业模式的构成要素包括目标顾客、分销渠道、价值主张、创意能力、资源配置、资本运作、价值沟通等，移动

① 喻国明、李彪：《当前社会舆情场的结构性特点及演进趋势——基于〈中国社会舆情年度报告（2015）〉的分析结论》，《新闻与写作》2015 年第 10 期。

② 黄河、翁之颢：《移动互联网背景下政府形象构建的环境、路径及体系》，《国际新闻界》2016 年第 8 期。

③ 李海舰、田跃新、李文杰：《互联网思维与传统企业再造》，《中国工业经济》2014 年第 10 期。

④ 张守美：《泛在技术与脱域结合重构世界经济》，《中国信息界》2017 年第 1 期。

互联网作为外部技术环境，促进了文化产业商业模式要素的变化，并提出从目标顾客、顾客价值主张、价值沟通和分销渠道四个关键要素创新文化产业商业模式。[①] 滕颖等针对移动互联网环境下的通信产业，认为通信产业链专业化分工和复杂性加剧，对产业链进行纵向整合成为推动产业发展的关键，应主要考虑产业链各方参与者之间的组织模式与利益协调问题，寻求纵向组织模式下的均衡解决和产业链整体绩效，并合理协调各方参与者的收益分配和产业链的稳定性均衡。[②] 移动互联网对传统企业的影响也有相关研究，颜枫指出移动互联网、云计算、大数据技术引领的"互联网+"浪潮在企业价值链领域表现为一个个环节的互联网化：从消费者在线开始，到广告营销、零售、批发和分销，再到生产制造、一直追溯到上游原材料采购和生产装备。[③] 梁瑞仙认为移动互联网时代中国中小企业应培养和引进移动互联网营销专业人才，建立有效的移动互联网营销效果评价体系，更新移动互联网营销理念，开展精准营销，同时把握好用户体验、核心竞争力、营销新模型、整合产业外资源等关键点。[④]

移动互联网与商业消费相关研究。有些研究专门针对移动互联网条件下的消费者的新型消费行为展开分析，陈思博等运用信息采纳理论和持续使用理论，结合顾客感知价值理论、顾客满意理论研究大学生消费行为，构建大学生移动互联网持续使用意向的影响因素模型，重点研究感知风险、感知服务质量和感知自我实现对顾客满意度和消费行为意向的影响以及满意度对消费行为意向的影响。[⑤] 杨波通过对移动互联网消费者行为特征描述，提出移动互联网时代消费者行为模式，体现在"行为关系匹配—兴趣偏好契合—随需求而变化—智能接收"过程，消费者在

① 王红、孙敏：《移动互联网时代文化产业的商业模式与创新路径》，《学习与实践》2015年第10期。

② 滕颖、楚燕梅、赵丽娜：《移动互联网环境下通信产业链纵向整合模式研究》，《工业技术经济》2011年第11期。

③ 颜枫：《打造"互联网+"企业核心能力》，《企业研究》2015年第10期。

④ 梁瑞仙：《中国中小企业的移动互联网营销策略研究》，《改革与战略》2017年第2期。

⑤ 陈思博、李厚锐、田新民：《基于移动互联网的大学生消费行为影响研究》，《浙江学刊》2016年第3期。

这一过程中主动参与信息扩散，又称 IERAS 模式。[①] 在商业消费领域，共享经济成为研究中的一道亮丽风景线。康明吉指出共享经济模式应用中大多数都依赖于移动互联网开展业务，从业务的使用终端、使用频率和习惯、业务的场合确定、业务交易双方的身份确认到业务的配套保障措施等各个方面均体现移动互联网在其中所充当的重要技术角色。移动互联网手机定位、身份认证以及移动支付等技术贯穿应用始终，成为共享经济模式得以繁荣的桥梁和基石。[②] 冯艳茹认为共享经济是在移动互联网技术发展大背景下诞生的一种全新商业模式，这种不求拥有、但求所用的新经济模式既符合供给侧结构性改革的要求，又满足了消费者的潜在需求，是中国经济发展的一股新动能。[③] 潘筠则认为虽然移动互联网加速了分享经济的发展，但是暴露出一些问题：法律监管不够完善，缺乏安全保障体系，政策导向与支持力度不够，阻碍了分享经济的有效性和快速化发展。[④]

（三）移动互联网与社会生活相关研究

移动互联网与社会交往研究。王迪等认为移动互联网打破了既有的时空边界，形塑了微观个体层面的社会交往，打破了原有的社会边界和人际交往模式，编制了一张行动者网络，扩大了生活共同体的概念，建立了一种虽然不是面对面却彼此熟悉信任、相互依赖的虚拟社区或半熟社会。中观群体层面的社会表达中，使人们的分享意愿与表达行为能够以一种更为便捷即时的方式实现，表达意愿高涨所带来的是一种直播无处不在的社会后果，宏观结构层面则从多种维度复制和强化了社会分化的形态。[⑤] 付玉辉分析了移动通信网络语境下社会网络的移动性、开放性、建构性的特征，提出移动通信网络和社会网络的融合为人类社会交往创造了更为广阔的发展空间，社交网络的演进

---

① 杨波：《移动互联网时代的消费行为分析》，《中小企业管理与科技》2016 年第 3 期。

② 康明吉：《共享经济模式的移动互联网技术属性研究》，《电信网技术》2015 年第 11 期。

③ 冯艳茹：《分享经济——互联网技术发展背景下的商业新模式》，《时代金融》2016 年第 6 期。

④ 潘筠：《移动互联网下的分享经济研究》，《电子世界》2017 年第 4 期。

⑤ 王迪、王汉生：《移动互联网的崛起与社会变迁》，《中国社会科学》2016 年第 7 期。

是无止境的，会更大程度地扩展传播自由和赋予传播权力，进而建构崭新的社会结构。[①] 邵晓探讨了基于 LBS 的移动社交传播模式，这是一种基于用户终端、移动定位平台及互联网信息平台等技术，用户通过“用户信息展示模块”上传信息，网络信息平台通过定位搜索功能对用户提供相关服务的方式。[②] 也有部分文献专门针对移动互联网的微信传播模式展开研究，如方兴东等分析了微信传播机制，将微信传播方式分为好友间传播、朋友圈传播以及信息接收（系统广播、公众账号和微信动态）等方式，微信传播以点对点的人际传播为主，内容具有个人私密性和准实名制的特征，大众传播能力薄弱，传播范围主要在微信朋友间，以强人际关系为主要社交关系。[③] 范红霞认为随着移动互联网的普及，互动和分享成为新的传播文化，微信的信息病毒式扩散路径与蒲公英式传播，微信点赞的社交互动与“圈子”文化，使得人们通过社交媒体来创造共享资源和扩大公共参与，松散的网络社区和“陌生人社交”的建立，扩大了社会交往，也建构了新型的社会关系。[④]

移动互联网与学习教育研究。研究普遍认为移动互联网促进了新的教育学习方式，对社会学习起了重要作用，郑洁琼等通过对移动学习手机客户端的设计与实现，认为移动互联网技术不但能满足用户随时随地学习的需求，而且还能提供良好的用户体验，移动学习与泛在计算、数字化学习、后现代远程教育一起勾勒出未来教育发展模式的新趋势，形成新时代背景下的学习型社会。[⑤] 王姝睿认为随着移动互联网融入大众生活，教育文化事业也有了新型学习方式，移动学习、泛在学习和终身学

---

① 付玉辉：《移动通信网络语境下的社会网络分析》，《互联网天地》2014 年第 5 期。

② 邵晓：《基于 LBS 的移动社交传播模式及应用研究》，《东南传播》2011 年第 1 期。

③ 方兴东、石现升、张笑容、张静：《微信传播机制与治理问题研究》，《现代传播（中国传媒大学学报）》2013 年第6 期。

④ 范红霞：《微信中的信息流动与新型社会关系的生产》，《现代传播（中国传媒大学学报）》2016 年第 10 期。

⑤ 郑洁琼、陈泽宇、王敏娟、吴杰森：《3G 网络下移动学习的探索与实践》，《开放教育研究》2012 年第 2 期。

习具有随时随地学习、提供大量学习资源、实时的生生交互、师生交互和师师交互、制定个性化学习方略等优势。[①] 杨志坚从技术和社会的角度出发，指出泛在学习必须依托移动联网作为新的载体，以便超越时空历史的局限，使其符合人类终身学习的需求。[②] 蒋鸣和指出以移动互联网、智能终端、云计算等为代表的新一代信息技术对教育的影响已初见端倪，不再局限于某种单项技术在教学中的应用，而是集结多种技术构建新型学习方式的生态环境，从而推进教育结构的整体变革，形成“第三种学习方式”，即网络学习和面对面学习相融合或称为线上线下学习融合的混合学习方式，代表了教育信息化的未来发展趋势。[③] 施连敏等主要分析了移动学习中存在的问题与应对策略，认为存在移动学习资源匮乏、交互效率低、平台标准不统一、学习费用高等问题，提出丰富移动学习资源、优化移动学习平台功能、完善移动学习网络、培养移动学习专业人才等应对策略。[④]

移动互联网与娱乐生活研究。移动互联网为人们提供了以手机游戏为代表的新娱乐方式，赵雅鹏等从现今用户心理需求切入分析移动社交游戏的用户体验，论述了移动社交游戏丰富用户游戏体验和增加社交体验模块的方法，在此基础上提出从增强游戏体验感、提升用户黏合度等角度丰富移动社交游戏用户体验的设计方法。[⑤] 刘剑等重点分析了移动娱乐带来的问题及对策，认为移动娱乐呈现诸多问题，如网络沉迷的非理性、偶像崇拜的粉丝化、娱乐至死的价值观等，针对青少年手机娱乐行为过度问题，各方力量应加强联动适当监管，多层面提高青少年对负面信息的免疫能力，减少网络沉迷的消极影响。[⑥] 有不少研究关注移动互联网带动手机游戏产业发展，马继华认为中国手机游戏迎来一个发展高峰：

---

① 王姝睿：《移动互联网模式下的新型学习方式》，《吉林省教育学院学报》2014 年第 4 期。

② 杨志坚：《泛在学习：在理想与现实之间》，《开放教育研究》2014 年第 4 期。

③ 蒋鸣和：《第三种学习方式来临?》，《人民教育》2014 年第 23 期。

④ 施连敏、盖之华、陈志峰：《移动互联网背景下推动移动学习发展的策略研究》，《信息技术与信息化》2014 年第 11 期。

⑤ 赵雅鹏、李世国：《移动社交游戏的用户体验研究》，《包装工程》2012 年第 12 期。

⑥ 刘剑、刘胜枝：《青少年移动互联网娱乐行为分析及对策研究》，《中国青年研究》2015 年第 12 期。

手机游戏用户群迅速扩大，手机游戏日益成为重要的移动增值业务，手机游戏相关企业积极布局市场，产业资本乐忠于投资手机游戏。[①] 袁楚认为手机游戏市场正在做大，未来手机网游有可能与互联网游戏融合，一种类型是视觉呈现和功能都更加强大的游戏，另一种类型是与智能手机应用更适应的轻型的休闲游戏。[②] 吴少军重点分析了移动互联网条件下的网页游戏开发新趋势，认为随着移动互联网、浏览器技术、社交媒体的发展以及用户时间碎片化特征彰显，轻型的网页游戏受到用户青睐，游戏行业正在发生急剧变化，网页游戏或游戏 Web 化被视为未来游戏产品开发的重点。[③]

三　移动互联网与新闻传播研究

移动互联网与新闻传播相关议题研究大体分为两个方面。一个方面是围绕移动互联网带来的新兴传播方式的研究；另一个方面则是主要探讨传统媒体在移动互联网条件下转型发展的研究。

（一）移动互联网与新兴传播研究

移动互联网与微博传播研究。郑善珠指出微博带来融合性的传受关系，有力推动公民新闻的发展，使普通公众的话语权不断扩大，微博作为传播内容的推动力，在传播过程各环节及传播地域和时间上起到重大作用，还使得用户在虚拟世界和真实世界的行为方式联系更加紧密，从而消除时空鸿沟，让信息世界彻底变平，改变人类社会。[④] 唐江分析了微博新闻传播在新媒体时代具有的优势和问题，优势包括面对突发事件时效性强，文字精短，贴近受众，阅读门槛低，裂变性强，传播面广，舆论影响大；但同时也存在碎片化阅读、假新闻增多、新闻同质化现象加剧及舆论导向性偏差等问题。[⑤] 张志安认为微博作为一种社会性媒

---

① 马继华：《3G 时代的手机游戏产业》，《信息网络》2010 年第 1 期。

② 袁楚：《引爆点：手机游戏新机遇》，《互联网天地》2010 年第 8 期。

③ 吴少军：《网页游戏开发新趋势与新技术漫谈》，《当代教育理论与实践》2012 年第 6 期。

④ 郑善珠：《社会媒体对新闻与受众互动的塑造——以微博的新闻传播为例》，《新闻界》2014 年第 17 期。

⑤ 唐江：《微博新闻传播的优势与不足》，《编辑学刊》2016 年第 3 期。

体，影响调查性报道从组织化向社会化变革，促进传统的调查性报道机制从记者主导、单次刊发向公众参与、循环报道转变，使得“人人是记者”成为可能。进而提醒在关注微博促使组织化的新闻生产逐渐去中心化，让公众快速获取信息，积极表达意见乃至促使社会行动的同时，亦应避免其产生的消极作用。[①] 张征等研究微博新闻对社会问题的追溯，提出微博的角色引导力推动了追溯的实现，微博传播中沉默的螺旋被拉直，为追溯的实现提供了便利，议程设置呈现新特点，为追溯的实现提供了条件，微博新闻把关人的自我管理相对缺失，为追溯管道疏通提供了渠道。微博新闻对社会问题的追溯展示了舆论自由的正向作用，强化了对政府相关部门的监督和问责，弘扬了正确的社会价值观。[②] 彭兰指出记者微博对于专业媒体而言承担着与公民新闻的全方位对接、体验社会化媒体传播特性以及在社会化媒体平台中占位功能，而微博平台则扮演新闻的直播平台、新闻线索的集结地、新闻的延展空间、网络评论的激发器以及信息流向与流量的调节阀的角色，进而建议记者微博在新闻信息的验证、碎片信息的整合、专业形象的塑造等方面进一步提升，在代表个人与代表媒体上把握一种特殊平衡。[③]

移动互联网与微信传播研究。谢静将微信看作一种新闻生成的空间，以文本间性的方式呈现。多重链接、交叉并置的互文，不断呈现出新的信息创造出含混、多维的意义。“作为交往的新闻”不仅与大众传播中的新闻形式大相径庭，而且模糊了新与旧、真与假、事实与意见、专业与业余等传统新闻生产所依赖并强化的固有边界，重塑受众时空体验，因而表征“全新的新闻范式”[④]。李红秀从微信写作角度指出微信作为公共化的新闻生成，打破了大众传媒新闻生产中生产与消费、主体与客体的二元对立，新闻生成形成了多重连接、多重时空、交叉并置的互文，同时微信写作模糊了真实性、时间性、模式化、专业性等传统新闻生产所

① 张志安：《新闻生产的变革：从组织化向社会化——以微博如何影响调查性报道为视角的研究》，《新闻记者》2011 年第 3 期。

② 张征、何苗：《微博新闻对社会问题的追溯现象研究》，《国际新闻界》2013 年第 12 期。

③ 彭兰：《记者微博：专业媒体与社会化媒体的碰撞》，《江淮论坛》2012 年第 2 期。

④ 谢静：《微信新闻：一个交往生成观的分析》，《新闻与传播研究》2016 年第 4 期。

固有的边界，形成了一种全新的新闻生成范式。[①] 邓秀军等通过分析微信公众号平台反转新闻的产生原因和传播机理，认为微信公众号推文具有超文本的结构特征，发布时间、排版方式、标题摘要、发布者和来源等都是它的主要构成要素，而阅读、点赞、评论和转发则在不断解构和持续重构微信公众号文本，微信公众号传播的内容不能再被称作新闻而应该被界定为信息。[②] 郝永华等认为用户在微信场域是重要的新闻分发主体，朋友和熟人之间相互的议程设置、意义协商得以凸显，显著性和重要性比接近性引发更多转发行为，软新闻比硬新闻具有更强传播力，用户更愿意分享正面消息。但是单一信息特征并非用户转发意愿的决定性因素。移动新闻的可视化、口语化和易读性水平越高，分享的可能性就越高，新闻表达的移动适配可有效提升产品的社交媒体传播力。[③] 王卫明等专门从微信新闻操作层面指出微信新闻传播要有时效性和信息量，主题要集中并尽量追求原创，文风可称为朋友圈风格或微信风味，可使用文字、图片、音频、视频、动画、漫画等多种文本类型，版式讲究图文并茂，既方便受众阅读也使微信新闻美感增强，达到传播效果。[④] 张海艳从网络新闻编辑角度分析了微信的价值，认为微信对网络新闻编辑的影响日益凸显，微信对网络编辑的价值主要表现在新闻线索提供和舆论引导两个方面，同时不可忽视微信存在大量负面失范信息行为，网络编辑记者要更科学合理地予以防范。[⑤] 钟瑛等通过对湖北省微信公众号进行研究，发现热度指数和社会责任指数均存在地域、行业发展不均衡的问题，而且热度指数和社会责任指数的对比也存在一定反差，热度和社会责任表现优秀的公众号数量较少，并指出未来微信公众号发展需双管齐下，

---

① 李红秀：《微信写作：从社交应用到新闻生成》，《西南民族大学学报》（人文社科版）2017 年第 3 期。

② 邓秀军、申莉：《反转的是信息而不是新闻——框架理论视阈下微信公众号推文的文本结构与内容属性分析》，《现代传播（中国传媒大学学报）》2017 年第 1 期。

③ 郝永华、闾睿悦：《移动新闻的社交媒体传播力研究——基于微信订阅号“长江云”数据的分析》，《新闻记者》2016 年第 2 期。

④ 王卫明、董瑞强：《新闻品格　网络风味：微信新闻传播手法解析》，《中国记者》2015 年第 9 期。

⑤ 张海艳：《自媒体时代微信对于网络新闻编辑的价值意义》，《编辑学刊》2015 年第 6 期。

兼顾热度和社会责任，在提供优质多元内容的同时，还要贴近用户、提升用户体验。[①] 石长顺等从微信十条引起海内外舆论关注谈起，指出即时通信时代网络规制理念和方式发生重大变革。国家应通过管源头、管资质、管信息加强微信立法管理，用法律保障用户通信自由和社会公共秩序，并根据互联网时代的三个阶段，从自我规制、政府规制到即时通信阶段的社会规制展开纵向研究，进而以美国、欧盟和中国对即时网络的监管探讨代码规制向国家规制途径的转向。[②]

移动互联网与客户端传播研究。李昌等研究了移动互联网新闻客户端舆论传播的规律，指出新闻客户端信息传播的移动性、私有性，促进了受众的分化和重组。这一机制下形成“移动互联网客户端公共领域”，不仅由于发起者为客户端运营商监管者提供了便利的舆论监管条件，而且还可以通过设置话题引导和控制舆论场的方式，使话题参与者之间进行良性互动，保证舆论引导效果。同样，这一方式相对于微博、微信等私有化的媒介而言具有独特优势，同时也是对传统媒介功能的超越。[③] 朱谦等重点分析了移动客户端新闻的五大特点：新闻框架趋向去民生化和国际化、标题风格显现亲民性和立场性、语言特点方面网络语言渐成亮点、新闻内容以多样化内容服务于受众、视觉符号通过图片和视频打造视觉盛宴。[④] 杨洲着重考察了美国新闻客户端的发展状况，指出美国的新闻聚合客户端依靠更好的用户体验和更精准的算法推送在全球范围广受用户追捧，也改变着美国用户的阅读习惯。美国新闻客户端市场总体尚未成熟，但是用户的阅读习惯越来越向聚合类新闻客户端倾斜，版权将成为聚合类新闻客户端下一阶段的核心竞争力。[⑤] 姜胜洪等主要分析中国移动新闻客户端发展面临的问题，指出虽然移动新闻客户端已成为用户获取新闻资讯的主要来源，但一些移动新闻客户端在丰富网上新闻信息

---

① 钟瑛、范孟娟：《湖北省微信公众号综合热度与社会责任评析》，《决策与信息》2016 年第 10 期。

② 石长顺、曹霞：《即时通信时代的网络规制变革——从“微信十条”谈起》，《编辑之友》2014 年第 10 期。

③ 李昌、刘纯怡：《移动互联网新闻客户端舆论传播研究》，《编辑学刊》2017 年第 3 期。

④ 朱谦、李雅卓：《移动新闻客户端新闻的五大特点》，《传媒》2016 年第 5 期。

⑤ 杨洲：《美国新闻客户端的发展趋势》，《新闻与写作》2016 年第 11 期。

内容、满足人们多样化信息需求的同时也存在把关功能弱化、报道尺度过大、违规登载新闻等问题，给舆论传播和管理带来了新的问题和挑战，舆情引导难度明显加大。① 党君对移动新闻客户端的用户体验进行了分析，探讨了情绪情感、满意度和美感等因素对移动新闻客户端用户使用行为的影响，阐述了移动新闻客户端用户的主动性、社会性和体验性等特点，进而根据用户特点和使用行为分析，提出智能编辑模式、差异化推送、个性化定制和重视社交体验等建议，以增加新闻客户端的可用性和易用性，提升用户的满意度、忠诚度和用户黏性。② 殷俊等重点分析了移动新闻客户端的未来发展策略，指出应当从特色化构建品牌、原创化内容生产、数据化需求分析、便捷化提升服务和社交化交互体验五个方面着手，打造出具有自身特色和优势的移动新闻客户端产品。③ 翁昌寿等以今日头条为例研究移动新闻客户端的价值创造与编辑增值，指出新闻客户端的价值包括战略价值、融合价值和业务价值三个方面，其价值创造和实现都在于满足用户的知情、表达和分享需求，并结合业务细节对编辑技术实现的新闻增值服务、价值创造进行探讨，指出移动互联网客户端对专业新闻编辑价值的坚守和对业务形态的创新，从而为用户提供更大的竞争力。④ 陈昌凤从信息聚合、信息挖掘的视角研究新闻客户端内容生产规律以及新闻碎片化、集纳式、专业化的发展趋势，指出在碎片时代长篇报道也能复兴，专业化、个性化的内容也是新闻客户端进行信息挖掘的方向。注重信息深度挖掘和某个领域专业化内容，不求大而全、但求专而透，正成为新闻客户端的另一种表达。⑤

移动互联网与其他新传播方式。围绕虚拟现实新闻形成了较为丰富的研究。史安斌等提出虚拟现实技术是"时空征服"和"感知重组"这一人类媒介技术演进一贯逻辑的最新体现，虚拟现实新闻背后的推力是

① 姜胜洪、殷俊：《移动新闻客户端发展现状与问题》，《新闻与写作》2015 年第 3 期。

② 党君：《移动新闻客户端的用户体验分析》，《编辑之友》2015 年第 9 期。

③ 殷俊、罗玉婷：《移动新闻客户端的发展策略》，《新闻与写作》2015 年第 11 期。

④ 翁昌寿、黄昕悦：《移动新闻客户端的价值创造与编辑增值——从今日头条的估值说起》，《中国编辑》2014 年第9 期。

⑤ 陈昌凤：《新闻客户端：信息聚合或信息挖掘——从"澎湃新闻"、〈纽约客〉的实践说起》，《新闻与写作》2014 年第9 期。

摩尔定律和大数据，而拉力则是新闻业生存发展需求和公共服务使命，虚拟现实技术也许能变革新闻业，但它往何种方向变革，是否能避免将公众变为群众乃至缸中大脑，还需新闻从业者铭记“技术服务于新闻，而不是新闻服务于技术”①。常江对当下全球新闻生产领域的三种主流视觉生产的技术话语——蒙太奇、可视化与虚拟现实进行全面考察，指出视觉化新闻生产于总体上呈现由再现性到体验性、由真实性到精确性、由霸权性到民主性三个一般性规律，而“图形转向”正在新闻生产领域变成现实，视觉逻辑将会进一步重构新闻以及人类借由新闻认知外部世界的方式。② 周勇等认为包括 VR、AR 在内的现实体验技术对新闻生产的影响源自这一技术的系统性实质而非单一具体技术形态，对新闻表达的重构体现为从“看”新闻到“体验”的转变，归纳出深度报道的新活力、融合新闻的新思路、跨界合作的新常态等新闻生产的几种思路。③ 喻国明等认为 VR 新闻不仅在宏观上形塑了整个传媒业的业态面貌，也在微观上重塑了传媒产业的业务链。“VR + 新闻”的模式不仅契合了 VR 产业发展的方向，改变了新闻的传播形态，而且对未来的传媒发展提供了新的思路，同时提出应当正视 VR 新闻所隐含的问题，在实践中以开放的姿态去迎接新技术带来的挑战。④

关于移动互联网与大数据新闻也有不少研究成果。彭兰认为社会化媒体、移动终端、大数据是影响新闻生产的新技术因素，移动传播重新定义新闻生产与消费的时空，大数据使得数据成为新闻的核心资源之一，对数据的呈现、分析与解读提出更高要求，信息图表则是将信息、数据形象化、可视化的一种方式。⑤ 方洁等从数据新闻生产方式、生产流程和

---

① 史安斌、张耀钟：《虚拟现实新闻：理念透析与现实批判》，《新闻记者》2016 年第 5 期。

② 常江：《蒙太奇、可视化与虚拟现实：新闻生产的视觉逻辑变迁》，《新闻大学》2017 年第 1 期。

③ 周勇、何天平：《从“看”到“体验”：现实体验技术对新闻表达的重构》，《新闻与写作》2016 年第 11 期。

④ 喻国明、张文豪：《VR 新闻：对新闻传媒业态的重构》，《新闻与写作》2016 年第 12 期。

⑤ 彭兰：《社会化媒体、移动终端、大数据：影响新闻生产的新技术因素》，《新闻界》2012 年第 8 期。

新闻行业发展角度出发，认为数据新闻是新闻业面临技术挑战做出的积极应对，不仅改变了传统新闻的呈现形式，使受众感受到数据呈现中的理性美和深度美，同时也改变了新闻报道流程使得“众包新闻”的生产方式得以运转，重塑了专业媒体与用户关系模式。[①] 金兼斌从新闻业正在发生的数据革命入手提出数据媒体的概念，并把近年来数据新闻的兴起放在数据媒体这一大背景下，认为一切平台都具有数据媒体的潜质，提供认识和把握社会现实的途径，认为数据素养将是记者新闻素养中的核心维度，而数据素养的最简洁的表述是记者对数字泥巴的亲近感和翻耕能力。[②] 许向东对中美数据新闻人才培养模式进行比较与思考，探索适合中国新闻教育和传媒业实践特点的数据新闻人才培养模式，从正确认识数据新闻人才需求、开发网络共享平台、整合教育资源等维度进行反思并提出应对策略。[③] 张余重点研究了移动互联网时代 H5 页面的设计与营销问题，认为 H5 设计具有三维立体效果、多媒体应用、页面连接更迅速、更多特效和风格等优势，成功的 H5 营销要强互动、故事化、重情怀、有温度，做有情感共鸣的 H5。[④] 张漩解读了微信 H5 传播模式新特征，包括传受双方的模糊性、传播内容的全聚合、分享形成二次传播、转被动为主动的定向传播，指出微信 H5 在传统的直线传播机制上引入新的分享环节，并形成了多种感官的聚合。[⑤]

关于移动视频直播的研究也有一些成果。吴正楠指出移动视频直播具有低技术障碍、低准入门槛、更强现场感三个特征，移动视频直播对新闻生态带来传播路径多元化、传受双方角色转变、新闻内容松散化等方面影响。[⑥] 付晓光等认为在移动化浪潮下，移动网络直播进入大众视野。移动视频已经成为一种新兴且重要的社交行为方式和社交文化现象，

---

① 方洁、颜冬：《全球视野下的“数据新闻”：理念与实践》，《国际新闻界》2013 年第 6 期。

② 金兼斌：《数据媒体与数字泥巴：大数据时代的新闻素养》，《新闻与写作》2016 年第 12 期。

③ 许向东：《对中美数据新闻人才培养模式的比较与思考》，《国际新闻界》2016 年第 10 期。

④ 张余：《移动互联网时代 H5 页面的设计与营销》，《东南传播》2015 年第 9 期。

⑤ 张漩：《解读微信 H5 传播模式新特征》，《今传媒》2016 年第 8 期。

⑥ 吴正楠：《移动视频直播改变新闻业?》，《传媒评论》2016 年第 8 期。

并在一定程度上改变了当下中国的媒介生态。移动网络直播的内容特征：低进入门槛引发内容的草根性与多元化、高用户需求加速内容的垂直化与专业性、无处不在的泛娱乐化与狂欢性，移动网络直播平台在兴盛的同时也存在着诸多问题：内容及产品的高度同质化、无法沉淀优质用户、缺少专业的高质量内容、缺乏监管和规范直播内容是亟须解决的问题。[①]傅晓杉从传播学和社会学的视角对移动视频直播进行分析，探讨其传播要素、传播特性，阐释传受双方的心理机制：自我个性的呈现、自我认同的构建、社群归属的寻求、窥探欲望的满足，进而提出促进移动视频直播健康发展的六大举措：健全法律法规体系、政府进行宏观政策引导，加强行业伦理建设、强化平台管理能力，强化融资能力、推动平台整合，培养主创能力、提升主播品位，强化媒介融合、促进深度传播，培育大众媒介素养、提升欣赏水平。[②] 包圆圆指出随着移动直播的快速发展，生产优质内容、加强用户黏性、提高变现能力、创新商业模式成为直播平台面临的最紧迫问题。网络直播平台创新视频社交模式、增强实时互动，满足了用户的需求。面对激烈的市场竞争，唯有挖掘新的资源、生产优质内容，才能吸引更多用户，才能在直播大潮中脱颖而出，赢得广阔的发展空间。[③]

（二）移动互联网与传媒转型研究

移动互联网与传统纸媒转型。匡文波等指出移动互联网正深刻改变媒体格局、传播生态和人们的生活方式，纸媒拥有向移动转型的良好机遇，纸媒应该寻找最有竞争力的移动入口，融合打造多元化信息服务平台，正确认识纸媒的优势与劣势，克服纸媒自身劣势寻找创新点，找到新的内容生产与盈利的模式。[④] 何其聪等对中国人民大学“移动互联网时代中国城市居民媒介接触状况”大型调查数据进行分

---

① 付晓光、袁月明：《对话与狂欢：从全民直播看移动视频社交》，《当代电视》2016 年第 12 期。

② 傅晓杉：《传播与社会学视角下的移动视频直播研究》，《山东社会科学》2017 年第 4 期。

③ 包圆圆：《移动直播新趋势：明星化 垂直化 社交化》，《新闻战线》2016 年第 24 期。

④ 匡文波、刘波：《纸媒转型移动互联网的对策研究》，《新闻与写作》2014 年第 7 期。

析，数据显示虽然移动互联网时代传统纸媒的持有率低且读者群体呈现老龄化和社会阶层中低层化特征，但与纸媒相关的移动媒介终端接触行为在时空、关系、伴随活动的维度及移动社交平台和移动新闻客户端上的表现都极为出色，因此纸媒在移动传播时代的唯一转型机会是通过为移动社交平台和移动新闻客户端提供信息产品和服务版权以获取广告和版税收入，而这一点也是国家和各级版权行政管理部门需要加大推动力度的战略性举措。[①] 蔡雯等认为纸媒转型已成大势所趋，全媒体流程再造一方面可实现动态新闻传播，另一方面也可最大化利用新闻资源，并以烟台日报传媒集团创建全媒体数字平台为例分析全媒体流程的媒体构成、组织结构、硬件支持和运行机制。[②] 范以锦认为当前中国纸媒的数字化转型还要进行探索，不仅要厘清转型范围和内涵，对纸媒数字化转型不同模式进行利弊分析，还要借鉴国外纸媒数字化转型的成功模式，切不可盲目转型。[③] 戴世富等从纸媒内容、定位和经营方式出发，认为纸媒在海量信息、即时传播的移动互联网时代生存，就必须进行全面彻底的转型升级。内容生产应由面面俱到转向单点突破，受众定位应由传统大众转向社区小众，经营模式应由单一广告转向跨界多元。[④] 刘正红通过对移动互联网语境下的报业运营实践观察，指出基于多元化经营的报业变革三种运作模式：以经营为核心，实行项目平台制管理；紧跟互联网潮流，“血拼”新媒体；以“旧业”为基础，主攻特色新平台。要寻找符合报纸自身定位与特点的平台和项目，挖掘潜能，不断创新，在多元化经营中守规律、讲章法，走出转型发展的新路子。[⑤]

移动互联网与传统广播转型。李静提出借助技术变革和移动革命，实现弯道超车，让广播媒体移动起来，应从如下方向实现转型：把握互

---

① 何其聪、喻国明：《移动传播时代：纸媒二次崛起的机遇——“移动互联网时代中国城市居民媒介接触状况”数据解读》，《出版发行研究》2015 年第 7 期。

② 蔡雯、刘国良：《纸媒转型与全媒体流程再造——以烟台日报传媒集团创建全媒体数字平台为例》，《今传媒》2009 年第 5 期。

③ 范以锦：《冷静看待纸媒数字化转型》，《新闻与写作》2013 年第 7 期。

④ 戴世富、韩晓丹：《移动互联网时代纸媒转型策略》，《中国出版》2015 年第 1 期。

⑤ 刘正红：《报纸转型：奔着“脱胎换骨”而去的折腾——移动互联网语境下的报业运营实践及现象观察》，《新闻与写作》2016 年第 7 期。

联网精神，提升广播媒体的领悟能力；把握思路方法，提升广播媒体的创意能力，重点突破，提升广播媒体的执行能力。[①] 王求指出广播的声音介质、移动特点、分众优势以及不可替代的伴随性特征，使得广播与移动互联网有着天然的兼容性，广播媒体在移动互联网时代要解放思想、更新观念，节目为本、内容为王，顺应潮流、技术跟进，优化管理、机制创新，不拘一格、选用人才。[②] 隋欣等认为广播存在生命力是其在不断变化的媒介市场竞争中发挥音频传播优势，保持创新动力的同时也在适应用户的音频使用习惯，从而满足用户场景需求。[③] 冉华等认为移动互联网条件下的广播媒体面临技术革命和制度更新的双重境遇，广播媒体要主动与新媒体对接，在生存形态、传播形态和产业形态上发生变化，面对当前内容产制能力不足以向全媒体发展的问题，要积极发挥音频内容制作的优势，坚持补缺生态位，立足本地化和服务性生产内容，为广播媒体未来发展提供新的增长点，而不是盲目的全媒体扩张。[④] 丁钊分析了移动互联网时代广播媒体面临的机遇和挑战，认为广播媒体应在理念、渠道和平台三方面向新媒体公司学习，重视移动互联网时代媒介用户信息需求特征，以求得广播媒介在内容个性化、机制市场化、平台主流化、业务多元化等方面的突破。[⑤] 何翔认为广播从早期无线电广播到广播网站、网络电台 App 客户端、微信广播等传播渠道不断丰富，但是在与互联网融合过程中，广播媒体出现内容同质化、资源浪费等问题，并提出相应措施：研究大数据，注重听众层次的划分；更新思路，完善节目体系，创新节目形式；结合当地特色，实现节目的本土化；注重技术改良，确保广播质量；客户端应有独立的版权意识，完善监督机制。[⑥] 张蕾指出未来广播与传统广播最大区别是“个人的广播”“私人定制”的电台，互

---

① 李静：《移动互联网时代广播媒体的创新策略》，《中国广播》2014 年第 4 期。

② 王求：《移动互联网时代广播发展的机遇与挑战》，《中国广播电视学刊》2014 年第 2 期。

③ 隋欣、顿海龙：《从广播类 App 看移动互联网时代广播的发展》，《当代传播》2013 年第 3 期。

④ 冉华、王凤仙：《从边缘突破：移动互联网环境下广播媒体的融合发展之路》，《新闻界》2015 年第 4 期。

⑤ 丁钊：《移动互联网时代广播媒体面临的机遇与挑战》，《中国广播》2014 年第 3 期。

⑥ 何翔：《移动互联网时代广播媒体的发展》，《编辑之友》2016 年第 6 期。

联网系统会根据用户操作行为计算并修正用户个人的音乐库、音频库，推送更加符合用户个人习惯的信息。面对移动互联网，广播节目的形态改造最重要的是要适应碎片化信息传播的要求，在生产流程上更加标准化、格式化，以适应融合发展的要求；在节目内容上更加专业化、品质化，以适应网络点播的要求。[①] 谢耘耕等从技术角度出发，认为新媒体技术给广播带来了机遇和挑战，尤其是移动通信技术的发展给广播受众带来更多"移动受众"。广播在新媒体环境下应找准定位，以新媒体作为载体，提供优质的内容，整合多种媒体的传播优势和效果，走"广播资源+网络支持"的合作之路，从而发挥出广播媒体最强有力的核心价值。[②] 黄升民等从广播媒体产业过去、现在、未来的发展模式分析，认为内容将成为真正的广播媒体产业经营的源泉，在这一领域有所建树是命运转折的关键。传统的广播行业体系将按照"生产、传输、消费"的产业链进行构建和聚合。原有的广播组织和广播机构一方面可以进入视频领域，以音频内容为基础，选择网络和手机作为恰当载体，进行视频方向的拓展；另一方面电台要依据自身的传统产业优势进行内容集成，构建新的视音频内容中心，通过新的技术手段将视音频内容销售出去。[③] 栾轶玫指出未来广播将是一种"声音服务与体验"的提供者，即"移动声媒"，与先前电台强调"内容传播"不同，它更加强调全方位、全域性、移动中、场景化的"声音服务"。"移动声媒"从用户定制而言，一方面满足了非定制用户的"线性收听"的大众传播需求；另一方面也满足了定制用户的"意识流收听"的窄众传播需求，体现了融合时代的新广播形态。[④]

移动互联网与传统电视转型。姚洪磊等指出广播电视正从传统媒体向融媒体转型，特别是在"三网融合"环境下广电业务和电信业务开始了具有历史意义的交叉融合，网络显示终端必将朝着"三屏合一"的方

---

① 张蕾：《移动互联网时代广播新闻形态发展浅谈》，《中国广播电视学刊》2016 年第 8 期。

② 谢耘耕、丁瑜：《融合和转型：未来广播的生存之道》，《中国传媒科技》2009 年第 7 期。

③ 黄升民、宋红梅：《过去、现在与未来——广播媒体应对挑战与摸索转型的轨迹探析》，《现代传播（中国传媒大学学报）》2006 年第 6 期。

④ 栾轶玫：《移动声媒：融合时代广播变革的新形态》，《新闻与写作》2015 年第 10 期。

向发展，广播电视由“公共”媒体转型为“公众”媒体，视听环境从客厅向“流动空间”转移，视听关系从“观看”向“使用”转型，视听信息由“采集”向“筛选”转型。[①] 杨状振等面对当前移动互联网时代广电媒体和电信业面临的困境，提出推进“媒—信”产业建设，主要以移动互联网为依托，打破门户壁垒，围绕用户的家庭、个人和移动生活需求，实现“媒—信”产业由“分”到“合”向“融”的创新业务建设，也是当前破解广电困境最适宜的突围之道。[②] 陆地等基于新的媒介生态，提供了一种大数据的研究思路作为电视产业转型升级的路径。作为一种研究方法，大数据提供更加科学的评估手段。作为一种战略思维，大数据倒逼电视节目实现跨平台播出。作为一种商业概念，大数据推动电视节目网络视频化进程。[③] 赵曙光指出传统电视的社会化媒体转型不是简单地将社会化媒体功能附加在电视节目上，而应通过垂直拓展上下游产业链和建设内容集散分发平台，强化内容资源优势；基于集体使用和强关系的特征优化社交应用界面，形成家庭社交中心；优化用户体验，避免电视业务复杂烦琐的使用，为用户提供简洁流畅，超越遥控器和卧室、客厅等地点限制的用户体验。[④] 殷乐结合国际国内案例，从技术和受众视角出发，认为当前传统电视媒体的转型路径应以移动化和社交化为核心，多终端布局、推进叙事维度和功能再建构、强化把关人角色、进一步发掘多终端的全时段价值、深化以真实或虚拟空间的地理位置为基础的社区化服务、发展以情感经济为基础的用户交往与服务等转型路径。[⑤] 谭天指出近年来网络直播大行其道引发了粉丝经济和网红经济，主流媒体做网络直播实际上是一个媒介融合的过程，一定要找准融合点才能有效果、

---

① 姚洪磊、石长顺：《新媒体语境下广播电视的战略转型》，《国际新闻界》2013 年第 2 期。

② 杨状振、欧阳宏生：《移动互联网时代的“媒—信产业”及其规制路径》，《新闻界》2013 年第22 期。

③ 陆地、靳戈：《大数据：电视产业转型升级的支点和交点》，《电视研究》2014 年第 4 期。

④ 赵曙光：《传统电视的社会化媒体转型：内容、社交与过程》，《清华大学学报》（哲学社会科学版）2016 年第1 期。

⑤ 殷乐：《重新连接：移动互联网时代的电视媒体转型路径思考》，《电视研究》2014 年第 12 期。

有效益。首先是考虑平台问题，对接互联网平台借力实现影响力的传播，其次是从直播中衍生出赢利模式，让直播带来流量实现变现，最后是时刻关注监管部门政策变化。[①] 黄建省认为移动互联网背景下电视媒体要实现话语权重构，须顺应移动互联网时代的传播变化，改变传统传播理念、重构信息生产方式和舆论把控方式，强化电视话语的认同感，传播理念要从主体固化到合作共赢，传播模式要由线性模式向互动模式转变，传播渠道要由单一性向全媒体融合转型。[②] 吕欣认为移动互联网的崛起正在对电视行业的传播生态带来深刻的影响，正在对电视行业进行着全方位的转基因改造。未来电视行业的发展应紧密围绕用户需求，从内容创新、产品创新、产业模式创新等方面尽快完成自我净化，才能在未来跨界发展中获得更大空间。[③] 杨文祥等认为移动互联网传播已经成为当今新闻生产的全新生态，既要主动融入新媒体，适应移动互联网新媒体传播的形态和规律，也要发挥自身优势突出特色。同时电视新闻“短、实、新”在移动传播时代也应当被赋予新的内涵，电视新闻的“短、实、新”符合移动互联网传播特性，移动互联网需要电视新闻提供“短、实、新”的传播内容，“短、实、新”的电视新闻与移动互联网传播融合大有可为，未来需要进一步研究新闻视频互联网传播的基本特性、语言特点和传播规律，增加视频新闻的针对性和服务功能，提高新闻话题的互动参与性等。[④]

此外，关于未来新闻传播形态或趋势也有一些探索式研究。彭兰论述了移动互联网传播未来趋势，未来的终端网络在物联网等技术的推动下将形成“人—物”合一的新时空，用户网络层面的用户行为将呈现碎片化、并发性和再虚拟化等新特征，而在新的人与人的聚合模式下的社群将成为更重要的生产力，移动互联网也会将更多的线下社会圈子扩张为线上圈子。内容网络层面公共传播模式和公共话语空间将发生进一步

---

① 谭天：《网络直播 ：主流媒体该怎么打好这一仗》，《人民论坛》2017 年第 1 期。

② 黄建省：《移动互联网背景下的电视话语权重构》，《新闻战线》2016 年第 6 期。

③ 吕欣：《用移动互联网“转基因”重构电视产业格局——一场正在进行的电视媒介生态变革》，《传媒》2015 年第 2 期。

④ 杨文祥、高峰：《移动互联网传播呼唤电视新闻的“短、实、新”》，《电视研究》2015 年第 8 期。

变革，服务网络层面场景经济、数据经济和共享经济等将成为移动互联网时代经济的新思维或新模式。[①] 彭兰还提出“智媒化”概念，包括万物皆媒、人机共生、自我进化三个特征，从而引发个性化新闻、机器新闻写作、传感器新闻、临场化新闻以及分布式新闻等新闻生产模式，并认为未来的传媒业生态将在用户系统、新闻生产系统、新闻分发系统、信息终端等方面实现无边界重构，人在机器和算法流行的时代更要坚守自己的价值，人机博弈中也始终要把人文关照放在首位。[②] 喻国明等探讨了未来“人工智能+媒体”的基本运作范式，信息采集环节由传感器技术优化新闻信息源，新闻编辑制作环节由智能机器人辅助新闻报道，新闻认知体验环节形成感官系统与认知逻辑的双重体验，内容推送环节由人工智能构建内容产品推送的个性化数据通路，“聪明算法”让新闻产品更“懂你”。[③] 沈阳从技术角度出发，认为大数据将进一步推动全媒体的发展并延伸受众感知，未来媒体将实现现实世界和虚拟世界的无缝对接，大数据将解读受众的“个性化需求”，个性化服务将渗透各个场景，全能媒体将成为信息和服务的全能管家，个体节点信息与媒介内容信息将在同一个平台交互，迎来一场颠覆性的行业变革。[④] 匡文波等从平台、内容生产和用户三大维度预测了未来媒介的发展趋势。就媒介呈现形式而言，技术手段为跨界媒体提供了技术支持，内容呈现移动化、多样化；就用户而言，用户个性化需求的分众聚合的行为偏向将会被内容生产商和平台运营商获取，实现更精准的内容推送和市场营销；就新媒体平台而言，用户创造内容的 Web2.0 模式会与传统的新闻编辑“把关人”模式并存，社交媒体、跨界媒体正逐步成为主流媒体。[⑤] 胡正荣认为未来媒体要抓住互联网的移动化、社交化和视频化趋势建构一个全媒体生态，运用大数据和云计算技术创新全媒体采编流程，顺应媒体场景化、智能化趋势，

---

① 彭兰：《重构的时空——移动互联网新趋向及其影响》，《汕头大学学报》（人文社会科学版）2017 年第 3 期。

② 彭兰：《智媒化：未来媒体浪潮——新媒体发展趋势报告（2016）》，《国际新闻界》2016 年第 11 期。

③ 喻国明、兰美娜、李玮：《智能化：未来传播模式创新的核心逻辑——兼论“人工智能+媒体”的基本运作范式》，《新闻与写作》2017 年第 3 期。

④ 沈阳：《媒介的未来图景，何样?》，《中国记者》2016 年第 12 期。

⑤ 匡文波、李芮、任卓如：《网络媒体的发展趋势》，《编辑之友》2017 年第 1 期。

给用户提供场景所需的智能服务。[①] 张志安指出移动互联网技术重构了人类社会的互动关系与信息链条，塑造出了新传播、新交往和新关系。未来中国媒体类型划分将存在专业媒体、机构媒体和自媒体，从属性可以分为国有媒体，商业媒体和非营利性媒体。[②] 强月新等认为以技术驱动为显著特征的未来媒体具有平台化、移动化和智能化特征，与媒体平台的融合程度将加深。首先，传播的内容生产将围绕生动性或深度性的高品质定位进行，用户参与新闻制作及对专业机构媒体新闻内容的修正或补充能力将加强；其次，通过技术集成和反馈用户的实时数据，生产流程将得到实质性优化；最后，传播的呈现形式将突出表现为产品的定制化及多样选择性的特点。[③]

上述研究分别从移动互联网技术、移动互联网与社会发展、移动互联网与新闻传播等方面展开，为本书提供了理论和观点参考，但缺乏对移动互联网条件下的新闻传播变革进行体系性的、理论业务兼顾的全面研究，其中对移动互联网传播新形态剖析不够充分，对未来趋势的分析不足，相关对策研究也有待加强，这为本书提供了进一步研究的空间。

第三节　思路、方法与创新点

一　研究思路

本书的主要思路：基于移动互联网的三个核心要素“移动终端”“移动网络”“应用服务”，探讨移动互联网条件下的新闻传播新形态、新特征和演进趋势，进而分析媒体、受众和政府监管层面的应对策略。

围绕研究思路形成如下主要内容：

移动互联网条件下的新闻传播新形态研究。3G 网络已经普及、4G 网络全面推广、5G 网络正在实行、新型移动网络终端不断面世；移动微博、微信、二维码、新闻客户端等相继发展；终端统一的新型媒介形态日渐

① 胡正荣：《媒体的未来发展方向：建构一个全媒体的生态系统》，《中国广播》2016 年第 11 期。

② 张志安：《新新闻生态系统：当下和未来》，《新闻战线》2016 年第 7 期。

③ 强月新、陈志鹏：《未来媒体的内容生产与叙事变革》，《新闻与写作》2017 年第 4 期。

形成；智能化信息服务的传播形态已经凸显；全媒化的新闻融合形态不断推进。

移动互联网条件下的新闻传播新特征研究。探讨移动互联网新传播特征对传统新闻传播的重塑：个人化与个性化传播；社交式与强互动传播；即时性与全时空传播；智能化与全媒体传播；独立性与平等化传播等。

移动互联网条件下的新闻传播新趋势研究。移动互联网条件下的新闻传播以更完美的方式创造社会影响力：移动互联网新闻传播的混合型融合新趋势；移动互联网新闻传播的运作机制新趋势；移动互联网新闻传播的影响模式新趋势等。

移动互联网条件下媒体的应对研究。传统媒体应采取措施积极应对：创建新型移动新闻传播平台；打造移动视听新媒体平台；增强微博、微信、客户端等多元互动；将移动互联网内容融入传媒内容生产体系；推动全媒化和高度融合的新闻创新生产与传播。与此同时，兼顾国内外媒体应对策略的比较。

移动互联网条件下受众的应对研究。传播受众可从如下方面进行应对：充分认知各种移动新媒体；正确使用各种移动新媒体；懂得移动互联网传播的相关伦理；熟悉移动互联网传播的政策法规；全面提高公众的新媒体素养。

移动互联网条件下国家监管的应对研究。国家现行监管措施在移动互联网条件下已经不能完全奏效，应进行多方面的重新布局：相关法律法规的重新调整；相关监管政策的重新制定；媒介融合与产业融资的监管策略；内容生产与传播的监督管理；多重监管主体的融通协调；保证良好传播秩序的管理框架设计等。

围绕研究内容形成如下主要观点：

移动互联网深刻影响着当今媒介生态，媒介环境得以更“人性化”的改良，人们对新闻信息多元、潜在的“移动化”需求，使得移动传播新格局正在形成。

移动互联网条件下产生了新闻信息的移动传播新模式，移动传播中的多种形态融合，彰显媒介融合与融合新闻的新趋向，也呈现不同以往的系列新特征。

移动互联网对媒体而言需进行多元融合开拓，对传播受众而言需要理性面对和正确使用，对国家监管层面而言则需尽快跟进和更新现行管理架构。

二　研究方法与创新点

（一）研究方法

文献研究法：收集整理中外文献，探索移动互联网与传统媒体融合关系、有效路径及其发展规律；

深度访谈法：选择访问相关专家与业界精英，围绕相关问题进行深度访谈，取得第一手资料；

比较研究法：比较中外移动互联网传播的异同与优劣，为中国的移动互联网传播业提供有益参照；

问卷调查法：采用抽样调查辅以互联网研究法，分析移动互联网信息接受行为、特征及传播效果。

（二）研究创新点

本书对移动互联网条件下的传者、媒介、内容、受众等进行全面的分析研究，从新形态、新特征、新趋势等不同层面来详细探讨移动传播新格局，相对以往研究更具体系性和全面性。

本书从发展的角度，不仅关注移动互联网的新闻传播现状，更着眼于移动传播的未来趋向以及媒体、受众、国家监管的多方应对策略，具有较强的专业前瞻性和社会引导性。

第二章

移动互联网技术及其传播应用

随着人类传播技术的不断进步，媒介的技术构成越来越复杂、越来越高级，但是用户使用却越来越简单、越来越便捷。当前，移动互联网技术正在不断迭代升级，技术越来越趋向完美，为新闻传播业的新发展提供了必不可少的技术支撑，主要涉及移动社交技术、位置信息技术、移动视频技术、移动传感技术等若干关键技术及其应用。正是基于这些技术应用，诸种新闻传播新形态才得以产生。

第一节　移动互联网技术核心要素及发展变迁

随着4G技术日趋完善和5G技术稳步发展，移动通信技术与互联网的深度融合得以实现，极大推进了移动互联网的快速普及。现如今，由于移动互联网技术的广泛应用，加之国内网络覆盖区域的迅速扩大和用户量的快速增长，移动互联网已经渗透大众社会的方方面面，潜移默化影响和改变着每一个人的生活和工作方式。正如谷歌首席执行官拉里·佩奇所言，“我们口袋中的手机已变成了超级电脑，正在改变我们的生活。它可以做到人们曾认为非常神奇的事情，或者仅在电影中才有可能实现的东西，例如移动用户从所站立的位置获得方位感；在线观看视频；移动信息交互等”。[①] 那么，如何认识移动互联网技术的核心要素，技术

---

① 李洁原：《基于新闻网站的移动客户端系统设计与实现》，《中国传媒科技》2015年第5期。

的变迁轨迹为何，对此作出清晰解答，将为移动互联网条件下的新闻传播研究奠定必要的认知基础。

一 移动互联网技术的核心要素

移动互联网是当下研究的热门话题之一，学界对其概念界定已达成一定共识。其中，2011 年《移动互联网白皮书》提出移动互联网是以移动网络作为接入网络的互联网及服务，包含移动终端、移动网络和应用服务三个核心要素。这一定义可以从两个方面进行理解，一是终端用户利用移动通信网络连接互联网，进而形成移动互联网，让用户利用移动终端在接入移动网络的情况下，随时随地获取通信和服务；二是移动终端具有移动性、可定位性、便捷性等特点，并通过技术应用业务为用户提供多样化服务。

与传统互联网相比，移动互联网的一个突出优点就是信息数据传输时能够突破时间和空间的限制，实现互联网共享性与开放性的深度融合。具体来讲，其优点归结为以下四点：第一是便捷性，即在无线网络覆盖的任一区域中，不受时间限制，通过移动终端设备随时可与移动互联网进行连接并展开实际应用；第二是移动性，用户利用便携的移动终端在接入移动网络后，可以在任何地方移动获取信息；第三是实时性，移动互联网提供的数据和信息服务都具有即时性的特征，在提供不间歇网络服务的同时，带来可靠的海量信息；第四是多样性，表现在移动终端种类的多样性、一个终端多个应用、应用服务的多样化、支持多种无线网络的接入等方面。

移动互联网技术在新闻传播领域的应用，主要是基于移动互联网的技术优势，利用其传播信息的即时性以及移动终端的便捷性，采取用户易于接受的方式进行实时新闻播报或重大事件信息传播；用户可以运用移动终端上的新闻应用来浏览自己所需的新闻信息，并且可与新闻媒体进行互动。总而言之，利用移动互联网技术有利于达成新闻传播的时效性和传播效果。

（一）移动互联网的前提和基础：移动终端

移动终端是移动互联网的前提和基础，其包括智能手机、平板电脑、可穿戴设备等。随着移动终端技术的不断发展，移动终端的计算、存储和处理能力与以前相比有了很大提升，其功能也越来越丰富，如定位、视频、音频、触摸屏等，智能操作系统与开放的软件平台也得到较大发展。目前，移动终端的操作系统主要包括 Apple 的 iOS 系统、Google 的 Android 系统、微软的 Windows Phone 系统等。采用智能移动终端操作系统的手机，除了具备基础的传统通话和收发短信功能外，更拥有蓝牙、流量监控、节能控制、内存管理、手机定位、位置服务等一系列新功能，这些功能的发展使智能手机在各个领域得到越来越多的应用。

加拿大传播学者马歇尔·麦克卢汉认为“媒介即讯息”，在他看来，一个时代真正有意义的不是通过媒介所传播的信息，而是媒介本身。当下的移动互联网时代是将互联网技术与移动通信技术相融合的高技术传播时代。这个时代从根本上改变了以往新闻传播的形态，同时也改变了受众接受信息的方式和习惯。由于技术的发展，无论是传播内容、传播方式、传播受众、传播渠道，还是整个新闻传播行业的发展轨迹，统统都发生了根本性转变。2012 年是移动互联网发展史上的一个重要时间节点。因为在这一年，手机网民的数量第一次超过传统互联网网民的数量，自此之后以手机为代表的移动终端占据了时代的主流地位，移动互联网彻底改变了整个媒介生态环境，人们的思维方式和行为方式也都在移动互联网条件下得到了重塑。

（二）移动互联网的重要基础设施：移动网络

移动网络是移动互联网的重要基础设施之一。移动网络包括蜂窝移动网络（3G 网络、4G 网络等）、无线局域网络（WLAN）、无线个域网等，每一个类型的移动网络各有优缺点，比如蜂窝移动网络覆盖范围广泛，却存在低宽带、高成本的问题，无线局域网络高宽带、低成本，但管理技术和覆盖范围不如蜂窝移动网络。随着技术的发展，移动网络所支撑的主要业务已经由单纯的语音业务转变为集合语音、数据、图像、视频的多媒体业务。

通过移动网络技术的发展轨迹发现，主要涉及的具体领域包括信息理论与编码、信号处理、宽带无线传输理论、多址技术、多天线MIMO、认知无线电、短距离无线通信、蜂窝网络、无线局域网、无线Ad - Hoc 网络、无线传感器网络、无线 Mesh 网络、新型网络体系结构、异构无线网络融合、移动性管理、无线资源管理等。围绕移动网络展开的技术探索将不断持续下去，从而为移动互联网应用服务奠定良好的技术基础。

（三）移动互联网的技术应用核心：应用服务

应用服务是移动互联网的技术应用核心，也是广大移动互联网用户的最终目的。移动互联网的应用服务具有移动性和个性化的特征，这是其与传统的互联网服务相比存在的最大差异。随着 Web2.0 和 Web3.0 技术的发展，作为技术应用核心的应用服务发展日趋繁荣，并使用户随时随地基于用户位置、兴趣爱好等获取个性化信息服务。目前相关应用服务主要包括移动搜索、移动电子商务、移动社交、移动互联网应用拓展、基于智能手机感知的应用、基于云计算的服务等技术。这些技术的发展和成熟，使用户逐步从信息获取对象转变为信息生产主体。

基于移动网络搜索技术的移动搜索，是一种典型的移动互联网应用。它使得受众可以通过移动终端采取多种方式进行搜索，顺利获取所需要的信息和服务。移动搜索是用户主动、直接寻求信息的行为，可以随时随地的获取个性化的信息服务。而社交网络服务是另一种移动互联网的应用服务，目的是为一群存在社交关系或拥有共同兴趣的、以各种形式在线聚合的用户提供信息共享与交互服务，比如国内的微信、微博等。这些移动终端与用户实名绑定，在一定程度上保证了社交网络的真实性；精确定位信息的运用也可以为用户带来个性化实时推荐和多样化社交网络服务，这些共同促进了社交网络的真实性、地域性和实时性。另外，定位的历史记录可以让用户感知社会传播语境；而移动终端的长久在线又可以使用户进行实时交往和互动。就新闻领域而言，移动互联网的应用服务使得终端设备与受众进行新闻信息交流的出口日益多样化，最典型的是新闻 App 的应用。随着移动终端设备和移动网络技术的发展，新闻 App 的功能越来越丰富，以跨媒体、多终端的传播形态呈现在受众面前。

二　移动互联网技术的发展变迁

（一）1G：第一代移动互联网技术

1G，即第一代移动互联网技术。20 世纪 80 年代初，第一代移动通信系统（即1G，the first generation 的缩写）诞生。从技术层面而言，它以采用频分多址（FDMA）技术为主，这项技术主要是将系统带宽分成若干个子带，通过给不同的用户分配不同的频率子带，并利用带通滤波器来进一步减少不同用户之间的干扰。[①] 1G 基于蜂窝结构组网，直接利用模拟语音调制技术，目前主要系统有 AMPS 系统、NMT 系统及 TACS 系统，中国主要采用 TACS 系统，传输速率为 2.4kbit/s，由于受到宽带技术的限制，当时移动通信的长途漫游业务难以实施，使得移动通信系统只局限在一定区域范围内。

在第一代移动互联网技术框架下，应用服务的总体质量是比较差的，在今天看来甚至可以说是难以想象的。除了上述因素之外，基于模拟传输的移动通信系统存在业务量小、保密性差、速度低、制式多且互不兼容、设备成本过高等缺陷。所以到了 20 世纪 90 年代，第一代移动通信系统就退出了历史舞台。当时 1G 只能应用在一般语音传输上，虽然改变了部分交流方式，但是存在讯号不稳定、语音品质低、涵盖范围小等问题。总的来说对新闻传播行业的影响并不大。

（二）2G：第二代移动互联网技术

20 世纪 90 年代初，第二代移动通信系统走上移动互联网传播的舞台。1992 年，第一个 GSM 网络开始商用。1995 年，随着第二代移动通信技术的成熟，中国也告别了 1G 时代，进入 2G 移动通信时代。2G 是基于数字传输技术的，它首先将语音信号数字化，主要采用 GSM（即全球移动通信系统，是一种广泛应用于欧洲及世界其他地方的数字移动电话系统）、TDMA（即时分多址技术，是把时间分割成周期性的帧，每一个帧再分割成若干个时隙向基站发送信号，在满足定时和同步的条件下，基站可以分别在各时隙中接收到各移动终端的信号而不混扰）、CDMA（即码分多址技术，是在数字技术的分支“扩频通信技术”基础上发展起来的一种新的无线通信技术）等制式。[②] 此时的通信传输速率超过 9.6kbit/s，这个传输速率可以支持文字简讯的传播。

---

① 余全洲：《1G—5G 通信系统的演进及关键技术》，《通讯世界》2016 年第 11 期。

② 余全洲：《1G—5G 通信系统的演进及关键技术》，《通讯世界》2016 年第 11 期。

中国主要采用全球移动通信系统这一标准，它不仅克服了模拟系统的弱点，还能够提供数字化的语音业务以及低速数据化业务。与第一代移动通信系统相比，第二代移动通信系统标准化程度高、保密性强、业务种类较为丰富，可以进行省内外的漫游，系统容量也有所增加。更为重要的是，从2G技术开始，新一代手机实现了上网功能，由此进入真正的移动网络传播时代，但是2G应用还是比较有限的，除了语音以外，基本上就是短消息以及彩信服务。

（三）3G：第三代移动互联网技术

随着用户对移动网络业务需求的不断增加，第三代移动通信技术于21世纪初诞生。2009年1月7日，工业和信息化部发放了中国移动TD－SCDMA、中国联通WCDMA和中国电信WCDMA2000三张3G牌照，标志着中国正式进入3G时代。3G的主流标准制式是TD－SCDMA、WCDMA、WCDMA2000、WIMAX等。这一技术基础是CDMA，即多个用户使用相同的时间资源和频率，同时分配给每个用户正交的码序列，并用不同的正交码字区分不同用户。CDMA的扩频系统具有抑制干扰和多径衰落的能力与软容量和小区呼吸功能，其通话质量好、可靠性高。此外，CDMA系统容量大大提高，还可以通过自动功率减轻远近效应的影响。在3G技术支持下，高频宽和强稳定性使得影像电话和数据传输变得更加普遍，支持3G网络的平板电脑也正式出现。第三代移动通信技术显示出无缝全球漫游、高速率、高频谱利用率、高服务质量、低成本和高保密性等特点。3G也被视为开启移动通讯新纪元的关键技术。

与1G、2G相比，3G网络的数据流通更畅快，传输速度更快，可以处理多种媒体形式，提供多种信息服务，如网页浏览、视频通话等，并可以提供实时的图像应用和大容量的数据传输。此外，3G网络的另一大优势是IP化，即数据传输过程中以IP数据包的形式进行传输。国际电信联盟认为3G网络具有更强成长价值、拓展带宽和支持多样化应用的优势。3G是能够让用户享受到更快的上网速度、更丰富的多媒体服务的移动通信网络。3G技术应用使手机具有网络媒体的特征，手机成为一种小巧的、便于携带的特殊电脑，进而成为完全意义上的多媒体或媒介融合平台。

诸多研究指出，3G 时代的来临不仅是技术的变革，更是用户生活观念的转变。从新闻传播角度而言，3G 技术的影响是不言而喻的。第一，它带来了传播时效与传播速度的改变。3G 时代，移动通信技术和互联网结合带来的移动终端既是信息采集系统，也是信息传输系统。它消除了时空限制，加快了传播速度，真正实现了新闻传播的随时性和即时性。第二，它带来了传播模式的改变。3G 技术使人人都是传播者成为可能，传播模式由传统媒体向受众单向传播转变为传播者与接受者合而为一的趋势，传受关系走向一体化，用户既是信息内容的受众，又是内容的生产者，用户可以借助移动网络终端实现信息的传播，参与媒体传播过程，增强了与媒体之间的互动性。这就使得新闻传播活动的传播者与接受者的关系平等化，两者间的界限越来越模糊，并且逐渐走向双重化乃至一体化。但同时我们应该认识到，在真实的新闻传播环境中，大众媒体依然是新闻传播的主体，普通用户采集的新闻不可能构成新闻传播的主流。第三，它使得传播内容的平民化与娱乐化增强。3G 对传播内容的主要影响就是平民化的成分增加，方式上以图像传播为主，娱乐性与服务性消息的比例不断增加；由于受移动终端屏幕和用户阅读习惯的影响，文本以图片和视频类的图像化符号形式为主，文字报道居于次要地位。第四，媒介融合的趋势日益彰显，3G 技术与媒介融合的发展密不可分。移动互联网技术的发展使移动终端成为一个融合平台，该平台可以呈现报纸、广播、电视、网络等所有媒体的内容和形式。例如手机作为视听媒介终端和个性化的即时信息传播工具，有着“个人定制、分众传播、互动便捷”等优势，因而被看作媒体融合的代表性媒介终端。

（四）4G：第四代移动互联网技术

2013 年 12 月，工业和信息化部通过官网宣布正式向中国移动、中国联通、中国电信颁发“LTE/第四代数字蜂窝移动通信业务（TD－LTE）”经营许可，即 4G 牌照。至此，移动互联网发展到一个全新的高度。4G，即第四代移动通信技术，集 2G、3G、WLAN、蓝牙、视频广播数字系统于一体，该通信系统是可以传输高质量视频、音频、图像、文件、数据的新技术产品。4G 网络速度更快，2012 年网络测试显示其平均速度是 9.5Mbps，而 3G 网络平均速度是 3.6Mbps。因此，利用 4G 手机进行新闻采访和实时传输成为现实。4G 与 3G 的主要区别在于终端设备的类型、网络拓扑的结构以及构成网络的技术类型。此外，4G 系统可以同时运用多种技术，如 Wi - Fi、超宽带无线电、便携式电脑、软件无线电等。在 4G 技术支持下，手机更加智能，通话和短信功能成为基本功能，其他更多功能充分体现在多媒体应用方面。

4G 系统彰显的优越性与其利用的关键技术是密不可分的。第一个关键技术是正交频分复用（OFDM）技术。该技术是一种多载波数字通信技术，其在频域内将给定的信道分成多个窄的正交子信道，每一个子信道都采用一个子载波进行调制，各子载波并行传输，由此来消除信号波形之间的干扰，进而优化总的传输速率。该技术的频谱效率较高，信号的相邻子载波能够进行相互重叠，具备良好的抗干扰和抗衰落能力，可以增加单载波传输信号的时间，对脉冲噪声和信道的快衰落有一定的抵抗能力。第二个关键技术是（MIMO 多入多出天线）技术。该技术利用多发射、多接收天线进行空间分集，采取分立式多天线，可将通信链路分解为多个并行的子信道。此技术由空间复用、发射分集和波束赋形三部分构成。空间复用是分解一个信号，形成多个部分，并经由不同的天线发射，进而提高可靠性。发射分集是在多个独立的天线中将同一信号发射出去，并在接收端获得同一信号的不同版本，通过多个版本之间的综合处理，达到较好的解调效果。波束赋形技术通过调整发射信号的空间能量分布，将信号的绝大部分能量对准目标用户，提升信噪比，并进一步提高信道容量。第三个关键技术是移动 IPv6 技术。全 IP 网络是 4G 移动网络通信系统的核心网络，可以实现信号在不同频率之间的无缝连接，有效降低信号失真。IPv6 技术具有较大的地址空间，每一个网络设备都有唯一的地址。该技术的多层级特征可以促进路由的集合，提高网络的效率和扩展性。此外，IPv6 技术还可以更加有效地处理移动性和安全机制。正是基于以上关键技术，4G 通信打破了时空限制，真正实现用户之间的沟通自由，彻底改变了人们的交流方式，甚至重塑了社会传播形态。

总体而言，4G 通信呈现以下特征：一是通信质量更高，通信速度更快；二是网络频谱更宽；三是通信更加灵活；四是智能化水平更高；五是兼容性更平滑；六是可提供更多增值服务；七是多媒体通信质量更优；

八是频率使用效率更高；九是通信费用更加便宜。4G 移动互联网技术的发展与应用，对新闻传播业产生了更深刻的影响，为移动互联网用户的新闻传播行为提供了良好技术基础。

（五）5G：第五代移动互联网技术

5G，即第五代移动通信技术，国际电信联盟根据技术应用场景的不同，将 5G 分为移动互联网和物联网两种应用类型。5G 所呈现的低时延、低功耗、高性能等方面的优势完全超越了 4G，可以说是在 4G 基础上进行的多样化无线接入技术集成。它源于 4G 技术，但从性能上远远高于 4G 技术。因此，5G 的诞生将进一步改变人类的生活。

5G 是面向 2020 年以后的移动通信需求而发展的新一代移动通信系统。5G 能够与各种无线移动通信技术紧密连接并提供基础性业务服务，以此促进移动互联网快速发展，这是未来 5G 移动通信系统最重要的发展方向。5G 的关键技术主要体现在超高效能的无线传输技术和高密度无线网络技术。其中基于大规模 MIMO 的无线传输技术将可能使频谱效率和功率效率在 4G 基础上再提升一个量级，并且在网络技术和无线传输技术两个方面也会有新的突破。具体而言，5G 涉及的关键技术如下：

第一个关键技术是大规模 MIMO 技术。Massive MIMO 在具体技术应用方面有诸多优势，最突出的优势有四个方面：一是该技术带来的空间分辨率比以往所呈现的分辨率要高出许多，可以实现在同等的基站密度和同等带宽的原有基础条件下使频谱效率得到大幅度提高；二是该技术可以使发射功率得到大幅度降低，显著提高功率效率；三是该技术将波束集中的范围比以往的集中范围要明显窄许多，从而可以带来更强大的抗干扰能力；四是该技术面对天线数量显著增多的状况，只需采用最简单的线性预编码和线性检测器即可解决问题，而且噪声和其他不相关因素的干扰基本可以忽略。①

第二个关键技术是超密集异构网络技术。超密集无线异构网络是一种全新的网络形态，它融合了 5G、4G、UMTS、Wi－Fi 等多种无线接入

① 张美娟：《关于 5G 移动通信技术分析及发展趋势探讨》，《计算机产品与流通》2017 年第 12 期。

技术，由承担不同功能、覆盖不同范围的大小基站在空间中以极度密集部署的方式组合而成。伴随众多智能终端的普及，海量的移动互联设备和几何级增长的数据流量正在跨越人与人限定的泛在通信，推动移动无线网络的颠覆性变革和跨越式发展。面向未来的5G网络，超密集无线异构网络被认为是应对上述变革最富有前景的网络技术之一。

第三个关键技术是全双工技术。该技术也被称为同时同频全双工技术，它是5G网络关键空中接口技术之一。从理论上来说，该技术比传统的TDD或FDD模式能够提高一倍频谱效率的同时，还能够减小信令开销，并有效降低端到端的传输时延。当然，这项技术当前还面临一些不小的挑战，首当其冲的难题就是如何抵销自干扰的因素。①

2019年被认为是“5G商用元年”，5G技术的商用可以满足移动互联网业务高速增长的需求，为移动用户提供新的业务体验。但是，我们需要进一步认识到，5G移动通信系统容量的提升需要通过频谱效率的逐步提高、网络架构的变革以及新型频谱资源的利用等技术途径来加以实现。

总之，5G技术在移动互联网发展史上带来了重大突破，其涉及的高端技术有诸多方面，面临的技术难题也有很多。当前，世界范围内的通信技术强国都在争先制定5G标准，5G技术对于中国而言也是难得的发展机遇，而且中国已经在5G技术方面具备了领先世界的技术基础，今后应当将更多的资源投入到更具前瞻性的技术领域，不断突破技术应用层面的难题，为移动互联网的进一步应用奠定良好的技术基础。

第二节　移动互联网的典型传播应用

早在20世纪末，就已经出现了移动通信网络取代固定通信网络的趋势。随着互联网技术的日益完善和通信技术的不断推进，移动互联网开始孕育、产生和发展。从当前来看，移动互联网已经达到白热化程度，没有一个行业可以脱离移动互联网而生存，人们对移动互联网的依

① 李荣伟：《5G移动通信发展趋势及关键技术研究》，《中国新通信》2018年第1期。

赖就像每天的呼吸一样迫切。作为移动通信与传统互联网技术的有机融合体，移动互联网被视作未来网络发展的核心力量。当今的移动互联网应用正在持续进行着诸多方面的改进，形成了多个层面的典型应用（见表2-1）。接下来，本书将对移动互联网的典型传播应用进行详细分类与解析。

表2-1　　移动互联网的典型传播应用

序号	类别	具体应用
1	视频传播类应用	智能化视频软件应用
		视频直播类应用
		短视频类应用
2	社交和娱乐类应用	移动微信
		移动微博
		移动游戏
3	位置服务类应用	地图导航
		实时语音助手
		路况直播
		周边服务
4	新闻服务类应用	机器人写作
		数据新闻
		临场化新闻
		可穿戴设备
		政务信息服务
		个性化推荐信息
5	生活服务类应用	移动购物类应用
		共享服务类应用
		日常服务信息类应用
		金融理财信息服务类应用
		医疗健康服务类应用
		教育学习类应用

一 视频传播类应用

（一）智能化视频软件应用

在移动互联网技术的发展历程中，很多应用实现功能的载体就是 App（Application 的简称，指移动设备端的第三方应用程序）。这类视频软件是第三方服务商在智能手机或其他移动设备上投放的视频应用程序，为受众提供视频直播、观看和点播视频的功能。它不仅解决了软件开发者和投资商双方的需求问题，还在控制成本的同时最大化地提高效率。目前，中国的视频软件主要有腾讯视频、优酷视频、爱奇艺、芒果 TV 等视频网站类的移动应用，也包括近年来流行的抖音、快手、火山小视频、梨视频、二更视频等短视频应用。

视频软件一般具有比较强的互动性、快捷的分享方式以及广阔的传播范围。与传统电视相比，用户在移动设备上在线观看视频的同时，还可以更加便捷地将链接分享到微信朋友圈、QQ、微博等网络公共空间，甚至可以直接精准发送给好友，以获取分享带来的乐趣。

视频软件适合碎片化的观看方式。在以往的互联网 PC 端，影响流媒体在线播放的重要原因之一就是互联网 PC 端的视频文件相对较大，缓存下载速度慢。如果受众在播放视频的时候同时下载视频，则会严重影响流媒体的在线播放。相比之下，移动设备端的视频文件就小得多，通过 App 缓存下来就可以随时随地离线收看。① 以往的电视媒体视频具有典型线性特征，受众只要错过了电视节目播放的时间点，就不可能等到自己空闲时间再看自己想看的电视节目。PC 端虽然可以回看节目，但是存在携带不便的弱点，不能使用户随时随地地享受网络视频服务。在这种情况下，移动设备客户端则能够解决这两大问题。随着移动设备的广泛使用，视频产品的消费场景日益丰富，随时随地收看视频成为可能，应用程序中的原创内容、引进剧、自制剧等视频使得视频内容的数量急剧增加，作为电视传播核心观念的“黄金时段”随之被解构。主动性更高的用户逐渐取代相对被动的观众，日渐成为视频消费者的主流，这些更具

---

① 欧阳世芬、谢丽：《移动互联网时代移动在线视频 App 的现状与发展趋势》，《新闻研究导刊》2015 年第 6 期。

主动性的用户在视频产品的接触和使用时间上出现了个性化和碎片化特征，在特定时间段内指向单一媒体整齐划一的积聚现象不再出现。[①] 观众可以自由选择观看视频的节点，快进或者后退都成为受众自己可以决定的事情。

视频软件往往采取智能推送和个性化推荐的传播方式。个性化推荐可以使用户更加轻松快捷地找到自己喜爱的节目。对于运营商来说，这种方式能够增加用户黏性，进而给自身带来更大收益。从系统构成的角度而言，可以分为记录模块、分析模块和推荐模块三个系统模块。记录模块的功能是收集并记录如视频 ID、时间等基础信息，或者播放、快进、快退、暂停、停止等具体操作信息，抑或是用户发送的其他数据等行为。分析模块的功能是从记录模块得到所需数据，通过对数据的处理，对信息进行建模，从而分析出用户的喜好。推荐模块就是将分析模块得出的结果整合好后呈现给观众。[②]

从实践应用的情况看，很多在线视频软件都推出了个性化推荐。全面改版的爱奇艺客户端“爱奇艺视频”依靠大数据分析在视频行业率先实现了“千人千面”的个性化内容推荐。爱奇艺视频的资讯、娱乐、综艺动漫等导航内容看似与原来并无太大差异，但事实上它向每一位用户推荐的内容均已不再相同。爱奇艺客户端会根据用户所处的不同时间和地点为用户推荐针对性更强的个性化内容。通过不同用户的内容搜索情况、视频浏览记录、好友分享历史等进行大数据分析，为每个用户建立个人观看偏好模型，进而向用户推荐完全个性化的视频，这就更加迎合了每位用户的视频观看喜好。除此之外，爱奇艺还推出“滤镜”功能，这是爱奇艺公司研发的一种依托大数据分析算法为基础的视频编辑功能。该功能通过对搜集的大量用户视频观看数据进行筛选、整理和分析，自动判断用户的视频行为，将精彩内容抽离出来，生成受关注度最高的“精华版”内容。

---

① 高阳：《从传统电视到网络视频——互联网时代视听媒体传播内涵的嬗变》，《青年记者》2017 年第 21 期。

② 刘迎盈、丁钰、汪正周：《个性化视频内容智能推荐的算法设计》，《视听界（广播电视技术）》2013 年第 6 期。

视频软件还提供“弹幕”交互方式。弹幕本质上是对视频内容的增殖，也是对视频进行的二次创作。在密集的弹幕文字中，视频被重新赋予新的意义。来自不同时空的受众在弹幕中共享一个虚拟时间，同时对视频的某一桥段进行激烈讨论，弹幕网站鼻祖 Niconico 动画的管理者曾将这种经历描述为“非同期 Live”的感觉。[①] 2012 年 9 月，土豆网推出弹幕产品“豆泡”，随之上线弹幕服务功能。腾讯视频、爱奇艺等多家视频网站现在都已开发视频弹幕服务。弹幕的应用领域出现显著扩张是在 2014 年。首部弹幕话剧《疯狂电视台 2》开演，小米电视、乐视 TV 等网络电视终端推出弹幕功能。2014 年 10 月 11 日，湖南卫视在“第十届金鹰节互联盛典”晚会中首次尝试弹幕直播，《秦时明月》《小时代 3》《绣春刀》等电影试水弹幕专场。在经过 2014 年密集发展之后，弹幕视频在各个领域开始呈现喷涌之势。不仅如此，更难能可贵的是，传统媒体的介入也使线上的社交狂欢开始从视频影像领域链接到线下生活空间。

（二）视频直播类应用

2015 年，网络视频直播诞生，很快就在全国遍地生花。根据《中国互联网络发展状况统计报告》数据显示，截至 2018 年 6 月，全国网络直播平台已逾 500 家，用户规模近 4.25 亿。[②] 根据企鹅智酷持续四年的数据统计结果可见，未来消费主力为“95 后”群体，他们普遍具有喜好短视频、偏爱直播、追求视觉化、内容消费碎片化等典型特质。网络视频直播作为一种以时效性和面对面交流为优势的传播形态，它赋予了受众多种可能，尤其是形成的网红群体有别于传统明星和其他平台网红，在当下具有较强活力。在移动互联网条件下，许多支持直播的软件如映客、花椒、秒拍、微博、快手、抖音、腾讯微视等深受广大用户的喜爱，原因主要是准入门槛低、传播内容多样化、传播渠道简便（通常是手机、平板电脑等）。直播因其跨越地域性为观众提供临场感，很多时候充当了更多的角色，形成了多种直播类型。

第一，公益直播。随着主流意识形态的强化，公益直播逐渐成为建

---

① 任柯霓：《弹幕：视频交互新玩法》，《科技传播》2016 年第 8 期。

② 人民网研究院：《走上国际舞台的中国移动互联网——〈中国移动互联网发展报告（2018）〉发布》，《中国报业》2018 年第 13 期。

设和谐社会的重要方式。公益直播一般是选择知名公众人物与网民进行直播互动，设置公益议题，更新公益信息，从而培养公民公益意识，并逐渐发挥自己意见领袖的作用。通过微博、抖音等直播公益活动，可以获取关注度和话题度，与网民在线互动交流，用直播中的言行来引导网民的思想和行为。同时，网民可以围绕直播公益活动参与讨论，提升个人参与感，增强社会责任感。①

第二，娱乐直播。娱乐直播基于网络软件平台，利用视讯方式进行直播，通常对系列产品、会议内容、网红生活、电商购物、体育赛事等进行视频传播。② 这种类型的直播发展很快，正呈现蒸蒸日上的发展态势。主体受众基本上是年轻人，他们追求新鲜和娱乐，有强烈的猎奇心理与情感需求。娱乐直播平台在记录日常点滴生活的同时，也超越了时空限制，跨越了等级、阶层、年龄的障碍，建立了虚拟社区，吸引了同圈层受众来沟通交流。③ 因此，娱乐直播带来的既是一种娱乐方式，同时也是一种社会交往方式。

第三，直播答题。2018 年伊始，互联网上掀起一股“直播答题”热，多家直播平台竞相上线同类节目。早期有西瓜视频推出的“百万英雄”、花椒直播与一点资讯合作的“百万赢家”、映客旗下的“芝士超人”以及独立 App“冲顶大会”等，后期有陌陌的“百万选择王”、网易的“网易大赢家”以及百度旗下好看视频推出的“极速挑战”等直播答题平台。支付宝也在当时开展了线上答题活动，引起广泛关注。这类平台对答题进行了精心设置，主持人在直播中提出若干问题，内容涵盖科技、体育、文化、社会等各个领域，设定参与者答题的时间，如果全部答对，就可参与当次直播的奖金池分成。④ 这就使得受众在轻松的氛围中学习了多方面的知识。与其他娱乐方式相比，智力问答显得更有意义，减少了对娱乐的负罪感和焦虑感。

第四，司法直播。司法机关通常利用微博开展庭审全程直播活动。

---

① 于红、李名珺：《传播学视域下明星微直播公益活动探究》，《新媒体研究》2017 年第 3 期。

② 曹依武：《电商环境下直播营销的现状、挑战及趋势》，《山西农经》2017 年第 18 期。

③ 胡晓泓：《基于“使用与满足”理论的微博直播研究》，《传播与版权》2017 年第 5 期。

④ 詹新惠：《直播答题诞生与存续的三层逻辑》，《新闻战线》2018 年第 5 期。

一方面，通过微博庭审直播活动，一定程度上发挥了新闻媒体对司法活动的监督作用，保障司法活动在阳光下运行；另一方面，将法庭审理活动予以全过程直播，社会公众通过移动互联网即可参与微博庭审直播活动中，让司法机关的司法活动不再神秘化，由此提升了司法活动的公信力，有利于保障司法公平公正的实现。① 2013 年 8 月 22 日至 8 月 26 日，济南市中级人民法院通过实名认证的新浪官方微博@济南中院发布了 152 条微博以及近 16 万字的图文信息，公开直播深受海内外高度关注的薄熙来案审理过程。人民网舆情监测室于 2013 年 12 月发布的《2013 年新浪政务微博报告》实时获取了用户数据，薄案庭审当天@济南中院的观看者从早上 8：00 的 4.7 万迅猛增长到下午 17：00 的 30 万，截至当天 18：00 共发博文 65 条，微博转发总量达 228573 条，微博热议达 155697 条。

第五，新闻直播。移动互联网条件下的新闻内容生产者通过直播平台将新闻影像实时制作并同步播出，为用户提供了身临其境的全方位视听体验，使用户仅凭借移动终端就可以随时随地观看现场直播。这类新闻形态可称为移动新闻直播。2017 年 10 月，中央政治局常委中外记者见面会，人民日报客户端、新华社客户端、央视新闻客户端进行直播。2018 年 3 月，第十三届全国人大一次会议召开，央视新闻移动网进行全程直播，累计发起 72 场全国两会直播，累计观看人数 4 亿人次。据初步统计，从 2018 年 3 月 2 日政协发布会开始到 3 月 20 日总理记者会，腾讯新闻呈现了累计时长达 300 小时、共计 118 场两会直播。② 新闻直播集时效性、真实性、互动性于一体，内容多元化且开放，生产方式便捷、节约生产成本，制作不受限制，观看更具便捷性，带动了新闻传播业创新发展。

（三）短视频类应用

2016 年是短视频元年，移动互联网带来了碎片化的传播方式，促

---

① 胡旭、刘晓莉：《微博庭审直播，司法不再“神秘化”》，《人民论坛》2017 年第 13 期。

② 王志峰、刘爽：《媒体竞争新战场：新闻客户端的新闻直播》，《传媒》2018 年第 13 期。

使各类短视频软件相继出现并成为网民青睐的视频应用，以此开创了一个繁荣的短视频时代，彰显短视频的传播活力和短小精悍的时代特征。美拍、小咖秀、快手、秒拍、抖音、火山小视频、梨视频等短视频 App 已经渗透人们的生活圈当中。这一类型的应用软件具有以下几个共同特点。

一是生产和操作简易。对普通大众而言，一般意义上的视频素材剪辑和创作是比较复杂的专业性操作，但短视频社交软件已将这项工作简化为平民化创作，甚至只需一键操作即可完成视频制作。这就大大降低了用户的使用门槛，缩短了用户的创作时间，提高了用户使用的流畅度。同时，短视频软件内提供的多样化滤镜、转场、模板和特效等，也为用户带来多种视频素材的选取空间，从而进一步满足用户的个性化需求。这些便利条件也使短视频用户能够在最短的时间内熟悉和掌握这类软件。

二是内容呈现碎片化特征。在移动互联网时代，人们日常工作和生活节奏加快，时间碎片化已成为不可避免的趋势之一，这就使得人们对同一内容的注意力持续时间越来越短。短视频正是在这种环境下应运而生，它将内容生产和传播的时间压缩到了几分钟，甚至十几秒。这样的篇幅更符合现代大众的行为习惯和生活节奏。[①] 许多网络平台或者应用中有用短视频来介绍电视剧或电影的传播行为，它们利用短视频的灵活载体完成了许多复杂内容的解读，例如 App“图解电影”多数是用几分钟的时间将电影的情节梗概进行介绍，让观众粗略掌握某一部电影的精华所在，且可以随时随地进行观看。

三是内容紧跟潮流热点。在移动互联网时代，赢取用户的注意力是一个难题。短视频往往利用内容上的优势赢取用户注意力。当前许多短视频的制作，不管是资讯类还是娱乐类，基本都是以社交媒体中的热门话题为主。比如符合时代特征的阅兵式正能量视频、话题度高的明星影视作品、新发布的热议音乐作品以及综艺节目中的经典片段等内容，在特定时间内更容易广泛传播并获取关注度。值得一提的是梨视频作为资

① 于晓娟：《移动社交时代短视频的传播及营销模式探析》，《出版广角》2016 年第 24 期。

讯类视频，它在很大程度上弥补了UGC短视频的不足，利用专业的媒体人进行资讯内容的专业化生产（PGC），在铺天盖地的生活类、娱乐类短视频充斥市场的环境下，新闻资讯类短视频具有自身独特的竞争优势。

二 社交和娱乐类应用

（一）微信：免费的即时通信服务

2011年1月21日，腾讯公司推出一个为智能终端提供即时通信服务的免费应用程序——微信（We Chat）。微信支持在网络状态下免费发送文字、语音、视频、图片等内容，并不断更新功能，提供全方位的服务。该应用还可以跨通信运营商、跨系统平台进行操作。当前，微信提供的支付服务功能在用户中得到普遍使用，成为中国线上支付的主要方式之一，支持着广大互联网用户在线购物等线上生活消费。微信进一步拓宽社交服务，使用“摇一摇”“搜索号码”“附近的人”、群聊添加、扫二维码等方式添加好友和关注平台。用户还可以通过微信使用多种多样的小程序，实现朋友圈发布、消息推送等线上功能，随时随地将所见所闻分享给好友或者朋友圈。当前，微信已成为用户获取信息、展示形象、服务宣传、推广品牌的重要渠道。《2017微信用户＆生态研究报告》显示，截至2016年12月，微信用户共计8.89亿，而新兴的微信公众平台达1000万个，微信已成为当下发展迅猛且规模庞大的新媒体社交网络平台。①

从实际应用的情况看，微信不仅扮演着通信工具的角色，而且还为用户提供了许多便利的线上服务。2018年上线的微信小程序就是一种创新应用服务，它减轻了人们手机程序过多的负担，而且大大提高了微信用户黏性。微信公众号已经成为许多自媒体和官方媒体的重要传播平台，用户只要对相应的公众号进行关注就可以每天获得公众号的内容推送。用户存储在手机上的视频、音乐、新闻等都可以通过微信来分享。

总体而言，微信在当今时代担负着新闻信息传播的重要任务，人

---

① 企鹅智酷：《2017微信用户＆生态研究报告》（http：//re.qq.com）。

们经常性的通过微信朋友圈和公众号获取信息，人们想要分享信息的时候第一个想到的就是微信，而且微信好友之间的联系必须是双向的，比如在发表了朋友圈以后，共同的好友才可以看到朋友圈的评论和留言。正是由于功能强大和覆盖面广，微信才越来越成为移动互联网时代必不可少的应用软件。

（二）微博：社会化分享交流平台

微博是经由新浪网推出的提供微型博客服务的社交分享交流平台，其最大的特征就是即时性。新浪微博作为国内微博的代表，是一款为大众提供娱乐休闲生活服务的信息分享和交流平台。新浪微博于 2009 年 8 月 14 日开始内测，2009 年 11 月 3 日，Sina App Engine Alpha 版上线，可通过应用程序接口使用第三方软件或插件发布信息。截至 2014 年 3 月，微博月活跃用户 1.438 亿，日活跃用户 6660 万，其中包括大量政府机构、企业、官员、明星等认证账号，开放的传播机制使新浪微博成为中国的“公共议事厅”。用户可以通过网页、WAP 页面、手机客户端、手机短信、彩信发布 140 字以内的文字消息或上传图片，将所看所听所想通过电脑或者手机随时随地分享给朋友，和兴趣相投者一起讨论热门话题，还可以关注朋友，即时看到关注者发布的信息。

微博具有用户数量大、准入门槛低的典型特征。微博作为一个基于用户关系分享、传播、获取信息的传播媒介，主要通过关注机制分享实时简短信息，属于广播式社交网络平台。微博通过组建个人社区的方式，为受众提供了一个言论表达的自由市场。有网友曾称“在微博上，140 字的限制将平民与和莎士比亚拉到了同一水平线上”。微博属于单向的非对等关系，用户双方不需要提前互加好友，只需关注即可通过私信的方式与对方交流，这也构成了微博的庞大用户基数，并在一定程度上削弱了“把关人”的功能。普通的平民用户不仅可以根据自己的主观兴趣进行信息生产，还可以将信息发送到微博平台进行传播，这就使微博中的信息传播处于一个相对宽松的环境。与微信相比，微博在地域方面的选择范围更为广阔，这与微博的开放性、准入门槛低直接相关。

微博作为一种新兴媒介形态，还开创了一种即时便捷的反馈功能。微博的便捷性打破了传统媒体在时空范围、生产和传播流程等方面的局限，使得信息传播的主体不再局限于传统媒体，而是转向更加泛在的新兴媒体用户，从而创造了一个“人人都有麦克风”的时代。传统媒体往往偏重于生产和传播自己认为大众需要的所见、所闻、所感，受众很难参与到传媒机构内部的内容生产和传播环节中，其信息反馈渠道也往往是受众电话、来信等传统方式，而微博作为一种分享和交流平台，更能表达用户每时每刻的思想，传播用户所关注内容的最新动态，搭建用户与媒体之间的畅通反馈渠道。

（三）游戏：个性化与交互式的新娱乐

传统的手机游戏多为单机游戏，以棋牌类趣味游戏为主，后来发展到下载客户端，通过客户端进行游戏，大部分以武侠回合制为主，这类游戏对画面的要求较低，对手机的要求也较低。如今在移动互联网环境下，手机游戏的发展已经突破了回合制的局限，出现 RTS（Real Time Strategy，即时战略）游戏。这种相对新潮的游戏方式吸引了手机用户，同时这类游戏也对网络流量提出更高的要求。

电脑游戏曾经在传统互联网时代培养了一大批游戏热爱者，并创造了巨大的游戏产业价值。如今在移动互联网时代，手机游戏成为业务增值的一个有力推手，呈现以下三个特点：一是沟通便利，终端互通。手机作为基础通信工具的最大特点就是提供了极其便利的沟通渠道，用户可以直接通过手机网络与游戏对方进行交流，充分满足了游戏用户的情感沟通需求。很多游戏用户喜欢同时使用电脑和手机，网络技术已经实现手机和电脑终端的互通和位移功能，最大限度上提高了用户的游戏使用体验，满足了用户的实时需求；二是个性诉求，增加黏性。由于手机的随身性、私人性和便利性，用户对手机游戏提出针对性的个性化需求。用户在游戏中可以根据个人喜好自定义玩家昵称、购买配套服装和皮肤，装扮个人形象等，这些功能使得用户有了更强参与感。通过私人订制和装扮来增加用户成就感、培养和维持用户兴趣，从而增加用户黏性；三是操作简易，技术支持。手机游戏网站之所以能够在用户中风靡，很多都是依靠操作的简易性，比如绝地求生枪战类游戏，这类游戏的定位不仅是男生，也有大量的女生用户参与游戏。手机游戏制作比起电脑端更加简化，而且每一个游戏在下载成功后都会有视频教程，方便用户对游戏进行了解，从而更轻松地娱乐。

很多手机游戏十分注重运用新技术。比如智能手机刚开始流行时的神庙逃亡游戏就率先使用基于移动终端的体验技术，现在很多游戏运用手机感应来控制游戏人物的行动。“Pokemon GO”游戏在2016年7月7日推出，它是已问世21年的“精灵宝可梦”的移动版本。开发者使用AR技术将游戏虚实结合，在玩家开启智能手机中的地图定位之后，即可在现实世界中的任意角度寻找游戏中的人物角色，增强了用户体验感。①由此可见手机游戏对技术的不断更新和突破。

三　位置服务类应用

移动互联网的位置服务功能是通过电信移动运营商的无线电通信网络或外部定位方式获取移动终端用户的位置信息（地理坐标或大地坐标），在地理信息系统平台的支持下，为用户提供相应服务的信息增值业务。目前在手机应用中比较火爆的有百度地图、高德地图等应用程序。

随着智能手机的迅速普及，用户对手机地图导航的需求也在同步增长。手机地图已经从最初的简单定位、路线导航、出行规划，逐步发展到能够提供涵盖大街小巷路线、提供实景导航、展示三维街景地图、通过大数据分析显示当前路况以及公交车实时位置等功能。近年来，各大手机地图企业也在不断加深O2O（Online To Offline，线上/线下），将线下的市场与手机地图结合起来进行场景化运营，从原来的导航出行工具升级为现在的出行生活服务平台，使互联网成为线下交易的平台，进而提供更全面的出行服务。② 这些位置服务类软件体现出了一些共同的特征。

第一，利用全景技术提供精准位置服务。相较于之前手机地图的定位、导航、规划出行路线等常规功能，现在的手机软件加入新的全景技术，方便用户进行线路寻找，给用户具体的参考。用户可体验全景技术带来的显著变化，将自己亲眼看到的情况与手机中的全景图进行对比，一定程度上提高了用户在陌生环境寻找目标的准确性。

---

① 梁栋：《〈Pokemon GO〉爆红　虚拟技术引爆游戏市场》，《上海信息化》2016年第10期。

② 崔婧：《百度地图“套牢”大数据》，《中国经济和信息化》2014年第5期。

第二，通过大数据进行实时语音和路况直播。实时语音服务得到全面运用，百度地图软件中有小度语音助手，高德地图搜索栏有话筒标识，提供语音搜索功能。语音服务有助于解放用户的双手，免去文字搜索的烦恼，方便正在开车的用户寻找路线。在地图路线的显示中，互联网会自动更新路况，通过大数据识别道路的拥堵路段，为用户规划畅通的路线。地图软件会对路况、限速条件等进行语音提醒，而且可以查询违章记录等信息，带给用户极大的方便。

第三，通过自动推荐功能提升生活信息服务。智能手机中的地图软件除了寻找路线功能外，还支持发现周边的功能，通过用户的手机获取位置信息，自动推荐周边的美食、景点、酒店、娱乐场所等，真正实现了 O2O 的信息服务价值。软件还支持用户使用各类交通工具，提供公交车定位信息等，从而真正成为用户的生活服务平台。

四　新闻服务类应用

在人们日常生活中，新闻服务类应用已经使用得非常普遍。用户使用比较多的新闻软件有今日头条、网易新闻、凤凰新闻、腾讯新闻等。在移动互联网的大环境下，新闻服务类应用的发展也呈现前所未有的特征。

一是机器人写作的广泛应用。数据资源、数据思维以及数据工具在新闻生产中的普遍应用为机器人写作提供了比较充分的前提条件。自从 2011 年美国 Narrative Science 公司的新闻写作软件出现以来，越来越多的媒体开始在财经、体育等专业新闻领域使用机器人写作。国内腾讯公司的 Dream writer、今日头条的 Xiaoming bot、新华社的快笔小新等写作软件也陆续产生。根据腾讯财经提供的数据，2016 年第一季度，Dream writer 撰写的财经新闻有 400 篇，而第三季度高达 40000 篇。① 用户平时在手机客户端接收到的很多消息都是由机器人完成的，这显示出机器人写作惊人的写作能力与广泛应用。

二是数据新闻的普遍流行。数据新闻主要由图表和数据组成，文字

---

① 彭兰：《未来传媒生态：消失的边界与重构的版图》，《现代传播（中国传媒大学学报）》2017 年第 1 期。

描述部分较少。在实际操作中，主要通过对数据进行挖掘、统计和分析，从中发现新闻线索，对有价值的事件或事实信息进行针对性报道。媒体工作人员还可以借助大数据深入挖掘新闻主题的深度和新闻事件的广度，并通过可视化技术将数据进行整合分析，直观且清晰地报道新闻事件。此外，还可以借助数据将新闻信息用艺术化、形象化的方式呈现出来，从而突破固有模式，创造出崭新的报道模式。

三是临场化新闻的有益尝试。很多新闻报道在具体传播过程中，借助技术设备的有力支持，利用直播、VR、AR 等形式，使获取新闻的用户体验到“身临其境”的感觉。直播技术创造了当事人与观看者的面对面交流的感觉，可以将当事人的体验直接传递给观看者；VR 和 AR 技术则可以让观看者直接进入现场，360 度沉浸在现场里，而不再是由媒体的二维平面“再返现场”。这些临场化新闻的有益尝试，都是具有一定创新价值的新闻报道手段。

四是可穿戴设备的便携式应用。可穿戴设备即人体可以佩戴的智能设备，如智能手环、GPS 定位仪、体感传感器、语音输入仪等便携式信息采集装置。与平时携带的手机和电脑不同，智能可穿戴设备更加便携，能够提供更加随性的设备使用体验，以多样化和智能化的方式与用户身体结合，通过自动采集数据并整合新闻操作模式，简化新闻生产过程，这恰恰与新闻生产的逻辑相契合。智能可穿戴设备既可以通过设备对场景数据、用户个人数据进行收集和综合分析，也可以帮助新闻媒体更加精准地进行受众细分，从而进一步促进新闻媒体思考用户在不同场景和状态下的行为方式和信息诉求，以生产出特定受众更具空间接近性和心理接近性的新闻信息。①

五是政务信息服务的融合传播。在移动互联网条件下，人们可以利用智能手机或者平板电脑等移动终端设备便捷地了解政务信息。政务信息服务成为媒体实现未来融合发展的一项重要业务，如人民日报客户端、新华社客户端、光明日报客户端、长江云客户端等均开展了政务信息服务。其中，长江云平台作为一家省级新媒体平台，在技术建设方面具有

① 李志军、郭同德：《智能可穿戴设备在新闻领域中应用路径探讨》，《中国出版》2016 年第 22 期。

超前的思维，它利用互联网思维发展广电融媒体信息服务，具有较高的借鉴价值，为新闻与政务服务的发展提供了新思路。

六是个性化推荐的深度渗透。个性化推荐是根据算法统计用户所浏览的信息，获取用户的信息偏好，进而为用户进行个人兴趣信息的匹配和推荐。个性化推荐在视频、音乐、新闻乃至一些购物 App 中都有不同程度的应用。用户在某一个新闻软件中点击某一类型的新闻，系统就会自动感应并进行分类。在用户下一次浏览时，新闻推荐结果自然就是系统算法已经设定的新闻类型，这样处理也有利于新闻应用软件不断提高用户黏性。

五　生活服务类应用

（一）移动购物类应用

淘宝、京东、亚马逊、苏宁、当当等一些应用软件都是可供用户移动购物时的选择。用户可以在线上购买任何种类的物品。比如淘宝消费人群基数庞大，目标消费人群多为中低端客户，与之相连的支付宝购物平台安全便捷，有忠实的消费群体。京东商城的用户量不如淘宝，但商品品种也很丰富，而且更有品质保证，自建物流服务也是京东的优势所在。[①] 不同移动购物平台各有优势，进行差异化竞争，满足用户的不同购物需求。

人们进行网上购物时存在一些共同的心理动机。一是追求新鲜事物。当前网购的主要人群是年轻群体，这类消费者容易受新鲜事物、广告宣传以及外观品质的影响，个人偏好往往成为购物的重要依据。二是出于个人需要。这种情况一般不会选择冲动消费，他们只购买自己需要的产品。在经过理性分析和货比三家后选取性价比最高且满足自身需求的商品。三是对商品价格低廉的诉求。由于互联网销售成本比实体店更低，加上商家店铺的优惠以及购物平台的优惠，网购在价格上往往表现出更大的优势。出于这种心理诉求，很多消费者会直接选择网络购物，尤其是对于收入水平不高的人群而言，网络购物已经成为他们的购物首选。四是购买便利快捷。线上购物不受时空限制，在任何时间和地点都可以

① 黎经纬：《中国消费者网络购物行为的影响因素》，《现代交际》2018 年第 5 期。

完成。而且日益多样化的支付方式也为整日忙于工作和学习的消费者提供了便利，省时省力，还有一定的售后保障。网络 24 小时开放也可以为任一时间段的消费者提供购买服务，满足消费者的实际诉求。

（二）共享服务类应用

共享服务类的应用有很多，如共享单车、共享房屋、共享汽车等，最典型的代表就是共享单车，它有效解决了市民出行最后一公里的问题，也符合绿色出行和低碳出行的发展方向。2016 年年底至 2017 年年初，共享单车在中国呈现爆发式增长，并以智能化、便利化的特点受到人们的喜爱，哈啰、小黄车、摩拜等共享单车品牌引领了城市共享单车的风潮。

共享服务类应用是基于平台进行的信息共享，在此基础上通过分享实现线下物品的共享价值。比如共享单车用户通过手机扫描自行车二维码发出用车请求，平台认证后，操作员通过移动网络给予共享单车信号反馈，并对时间和路线进行跟踪记录。用户使用结束后，关闭车锁的行为会自动传送到手机终端，并通过移动网络发送到平台。经确认后平台根据自行车当前位置计算行驶里程和消费金额。① 共享单车的运用对于大众而言重在节约和方便，对于社会而言可以让闲置的资源得到充分利用，提高资源利用率，也相当于节约资源。单车在使用过程中绿色无污染，有利于响应环保的号召。但是，共享单车也存在很多实际问题，比如乱停乱放、被盗遭毁、私自加锁、改装兜售等，这需要我们辩证地看待和解决。

（三）日常服务信息类应用

移动互联网的普及使得一种细分的效劳市场迅速渗透大众生活。各类外卖 App、洗衣 App、家政 App、快递 App 等都可以让用户足不出户就享受到自己想要的诸多日常生活服务。这类 App 的共同特征是抓住了懒人经济这一风口，尤其是现在的“90 后”和“00 后”年轻人，生活节奏相对较快，压力也比较大，每天工作之外的剩余时间相对较少，又想自由支配时间，就更多地依靠应用软件服务。当然，日常服务类应用的兴

① 顾成凤、茆晓林、任嘉漪：《“互联网 +”视角下南京地区的共享单车行业的发展趋势研究》，《时代金融》2018 年第 8 期。

起和移动互联网的普及、消费习惯的改变以及百姓生活需求的提升等都是密切相关的。

移动互联网条件下，生活服务信息类应用的优势还体现在消费资金的节约。典型案例就是美团 App，它是目前国内兴起最早、发展最成功的团购网站，覆盖全国 1000 多个城市，用户数量超过两亿。① 美团的团购项目丰富且多元，包括周边出行、酒店住宿、餐饮美食、外卖点餐、电影演出、休闲娱乐等。其中，美食类团购的消费比重最大，用户通过线上支付购买团购券，从而以更低的价格订购相同的线下服务，既实惠又便捷，从而吸引了大量年轻消费群体，开启了餐饮业团购消费的先河。在移动互联网驱动下，如今的用户尤其是年青一代对消费有了新的认识，也拥有了更多的选择，和以前实物买卖中"货比三家"相似，他们在选择消费时往往也会选择性价比最高的消费服务。

（四）金融理财信息服务类应用

金融理财类 App 带来移动金融市场的兴起，它是以平板电脑、智能手机等移动终端为载体，依托移动智能应用技术、互联网电子交易而兴起的新型金融理财工具。金融理财类应用客户端在使用性能上具有很强的灵活便利性，这就使其基本摆脱了时空限制，可以随时随地进行金融服务，而且在功能方面更加方便实用，如线上扫码支付、动态信息推送、与购物 App 绑定等，这在一定程度上继承了传统 PC 端应用的特点，却又区别于 PC 端的应用。

目前金融理财类 App 主要体现出三个典型特征。一是使用成本较低。在移动金融市场环境中，主要通过应用平台的智能匹配来筛选信息和响应需求，以此实现资金的供求与交易。相对于传统的金融交易市场，移动金融省去了大量的物理资源成本和人力资源成本，成本大大降低。二是技术门槛低。随着应用技术的普及，越来越多的移动应用软件相继出现，同时也降低了移动应用软件的使用难度和使用门槛。互联网电子交易的普及和安全稳定性保障的增多，逐步提升了相应的智能应用技术，使得技术门槛大大降低。三是社交化趋势显著。互联网显著特征之一是

---

① 蒋雪柔：《O2O 模式下"美团外卖"的"蓝海"战略分析》，《经营与管理》2018 年第 5 期。

社交化，移动应用在这一特点上更加凸显。金融理财类的移动应用开发出聊天、分享以及交友等多样化的社交功能，既提供了个性化服务，也更有利于增强用户黏性。

（五）医疗健康服务类应用

医疗健康服务类应用在人们日常生活中变得日益重要，进而带来移动健康管理与服务的兴起。移动健康是指在移动通信技术基础上使用智能手机、个人掌上电脑等可移动电子设备，提供医疗保健和公共卫生等服务，为患者提供针对性和连续、实时的个案管理。① 随着中国移动医疗市场规模的逐步扩大，医疗健康服务正呈现繁荣发展的势头。

医疗健康服务类应用大致涵盖三种医疗健康服务：问诊就医、网络购药以及健康管理。以问诊就医为主的代表性应用有丁香医生、春雨医生、好大夫智慧互联网医院、平安好医生等，用户在家里就可以得到专业医生对其病症的建议，并且可以通过手机软件预约注册过的医院的医生，这样可以节省用户去挂号排队的大量时间。以网络购药为主的代表性应用有健客网上药店等，其销售方式与阿里巴巴有些相似，可以自主进行买药，而且有的网上药店会提供类似送达的服务，将药品直接送到用户的家中，提高了用户的购药体验。以健康管理为主的代表性应用有薄荷健康、健康猫、妙健康等。用户可以在 App 上记录自己每日的身体信息，如体重、心跳、摄入食物等，系统可以根据用户提供的信息对用户进行个性化服务，为其制定适合管理自身身材或健康的平衡膳食和运动计划。

（六）教育学习类应用

教育学习类应用作为日常生活的一种常用应用，为移动用户提供了很多学习提升的机会。用户可以通过手机应用商店查找并下载自己需要的教育学习类 App。这些教育学习类应用涵盖的内容十分丰富，大体包括各类考试、语言学习、辞典、在线教育、驾考等。

教育学习类应用有两个突出的优势。一是可以定制化学习。很多教育学习软件都支持用户自己设定学习目标。比如英语学习软件“百词

① 宋雅云、蔡毅：《移动健康医疗 App 现状分析研究》，《中国卫生信息管理杂志》2017 年第 4 期。

斩”，该软件在用户进入时就会让用户对自己的需求进行定位，可选中考词汇、高考词汇、四级词汇、六级词汇、考研词汇，在选定目标完成后，还可选择目标完成的天数，根据目标任务量将学习任务自动进行量化分配，在每天固定的时间对用户进行提醒，培养了用户的学习习惯。这些目标选择都是自主可控的，每个用户都能根据自身的情况对学习进行定制；二是拥有海量的学习资源。教育学习软件都很重视学习资源库建设，以满足不同学习者的多样化需求。比如一些要参加某类考试的人，除了在书店购买参考书和试题外，学习软件就是用户们的最佳选择。参加公务员或者教师招聘的用户可以在学习软件免费获得历年真题，可以无限次使用来巩固知识，还可以花钱购买软件中的预测题目。对于准备驾考的用户，手机上的驾考类 App 是很多学习者的理想选择，在免费的基础上，既非常方便学习，又有完整详细的解析。正是基于以上优势，教育学习类应用成为人们日常生活中的一种重要应用。

第三章

移动互联网条件下的传者图像

随着移动互联网时代的到来，新闻传播变革日益加剧，新旧媒体作为传播者都发生了多个层面的变化。以往单一的传播者身份转变为受众与传播者双重身份，在信息传播过程中既是传播者又是受众，并且受众角色变得更加重要，它将影响接下来的信息传播。以往媒体主要作为新闻信息的收集者和发布者，转变为运用数字化信息抓取技术对各种信息进行分析处理发布的信息运营者。以往显得非常关键的新闻价值观念正在发生某些变化，传播者除了关注新闻价值以外，其他方面价值也不断凸显。以往媒体的传播力相对有限，在移动互联网条件下变得可以拥有强大的传播力，媒体在社会中的作用变得越来越重要，对人们的日常生活带来的影响日益加深。但是，移动互联网条件下的受众发生的变化也很大，他们的信息需求更加多元化，对信息的标准要求更高，这对传播者而言带来了不小的挑战。因此，探讨移动互联网条件下的传播者变革是非常有价值的。接下来，描摹移动互联网条件下的传者图像就成为本章的核心任务。

第一节　移动互联网条件下的职业媒体人分析

当前，中国媒体正处在一个飞速发展的移动互联网时代。新闻信息传播行业的职业媒体人，无论是就职于报纸、广播、电视等传统媒体还是就职于各种网络媒体，都必然面临着一场新的媒体转型甚至颠覆性变革。对于中国的职业媒体人而言，他们对媒体转型的认知情形为何？其从事新媒体产品生产的情形又是怎样的？这直接关涉移动互联网条件下的职业媒体人“画像”是否准确和深刻。而要取得这些问题的答案，不可避免地需要通过相关调查研究才能形成比较清晰的认识。本书通过向中国职业媒体人发放调查问卷的方式展开，以期全面而深入地了解移动互联网时代中国职业媒体人的媒体转型认知及新媒体产品生产的实践情形。

一 职业媒体人问卷调查基本数据

本书的调查问卷发放时间节点为 2019 年 1 月下旬至 2019 年 2 月上旬，利用网络问卷平台“问卷星”设计和呈现调查问卷，问卷共包含 28 个题目，通过微信转发网址链接的方式进行问卷发放。为了尽可能保证调查样本来源的广泛性和代表性，作者调动了所有能用到的人际资源，主要通过作者在全国各地各级各类媒体工作的校友、学生、朋友等关系网络，以滚雪球方式将问卷扩散到尽可能多的职业媒体人群体，发放过程中既兼顾不同级别不同类型媒体的覆盖，也兼顾不同职级不同岗位人员的覆盖，最终回收有效问卷 374 份。

从回收问卷的情况看，性别结构基本平衡。被调查的媒体从业人员中，共有男性职业媒体人 186 名，女性职业媒体人 188 名，两者数量基本相当。由此可以做出一个大致推断，在当今媒体行业中，女性从业者与男性从业者在数量上大体平衡。从性别而言，女性从业者理所当然地成为媒体生产的主体力量。

在年龄结构方面，媒体从业人员呈现总体偏年轻化的结构特征。被调查的媒体从业人员中，“90 后”、“80 后” 和 “70 后” 人员占据绝大多数，三者合计占比高达近九成（89.57%），其中“80 后” 占比最高，占比超过三分之一（34.49%）。年轻人在媒体从业人员中占主体是有利的，他们的思想观念比较活跃，行为模式也正在型塑过程中，因此从思想和行动上都比较容易接受媒体转型带来的考验，从而更有利于传统媒体面向移动互联网实现顺利转型以及推进新媒体产品的持续生产。

媒体从业人员学历结构方面，呈现“中间大、两头小” 的橄榄形结构特征。从业人员主体是理论与实践能力兼具的中间学历层面人员。具有本科和硕士研究生学历的媒体从业人员占据绝大多数，两者合计占比超过九成（91.71%）。其中，本科学历占比最高，接近六成（58.29%），而专科学历和博士研究生学历的数量均十分有限，分别占比 5.88%、1.87%。从当前占比来看，媒体业界的人才需求仍是掌握了一定专业理论知识和实践操作技能的从业人员，而对博士等研究型的高学历人才的需求较少，偏低的专科学历层次人才显然也难以适应当今时代媒体行业融合发展的需求。

媒体从业人员的专业背景方面，总体上以新闻传播学专业背景为主。具体而言，具有新闻传播学专业背景的从业人员占比约为七成（69.79%），其余三成（30.21%）从业人员不具有新闻传播学专业背景。这一方面充分体现了从事媒体行业专业性强的特点，新闻传播学专业背景为从业人员提供了基本的专业素养和实践技能；另一方面也体现出媒体行业吸纳多学科多专业人才的潜力，尤其是随着媒体融合发展的步伐加快，日益走向深度融合，对新媒体技术人才和营销人才等其他学科人才乃至跨学科复合型人才需求将更加凸显。

从业人员的媒体类型分布方面，既涵盖广电媒体、平面媒体及其新媒体部门，同时亦涵盖一部分网络媒体从业人员。其中，广电媒体和平面媒体从业人员合计占比最大，基本接近六成（58.55%），网络媒体从业人员占比超过两成（22.99%），广电媒体和平面媒体的新媒体部门从业人员合计占比超过一成（13.37%）。此外，“其他”占比 4.81%，主要由通讯社和未明确媒体类型的人员构成。

被调查的媒体从业人员中，省级媒体从业人员占比最高，比重超过一半（54.55%），中央级媒体位居其次，占比 15.24%，市级媒体和县（区）级媒体占比分别为 14.17%、9.89%。另外，“其他”占比 6.15%，基本上是网易、腾讯等不存在行政级别特征的商业性网络媒体构成。

媒体从业人员的职级分布呈现出鲜明的金字塔形结构，职级越高，人数越少，比重也越小。具体而言，媒体普通员工占比最高，接近一半（46.26%），基层管理人员和中层管理人员占比相当，分别为 24.33%、22.19%，决策层领导人员占比最少，所占比重为 6.15%。调查数据结果呈现的这种职级分布结构也比较符合现实的媒体职级分布情况。

媒体从业人员的从业时长分布比较分散，出现了多种不同的时长情况。具体而言，从事媒体职业 11—20 年时间的人员所占比重最高，几乎达到四分之一（24.6%），从业 20 年以上的人员比重几乎占五分之一（19.25%），从业 1—3 年时长的人员占比 16.58%，从业时长在 1 年内的人员占比 14.44%，从业 4—7 年与 8—10 年的人员占比最低，分别占 12.30% 和 12.83%。

媒体从业人员工作类型相对多元化，总体上以采编类人员为主。具体而言，媒体从业人员中从事采编类工作的比重最大，占比近六成（56.95%），从事管理类工作的比重超过五分之一（20.86%），营销广告类工作的比重超一成（11.50%），研究类、技术类等其他工作类型的人员相对占比较少，合计约占一成。这种工作类型分布也基本符合传统媒体转型和新媒体产品生产的实际情形，因为媒体行业本质上还是内容行业，采编类人员一直是从事传统媒体内容生产和新媒体产品生产的最直接人群。

二 职业媒体人对媒体转型的整体实践认知

（一）媒体转型的最重要事项

根据本书调查数据发现，媒体从业人员认为媒体转型中排在前三位的最重要事项包括“开拓新传播渠道与平台”“人员的思维与能力转化”“多元化经营与新的盈利模式”。具体而言，被调查的 374 名从业人员中，认为“开拓新传播渠道与平台”是媒体转型最重要事项的人员所占比重最大，接近六成（58.29%），认为“人员的思维与能力转化”是媒体转型最重要事项的人员所占比重位居第二，占比超过一半（52.67%），认为“多元化经营与新的盈利模式”是媒体转型最重要事项的人员所占比重位居第三，占比也接近一半（48.93%），选择其他方面的人员所占比重明显降低，虽然这些方面也是媒体转型中需要解决的问题，但是在重要性上显得相对次要一些。由此而言，在移动互联网时代，较多媒体从业人员认为媒体转型需要同时兼顾平台开拓、思维转化和经营模式等方面的重要议题。这恰恰提醒处在转型中的媒体应该首先集中精力和资源来解决媒体转型中最重要的事项。

不同工作类型的从业人员对媒体转型重要事项的认知大体一致，呈现大同小异的情形。除去媒体技术类从业人员，其他所有从业人员均一致认为“开拓新传播渠道与平台”“人员的思维与能力转化”“多元化经营与新的盈利模式”三个方面是媒体转型最重要的事项。媒体技术类从业人员在将“开拓新传播渠道与平台”作为第一重要事项（占比64%）、“多元化经营与新的盈利模式”作为第二重要事项（占比42%）之外，将“充足稳定的资金来源”视为第三重要事项，占比超过三分之一（35%），这一定程度上也反映出移动互联网背景下，媒体转型与新媒体产品生产所涉及的技术平台运行与技术设备更新，都离不开充足的资金保障。随着移动互联网技术和其他新媒体技术的快速革新，媒体需要不断增加资金投入用于技术更新，否则将被新技术抛弃，失去转型发展的机遇。这恰恰是移动互联网时代媒体深度融合发展中的一种必然趋势。

所有不同职级的人员对媒体转型最重要事项的认知比较一致。他们均一致认为“开拓新传播渠道与平台”“人员的思维与能力转化”“多元化经营与新的盈利模式”三个方面是媒体转型最重要的事项。其中略有差异的是，媒体基层管理人员与其他职级人员看法不同，将“人员的思维与能力转化”看做位居第一的重要事项，占比高达六成（60%），这一定程度上反映出基层管理人员在对普通员工日常管理中发现他们身上存在的最实际问题，毕竟与普通记者编辑等员工打交道最直接最大量的就是基层管理人员。总体而言，对媒体转型最重要事项的认识存在较大的一致性，这就为媒体顺利转型发展奠定了良好的认知基础，使得不同职级人员能够同心协力，共同推进所在媒体的转型发展，同时这也表明广大媒体从业人员对媒体的变革情形和应对策略上有着比较一致的认知。

（二）媒体转型的主要影响因素

媒体从业人员认为媒体转型中排在前三位的影响因素是“媒体内部管理机制改革”“国家媒体管理体制改革”“媒体市场与用户需求变化”。具体而言，接近七成（67.91%）从业人员认为“媒体内部管理机制改革”是媒体转型的主要影响因素；有超过一半（50.8%）从业人员认为“国家媒体管理体制改革”是媒体转型的主要影响因素；有近一半

（49.73%）的人员认为“媒体市场与用户需求变化”是媒体转型的主要影响因素，这三个因素明显高于其他的影响因素。

不同工作类型人员对媒体转型主要影响因素的认知既有共同点也有一定差异。“媒体内部管理机制改革”是各工作类型人员都一致同意的媒体转型的主要影响因素。其他影响因素存在一定差异，比较突出的是：媒体技术类人员认为“媒体领导的主观意志”是排在第二位的媒体转型主要影响因素，占比达到一半（50%），同时在他们看来“充分的技术投入”与“人员的思维与能力”是并列第三的媒体转型主要影响因素，占比超过四成（43%）。此外，管理类人员与其他工作类型人员存在着不同的认知，其将“国家媒体管理体制改革”看作第一位的媒体转型主要影响因素，占比超过六成（63%）。

不同媒体类型人员对媒体转型主要影响因素的认知也是同中有异。“媒体内部管理机制改革”是各工作类型人员普遍认同的媒体转型主要影响因素，占比接近六成（58%）。“国家媒体管理体制改革”因素在除去平面媒体的新媒体部门以外的所有媒体类型人员中均被认为是主要影响因素，占比均在50%及以上。“媒体市场与用户需求变化”因素在除去平面媒体、平面媒体的新媒体部门以外的人员中也均被认为是主要影响因素，占比均在50%及以上。

不同职级的人员对媒体转型主要影响因素的认知基本一致，他们都认为“媒体内部管理机制改革”“国家媒体管理体制改革”“媒体市场与用户需求变化”三个因素是媒体转型的主要影响因素。与其他职级人员的认知有所不同的是，决策层领导人员将“人员的思维与能力”看作排在第三位的主要影响因素，占比超过四成（43%），认为排在前两位的因素也同样是“媒体内部管理机制改革”和“国家媒体管理体制改革”。

（三）媒体转型亟须的体制机制改革重点

体制机制改革是媒体实现整体转型中决定全局的关键所在。调查发现，内部组织结构调整、考核和激励机制、融媒体平台建设的决策评估机制、内容产品的评价机制等成为媒体转型亟须的体制机制改革重点。

“内部组织结构调整”被认为是排在第一位的媒体转型亟须的体

制机制改革重点，占比超过一半（54.28%），同时认为“考核和激励机制”“新媒体平台建设的决策评估机制”是媒体转型亟须的体制机制改革重点的人员也均达到一半比重，分别为50.27%、50%，此外“内容产品的评价机制”也被近一半（47.59%）人员认为是体制机制改革的重点。

不同媒体类型人员对媒体转型的体制机制改革重点有共识也有差异。对于不同媒体类型人员而言，他们认为媒体转型的体制机制改革重点，排在第一位的情况有所差别，平面媒体、平面媒体的新媒体部门、广电媒体的新媒体部门均是选择“考核和激励机制”，比重均达到一半以上，分别为55.67%、63.16%、61.29%。广电媒体选择的是“内部组织结构调整”，比重高达六成以上（62.81%），网络媒体选择的是“新媒体平台建设的决策评估机制”，比重同样高达六成以上（62.96%）。此外，平面媒体和广电媒体的新媒体部门比其他媒体类型人员更加注重“内容产品评价机制”这一改革重点，比重均超过一半，分别为53.61%、61.29%。

不同级别媒体的从业人员认为媒体转型的体制机制改革重点存在一定差异。对于排在第一位的媒体转型体制机制改革重点，中央级媒体从业人员中有超过六成（61.40%）认为是“新媒体平台建设的决策评估机制”，省级媒体从业人员中有接近六成（57.35%）认为是“考核激励机制”，地市级媒体从业人员中有超六成（60.38%）认为是“内部组织结构调整”，县（区）级媒体从业人员中有将近一半（48.65%）认为“内部组织结构调整”“新媒体平台建设的决策评估机制”是并列第一的改革重点。此外，“新闻发布的管理机制”对于地市级媒体从业人员而言重要程度明显高于其他级别媒体，比重达四成以上（43.40%），“薪酬分配机制”对于县（区）级媒体从业人员而言重要程度明显高于其他级别媒体，比重也远超四成之多（45.95%）。

不同职级人员认为媒体转型的体制机制改革重点总体情况比较一致，但具体项目上又存在着差异。对于决策层领导而言，“内部组织结构调整”是首要的体制机制改革重点，比重高达六成（60.87%），对于中层领导和基层管理人员而言，“考核和激励机制”是首要的体制机制改革重点，而对于普通员工而言，“新媒体平台建设的决策评估机制”“内容产品的评价机制”基本位于同等重要的地位，比重几乎相当，都超过一半的比重，分别为52.60%、52.02%。另外，对于“内容产品的评价机制”而言，在决策层领导、中层领导、基层管理人员、普通员工之间显现的重要程度呈现递增现象，比重依次为39.13%、42.17%、47.25%、52.02%。这些都是中国媒体转型的体制机制改革过程中可能要面临的问题，只有对这些问题从多个层面进行全面协调和妥善解决，才能在媒体内部全体人员中实现“拧成一股绳”的合力，共同推动媒体转型顺利开展。

不同工作类型人员认为媒体转型的体制机制改革重点存在一定差异。具体而言，采编类人员中有超过一半（55.56%）人员认为“考核和激励机制”在媒体转型的体制机制改革重点中排在第一位，技术类人员中有超过六成（64.29%）人员认为“内部组织结构调整”“新媒体平台建设的决策评估机制”应该居于媒体转型的体制机制改革重点并列第一的位置，营销广告类和管理类人员分别有超过五成（52.63%）和六成（64.47%）人员认为“内部组织结构调整”是体制机制改革中的首要重点，此外，有65%的研究类人员则认为“内容产品的评价机制”才是体制机制改革中的首要重点。因此，面对不同工作类型人员对媒体转型的体制机制改革重点认识的差异，需要提醒媒体单位在具体改革过程中，应当充分关注这些层面的因素并实事求是地给予理性解决。

（四）媒体转型措施的效果评价

通过调查发现，绝大多数被调查人员所在的媒体单位均不同程度的采取了转型措施，但是多数从业人员对所在媒体单位采取转型措施的实际效果评价并不乐观，且评价相当一致，不因性别、年龄、学历、专业背景、从业年限、工作类型、职级等因素不同而存在差异，他们普遍认为转型措施取得的效果一般或较差。

被调查的所有媒体从业人员中，有近九成（89.55%）人员所在的单位采取了一定的转型措施。由此可以看出，随着移动互联网时代的到来，在各种新媒体技术层出不穷的发展态势下，绝大多数媒体均能针对这种新机遇和新挑战，主动或被动地采取实际行动，但是仍有一小部分传统媒体（10.45%）尚未采取任何转型措施，它们寻求媒体融合的发展道路由于种种原因而受阻，这需要有关方面给予充分关注，也有待进一步跟进和展开细化研究。

媒体从业人员对所在单位采取转型措施的效果评价不容乐观。具体而言，首先，被调查的媒体从业人员对所在单位采取转型措施的效果评价为“非常好”“比较好”的比重不足三成，仅为26.49%，而认为总体效果“非常差”“比较差”“一般”的比重合计为73.51%，高达七成之多的媒体从业人员对转型措施取得的效果是不满意的。这一方面说明媒体谋求转型发展绝非易事；另一方面也说明转型效果不佳的症结有待我们进一步反思，需要各家媒体针对自身实际存在的问题，积极采取更加切实有效的转型举措。

中央厨房（融媒体中心）作为各大媒体普遍采用的媒体生产新组织机制，其运行效果及评价情况如何，也是考量媒体转型效果的一个重要因素。被调查的媒体从业人员中，有超过一半（55.88%）人员所在的媒体通过各种方式建立了中央厨房（融媒体中心），另有超过四成（44.12%）人员所在的媒体由于各种原因尚未建立中央厨房（融媒体中心），这部分人员所在的媒体多为市县级媒体。从当前的总体形势而言，随着中国县级融媒体中心建设上升为国家战略，各级党委政府和相关部门将在资金、人才、技术等全方位资源上予以大力支持，进而有效促进中央厨房（融媒体中心）的建设，最终实现中央厨房（融媒体中心）在主流媒体范围的全覆盖。

媒体从业人员对所在单位建立的中央厨房（融媒体中心）总体运行效果评价也不太乐观。具体而言，认为所在单位中央厨房（融媒体中心）总体运行效果“非常好”“比较好”的比重不足四成，仅为38.28%，而认为总体效果“非常差”“比较差”“一般”的比重合计为61.72%，高达六成多的媒体从业人员认为所在媒体中央厨房（融媒体中心）运行效果是不好的，这同样有待媒体进一步研究效果不佳的具体症结，并进一步采取有针对性的解决方案，勿使建成的中央厨房（融媒体中心）变成一副空架子。

对已建立中央厨房（融媒体中心）存在的主要问题，媒体从业人员有着比较一致的判断。具体而言，首先，被调查人员中有55.02%的人员认为“缺乏用户思维和市场导向”是中央厨房（融媒体中心）存在的主要问题；其次，有51.67%的人员认为“体制机制不顺畅”是中央厨房

（融媒体中心）存在的主要问题；最后，还有 51. 20% 的人员认为“缺乏清晰的运行思路”是存在的主要问题。提出这三个主要问题的被调查人员所占比重均高达半数以上，明显高于其他问题。

被调查的媒体从业人员对所在单位运营效果较好的新媒体平台也有着基本一致的看法。接近七成（67. 38%）人员认为微信公众号的运营效果是最好的。接近四成（37. 70%）人员认为移动客户端的运营效果比较好；超过三成（32. 35%）人员认为微博账号的运营效果也是不错的。由此而言，微信、微博、客户端等构成的“两微一端”移动互联网传播平台矩阵，被认为在当前媒体拥有的各种新媒体平台中运营效果比较好，这一定程度上揭示了移动传播的未来趋势。然而，随着移动互联网的快速迭代，5G 时代的到来对媒体带来的影响更加深刻，由此也使得媒体在深度融合发展中更加坚定地采取移动优先发展战略。

三 职业媒体人的新媒体产品生产图景

（一）职业媒体人的新媒体产品生产具体情形

根据本书的调查结果发现，媒体从业人员参与策划或制作的新媒体产品呈现多样化的形态构成。具体而言，超过六成（64. 71%）人员在 2018 年参与策划或制作过网络图文产品，超过五成（56. 68%）人员在 2018 年参与策划或制作过短视频，超过四成（40. 11%）人员在 2018 年参与策划或制作过 H5 产品。此外，参与策划或制作过动画、VR/AR、其他类型新媒体产品的人员比重均相对较低。特别值得注意的是，被调查的媒体从业人员中，有近五分之一（18. 45%）人员在 2018 年整个年度里没有参与策划或制作过任何新媒体产品。

不同媒体类型人员参与的新媒体产品生产情况存在一定差异。“网络图文产品”在平面媒体、广电媒体的新媒体部门、网络媒体人员中所占比重均是最高，分别为 62. 89%、80. 65%、76. 54%，尤其是在广电媒体的新媒体部门人员中占比高达八成之多。“短视频”在广电媒体、平面媒体的新媒体部门人员中占比最高，分别为 57. 85%、89. 47%，尤其是平面媒体的新媒体部门人员中占比竟几近九成。此外，“H5 产品”在平面媒体的新媒体部门人员中占比也是最高，超过七成（73. 68%），远远高于在其他媒体类型人员中的比重。

媒体从业人员参与的网络图文产品生产在所有新媒体产品中的占比过大。具体而言，生产网络图文产品占九成以上的人员比重达四分之一强（25.57%），生产网络图文产品占7—9成的人员比重达五分之一强（20.33%），生产图文产品占5—7成的人员比重也近五分之一（19.67%），生产图文产品占3—5成的人员比重为11.80%，四者合计占比接近八成（77.37%）。这就表明，大多数被调查的媒体从业人员生产的新媒体产品是以相对简易的网络图文产品形态为主。因此，提醒今后媒体转型中的新媒体产品生产，应该更加注重多种产品类型之间的平衡，适当增加图文产品之外的新媒体产品数量，为广大新媒体用户提供更丰富多元的新媒体产品，从而进一步提高媒体的传播力和影响力。

不同媒体类型人员参与的网络图文产品生产情况呈现不同的特征。在生产网络图文产品占九成以上的媒体人员中，平面媒体人员中的占比超过五分之一（21.65%），广电媒体的新媒体部门人员中的占比几近三成（29.03%），网络媒体人员中的占比也接近三成（29.63%）。在网络图文产品生产占七到九成的媒体人员中，平面媒体的新媒体部门人员中的占比超过三分之一（36.84%）。在生产网络图文产品占五到七成的媒体人员中，广电媒体人员中的占比接近两成（18.18%）。由此可见，关于网络图文产品的生产情况，在不同媒体类型人员中的比重有明显差异，但从整体生产比重看都比较大，这就从一个具体侧面说明媒体生产的新媒体产品形态多元化程度不高。

媒体从业人员参与策划或制作的新媒体产品数量是比较有限的。具体而言，平均每月生产1—5个新媒体产品的从业人员占比最高，几近六成（57.70%），平均每月生产6—10个新媒体产品的从业人员占比不到两成（17.38%），平均每月生产11—20个新媒体产品的从业人员占比一成有余（11.15%），生产21—30个与生产30个以上新媒体产品的从业人员合计占比仅一成多（13.77%）。因此，大多数媒体从业人员生产的新媒体产品数量是偏少的，总体上仍然是维系着传统产品形态为主的生产，这种状况在各种类型媒体人员中表现基本一致。这就说明移动互联网时代媒体转型过程中需要在新媒体产品生产上进一步加大力度。

媒体从业人员认为新媒体产品生产中的主要影响因素包括创新思维、实操能力、协同合作等几个因素。其中，认为新媒体产品生产中的首要影响因素是“创新思维”的人员占比将近九成（89.57%），位居第二位的影响因素是“实操能力”，占比超过一半（53.48%），位居第三位的影响因素是“协同合作”，占比几近一半（49.74%）。创新思维并非追求高效为导向的简化思维能达到的状态，实操能力则需要将理论性知识转化为媒体产品的操作技能，协同合作更是需要团队成员优势互补、彼此协同才能达到效果。这些因素一定程度上都属于长效因素，对媒体从业人员而言不会一蹴而就，它需要媒体不断引进和培养更多具有这些特质和能力的人才，方能从根本上解决问题。

大多数媒体从业人员对自己的新媒体产品生产能力并不满意，认为自己的新媒体生产能力不够强。具体而言，认为自己的新媒体产品生产能力一般的从业人员占比最大，达到一半（50.63%）。认为自己的新媒体生产能力比较弱和非常弱的从业人员分别占比12.83%和4.28%。这三者合计占比接近七成（67.74%），即大多数媒体从业人员对自己的新媒体产品生产能力持否定态度，感觉自己的新媒体生产能力总体偏弱。因此，从整体而言，处在迅速变革中的移动传播时代，媒体从业人员亟待加强自身的新媒体产品生产能力。

（二）职业媒体人的新媒体生产培训机制

在日新月异的新媒体传播环境尤其是移动互联网对媒体带来整体性影响之下，职业媒体人的新媒体生产培训培养机制变得十分关键。本书通过对职业媒体人的问卷调查，基本证实当前媒体从业人员总体受到的新媒体培训类型、培训次数都比较有限，媒体从业人员普遍认为应当进一步加强新媒体业务培训，同时新闻传播院系的未来后备人才培养亟待调整和加强。

媒体从业人员受到的新媒体业务培训多数是单位内培训，缺少单位外培训和国内外考察学习，甚至有相当部分从业人员尚未接受过新媒体业务培训。具体而言，媒体从业人员接受过单位内培训的占比高达六成以上（63.64%），接受过单位外培训的占比不足三成（27.27%），参加过国内考察学习（19.25%）和国外考察学习（4.55%）的占比合计仅两成有余（23.80%），而未接受过新媒体业务培训的占比超过四分之一（26.74%）。这一方面说明中国媒体从业人员的新媒体业务培训覆盖面有所不足；另一方面则说明业务培训的结构和类型严重失衡，偏于单一的培训方式。

媒体从业人员接受到的新媒体业务培训次数总体偏少。具体而言，接受过1—3次培训的占比最大，超过五成（55.88%），没有参与过新媒体业务培训的人员占比近三成（27.81%），两者合计高达八成以上（83.69%），2018年整个年度参与过4次以上新媒体业务培训的人员占比尚不足两成（16.31%）。由此可见媒体从业人员接受到的新媒体业务培训之缺乏。

绝大多数媒体从业人员认为有必要进一步加强新媒体业务培训。其中，认为非常有必要加强新媒体业务培训的占比超过七成（73.26%），认为比较有必要加强新媒体业务培训的占比15.78%，两项合计接近九成（89.04%），这就意味着绝大多数媒体从业人员希望得到更多的新媒体业务培训，以有效提升自身的新媒体产品生产能力。

由此可见，目前职业媒体人虽然具有较高的新闻传播基本素养，且受到一定的新媒体业务培训。但总体而言，从业人员的新媒体素养相对缺乏，仍然普遍缺乏定期的新媒体业务提升与培训机制，甚至缺乏轮岗交流机制。这些导致传统媒体采编人员对新媒体部门的工作流程和工作特点难以深入了解，无法提升新媒体报道能力。新媒体产品生产能力的不足，更加表明媒体机构需要不断加强新媒体业务培训，否则将很难适应媒体转型和新媒体发展的未来趋势。

媒体从业人员认为高校新闻传播院系人才培养最应加强的素质能力包括创新意识、实操能力和跨学科素养。具体而言，被调查的媒体从业人员中，高达八成（80.21%）人员认为“创新意识”是人才培养中最应该加强的素质能力。接近八成（77.01%）人员认为“实操能力”是人才培养中最应该加强的素质能力。超过一半（55.61%）人员认为“跨学科素养”是人才培养中最应该加强的素质能力。从实际的人才培养看，这几项素质能力的培养均有待加强，尤其是创新意识的培养是最为缺乏的。这就为新闻传播院系培养未来业界真正需要的人才指明了方向。

第二节 移动互联网条件下的媒体转型经验

伴随移动互联网与新媒体技术的不断发展，中国传统媒体转型经历着一个迅速变革的过程，从图文版的手机报到融合型的“两微一端”，再到今天人工智能驱动下的移动智媒转向，指引着传统媒体转型的未来趋势。人民日报、中央电视台、新华社、光明日报、湖北广播电视台、浙江日报等构成了中国传统媒体转型的典型经验，对其他传统媒体转型和新媒体产品生产提供了一定的经验借鉴。

一 移动互联网条件下的传统媒体转型历程

（一）移动延伸：从手机报到两微一端

移动互联网条件下的传统媒体转型过程中，首先展开的是手机报探索。手机报是传统纸媒在创办媒体网络版之后又一次进行的媒体创新探索。它是传统媒体利用当时新兴的无线通信技术和手机终端的传播优势开创的一种新传播形态，主要通过手机彩信的方式将重新编辑的新闻内容发送到用户手机上，使得用户可以随时随地接收和阅读当天的新闻。2004 年 7 月 18 日，中国第一家手机报《中国妇女报彩信版》正式开通，使得传统报纸读者通过手机看报纸、听新闻成为现实，进而激发了全国报纸创办手机报的一股热潮，国内几乎每个省份都开发了基于省内市场的手机报，甚至有的省内市场存在多份手机报，如浙江省就有浙江日报报业集团、杭州日报报业集团、宁波日报报业集团等多家报纸创办的多款手机报，极大活跃了当地手机报的市场空间。

手机报的产品形态主要包括两种类型。一种类型是通常所见的通过手机接收新闻彩信的方式。所谓彩信是指信息用户使用手机终端通过电信运营商短信方式接收的综合新闻信息服务，用户接收到彩信后可以打开并在手机屏幕上进行新闻阅读，属于早期手机媒体传播新闻的一种典型产品形态。彩信新闻形态不同于一般的短信，其在内容编辑方面有着天然的技术优势，它为手机报生产者提供了很大的发挥空间，一是字数上突破了一般短信几十个字的限制，字数不突破就不可能进行信息的大量传播，二是不仅可用汉字形式，彩信还允许传播者进行图文结合、视听结合的多种符号综合编辑，实现了多媒体传播。另一种类型是手机WAP网站方式，手机WAP网站最突出的特点是利用手机终端登录网址后通过手机屏幕浏览新闻网页，如同使用计算机终端在线浏览新闻一样。[①]因此，WAP方式所传播的信息容量更大，堪称缩微的报纸“网络版”。但是囿于当时较高的手机流量费用和手机终端功能的限制，网络技术也没有发展到像今天的无线Wi－Fi成为普及性的技术，因此总体而言人们普遍使用的手机报形态是新闻彩信。

手机报对于传统媒体而言是一次难得的新媒体拓展实验。手机报在当时看来就是媒体发展的一种崭新形态，成为各大报业集团走向多媒体化的重要一步，甚至成为全国报业集团数字化战略的一个重要组成部分。具体而言，手机报作为电信增值业务与传统媒体结合的产物，在当时形成了一种全新的盈利模式，蕴含了巨大的广告市场，其广告类型包括企业冠名栏目、大型企业点播、分类服务信息等。只要手机报占据一定的市场份额，就可以为母媒带来十分可观的收入。这正是全国各地报业集团对手机报趋之若鹜的原因。[②] 当然，市场导向也不可避免地带来了负面影响，一是信息内容上的不足，包括信息孤立、缺失背景、形式庞杂、内容单薄、偏爱八卦、引导失重等典型问题。[③] 二是盈利模式的空间受限，订阅费仍是主要收入来源，且利益分配方面传统媒体与电信网络运营商相比处于明显弱势。媒体更多的是在尝试寻找一种新的突破口，用新的媒体形式来延伸其内容产品价值链，结果导致传统媒体的内容资源只能成为一种完全依赖网络运营商渠道的附属物，传统媒体基本没有办法控制内容产品的传播和销售渠道。[④] 诸多方面的不利因素加上移动互联网技术的迅速发展，使得传统媒体面向移动互联网技术不断获得新的替代性机会，并最终放弃了手机报。但毫无疑问，手机报不失为一个颇有价值的新媒体实验，它为传统媒体指引了一条移动化的发展道路。

---

① 鞠宏磊：《手机报盈利模式探究》，《当代传播》2008年第1期。

② 孙福查：《手机报“井喷”现象初探》，《采写编》2006年第6期。

③ 张文娟：《手机报内容的缺陷制约其发展》，《新闻与写作》2008年第2期。

④ 鞠宏磊：《手机报盈利模式探究》，《当代传播》2008年第1期。

随着移动互联网技术日趋成熟，两微一端的拓展与普及成就了移动互联网条件下的新媒体传播主流形态。传统媒体在经过手机报这种初级的移动化传播尝试以后，在朝着移动传播的发展路径上日趋鲜明，在随后的两微一端拓展与普及中表现得更为积极和迅速。两微一端即微博、微信和应用客户端。微博（微型博客）基于用户关系通过关注机制进行信息即时分享和传播，形式上从初期仅允许140个字到放开字数限制再到容纳音视频信息，2010年国内微博在经过一轮尝试迭代之后迅速发展起来，当时的四大门户网站（新浪、腾讯、网易、搜狐）均开设了微博。微信是一款通过网络免费发送文字、图片、音频和视频信息的应用程序，由腾讯公司于2011年1月正式推向市场，具有强大传播功能的公众号平台、朋友圈、消息推送等功能模块，微信用户可以在添加好友和关注公众号平台之后，将内容分享给好友或微信朋友圈，并可以在公众号平台进行留言互动等社交行为。应用客户端是针对移动智能手机或平板电脑等移动终端设备开发的一种应用程序（英语全称Application，简称App），随着智能手机和iPad等移动终端设备的日益普及，广大信息需求者已经习惯将App客户端作为获取信息的一种重要渠道。应用客户端模式迅速取代了WAP网站的传播模式，成为手机的主流移动应用。两微一端各具不同的传播特性和优势，且均是移动互联网条件下的主要应用，它们共同为传统媒体的移动化转型提供了良好的基础应用平台，正是基于这一点，两微一端在短短几年之间就迅速成为几乎所有传统媒体向新媒体转型发展的技术“标配”。

微博对于传统媒体而言，加快了新旧媒体融合的速度，这种融合产生的聚合效应使传统媒体找到了一条新的出路。传统媒体主要将微博作为媒体的一个新的营销和传播平台，实现形象塑造、关系建设和公共信息服务等功能。微博通过“内嵌”的方式成为新闻生产环节的重要环节，媒体机构和记者可以通过微博寻找新闻线索、发布信息和舆论动员，“通过主流人群的二次传播，媒体微博的覆盖率和影响力以几何级数的方式激增”①。微博内容来源选择、生产人员配备、文本表达特点等构成了媒体微博相对独特的内容生产机制，传统媒体正在将长期积累

① 喻国明：《中国媒体官方微博运营现状的定量分析》，《新闻与写作》2013年第1期。

的专业品质、权威性和公信力带入微博场域，进而增强媒体综合竞争力和影响力。

微信公众号平台作为用户基数较大、免费入驻的公共平台，给传统媒体带来品牌延伸和二次传播的机会，弥补了传统媒体的传播短板。其在新闻内容的生产、推送、接收和反馈等各个环节均带来重大变革，如果能突破现有瓶颈，微信对于新闻媒体而言，其价值绝不仅是拥有一条新的信息传播渠道，更大的价值在于“发掘用户资源、将传统媒体品牌优势向新媒体领域延伸拓展的难得机遇”①。但是必须认识到，微信不仅是新闻传播的渠道或平台，同时也是新闻生成的空间，微信的新闻生成是在交往中生产，其新闻方式是作为交往的新闻，因此对于广大传统新闻媒体而言，其在新媒体时代背景下寻求生存发展过程中面临的真正危机和真正威胁，并不是内容为王或者是渠道为王的徘徊犹疑，而是必须采用“新的时空架构来定位自己的节点位置与存在方式”②。传统媒体要重新按照新媒体产品的思维模式和生产传播规律，不断提高内容产品的交互功能，不断加强用户数据的收集分析和利用，充分发挥新媒体技术的引领作用，例如在微信公众号传播形态中引入人工智能和H5技术等，不断探索移动互联网条件下的新媒体产品生产创新。

新闻客户端发展迅速，已经成为移动互联网条件下继微博、微信之后的第三大应用。新闻客户端对于传统新闻媒体而言有着战略性的价值和地位，因为微信和微博平台都不是媒体的自有平台，而新闻客户端是完全归属媒体自己掌握之下的新平台，传播功能方面也大大超过微博和微信，不仅在图文、音视频、动画等传播符号上可以充分融合，实现随心编辑和创意制作，还能够实现媒体用户个性化的信息选择和接收，从而更有利于达到最佳传播效果。人民日报新闻客户端就逐渐弱化传统内容生产板块，主推信息流内容，分为闻、评、听、问四大板块，实现新闻产品可视化、多媒体化。信息聚合和信息挖掘体现了传统媒体新闻客户端的发展趋势，尤其是专业化、个性化的内容成为新闻客户端进行信

① 蔡雯、翁之颢：《微信公众平台：新闻传播变革的又一个机遇》，《新闻记者》2013年第7期。

② 谢静：《微信新闻：一个交往生成观的分析》，《新闻与传播研究》2016年第4期。

息挖掘的方向，“不求大而全，但求专而透”正成为新闻客户端的另一种表达。相对于利用微博和微信这种他者平台而言，新闻客户端作为传统媒体自己的平台，更易发挥媒体的完全自主性和独立创造性，也有利于媒体展开独立运营和管理。

总体而言，两微一端在一定程度上消解了媒介形态、媒介内容、媒介生产的界限，促进了媒介的融合发展。传统媒体几乎都将两微一端当作实现媒体融合的标配，但未能充分重视和解决“两微一端”与媒体传统架构及业务的协同问题，没有充分发挥整体的协同效应。再加上人力、资本、制度、技术等资源条件的限制，媒体两微一端运营的内在动力和创新激励不足，同时在管理手段方面仍存在创新不足、效率不高、反馈不及时等问题。[①] 因此，传统媒体在未来的两微一端运营管理过程中，要在确保资源投入的基础上进一步强化服务意识，优化内部管理方式，着力生产内容精品，尝试盈利模式创新，注重构建差异化竞争的良好生态格局。

（二）智媒转向：智能化融媒体引领未来

在移动互联网条件下，移动化生存已经是媒体的现实，人工智能技术的进一步介入则让人类迎来一个更具革命性的移动智媒时代。人工智能带来了模仿人类的意识、思维信息过程而进行信息处理的智能机器。从技术层面来看，大数据是人工智能发展的基础，云计算是人工智能发展的推动力，新算法是人工智能发展的重要条件。[②] 针对人工智能技术为传统媒体带来的新发展机遇，彭兰认为移动化、社交化、智能化是传统媒体转型的三条主要路径。从本质上而言，今天的媒体融合就是在这三大方向上完成传统媒体“新媒体化”过程的，对这三种发展方向与路径的认识，决定着传统媒体的未来，“智能化将驱动一场新的内容革命，传统媒体的转型需要在智能化的方向下进行新的布局”[③]。当下，人工智能与移动化的结合，正在媒体领域掀起一场新的内容生产与传播

---

① 向安玲、沈阳、罗茜：《媒体两微一端融合策略研究》，《现代传播（中国传媒大学学报）》2016 年第 4 期。

② 张洪忠：《“人工智能 + 新闻”引领媒体大势》，《中国报业》2017 年第 6 期。

③ 彭兰：《移动化、社交化、智能化：传统媒体转型的三大路径》，《新闻界》2018 年第 1 期。

革命。

人工智能对媒体领域的影响是深远的，它正在成为媒体深度融合的关键着力点，推动着媒体运作流程中每个环节的变革，为媒体向智能化发展赋能。新闻媒体的信息采集、内容加工、数据分析等部分任务正在由人转向人工智能。人工智能虽然不能完全取代人力本身，但是能够做一些高重复性、任务繁重、耗时费神的基础工作，从而使媒体人能够专心从事媒体创意、深度调查等更具创造性的工作。人工智能还可以通过学习用户行为掌握受众的偏好和兴趣点，通过为用户画像的方式精准定制个性化传播内容，为用户带来更人性化的信息获取体验。在媒体的相关报道活动中，人工智能不仅能够参与内容采集、制作、编辑、分发的全流程，而且能够自动展开媒体用户的全方位数据分析，用户使用的数据越多，人工智能为用户的画像就越精准，从而帮助媒体不断摸清媒体用户的内容喜好和使用习惯，不断完善媒体面向用户的内容生产和传播。

就人工智能对媒体的具体业务层面的影响而言，人工智能技术与媒体内容生产、管理、传播乃至效果测评的各个环节都有关联。人工智能在编辑部的指挥系统、采编手段、纠错功能、内容分发等方面都扮演了重要角色，不断提升内容生产效率和丰富新闻产品形态，使得内容传播效果不断强化。此外，人工智能还在媒体运营方面为用户体验、营销方式、赢利模式带来新的变革，它能够助力媒体实现精准营销，促进更容易变现的泛内容生产，进而通过开拓广阔的智能媒体新市场构建起一个持续的商业模式。[①] 从一定意义上而言，人工智能不仅堪称新闻工作者的外脑，帮助采编人员完成内容的整合与个性化推送，同时还堪称受众的外脑，通过对用户所处的信息世界进行整合，净化用户的信息环境，使得受众从被信息包围的状态变身为信息王国的主宰力量。[②] 因此，未来的人工智能影响下的媒体将更加个性化，也更富有人性化的传播特征，在传统媒体转型中的作用将发挥得更加充分和深入。

---

① 范以锦：《人工智能在媒体中的应用分析》，《新闻与写作》2018 年第 2 期。

② 喻国明、兰美娜、李玮：《智能化：未来传播模式创新的核心逻辑》，《新闻与写作》2017 年第 3 期。

对于传统媒体而言，融媒体平台的拓展使得移动互联网条件下传统媒体的生存空间得到“立体化”延伸。传统媒体与新媒体融合发展历程也是传统媒体向新媒体领地不断开疆辟土、扩张地盘的过程。从报纸网络版到媒体网站，从手机报到两微一端，传统媒体开辟的新媒体领地越来越多、越来越全。但是，当所有的媒体将发展方向纷纷聚焦到追求大而全的时候，往往忽视了实际的传播效果，也容易忽视对不同媒体形态的有效统筹和管理。因此，融媒体平台的打造，除了涵盖不同种类的媒体形态，从更本质的角度而言是将不同媒体形态进行重新嫁接和打通，进行新媒体产品生产流程的改装和创新，各个媒体从业者需要具备一专多能的融媒体技能。正是要从“全”转向“融”，以更好地遵循新闻传播规律和新兴媒体发展规律，从而达到最佳传播效果，国家出台《关于推动传统媒体和新兴媒体融合发展的指导意见》明确提出，要坚持传统媒体和新兴媒体优势互补、一体发展，坚持先进技术为支撑、内容建设为根本，推动传统媒体和新兴媒体在内容、渠道、平台、经营、管理等方面的深度融合。而传统媒体业界实现“优势互补、一体发展”的最新尝试正是打造融媒体平台，这将进一步驱动媒体走向深度融合。

融媒体平台绝不仅是打造一个容纳多种软硬件的技术和物理空间那么简单，它同时还涉及对以往媒体运行体制机制、组织架构、业务流程、经营管理等全方位因素的改变。从目前国内媒体实践情况看，各家媒体的融媒体平台的经验做法不尽相同，大致可分为如下几种：一是重大主题报道的“中央厨房”式运作；二是将集团内记者、美工、技术人员等集中到一起组建全媒体新闻中心，各子报只设立编辑部；三是将传统媒体与新媒体的记者部分集中，成立中央编辑部；四是将集团内部的新媒体部分拿出来成立大编辑部；五是将部分带有共性的部分如图片采编、体育采编拿出来成立大编辑部。[①] 传统媒体打造的融媒体平台要达到的效果，正是将各个不同的媒体形态融合在一起进行集约化生产和管理。

---

① 陈正荣：《打造“中央厨房”的理念、探索和亟需解决的问题》，《中国记者》2015 年第 4 期。

融媒体平台建设对于转型中的传统媒体而言，其最终目标是探索建设传统媒体自主可控的、基于互联网的新型媒体平台，这类平台绝对不同于其他商业媒体平台，而是完全实现自主控制，它立足新媒体传播场景，以用户为核心，以数据为支撑，致力于内容生产能力的升级，努力实现与广大用户的互联网连接，并基于互联网实现内容及其他社会资源的聚合。① 然而，通过融媒体平台强化自有媒体平台发展和利用商业媒体平台发展的效果方面仍需要进一步探讨。首先是商业媒体平台依托先进技术优势和海量用户资源具有很大传播优势，其次是要看到尽管传统媒体的内容依然发挥重要作用，但商业平台正在通过扶持自媒体强化"内容原创"比例，最后是传统媒体由于很难突破运营机制的约束和建立资本、技术驱动的文化，要自建具有垄断优势平台的可能性不大。② 当然，对于传统媒体的未来发展而言，有实力的媒体仍然需要加强融媒体平台建设，继续维护好媒体自有平台，进一步强化品牌价值，与此同时也需要利用商业平台，通过进入一些集中性的平台获得多元分发能力，并尽可能争取有利于自己的合作模式，这就需要理解每一种渠道的传播动力与流量逻辑，在此基础上寻找内容生产与内容分发的最优配置。③ 对于传统媒体正在普遍开展的融媒体平台建设而言，摸索出一条既能立足自身基础和特点、符合媒体实际，同时也能够充分发挥社会效益和经济效益的完善模式，可谓任重而道远。

二　移动传播时代中国媒体转型发展的典型经验

（一）人民日报的转型及其新媒体产品生产

第一，人民日报打造了国内标杆性的"中央厨房"全媒体平台。

人民日报"中央厨房"全媒体平台自成立起就被奉为业界标杆。从 2015 年全国"两会"开始试运行，人民日报"中央厨房"全媒体平台连续创作并传播了一大批多样化新闻报道形态的新媒体产品，包括具

① 宋建武、乔羽：《建设县级融媒体中心　打造治国理政新平台》，《新闻战线》2018 年第 12 期。

② 张志安、曾励：《媒体融合再观察：媒体平台化和平台媒体化》，《新闻与写作》2018 年第 8 期。

③ 彭兰：《无边界时代的内容重塑》，《现代传播（中国传媒大学学报）》2018 年第 5 期。

有独家深度的稿件和图片图表、创意视频、H5 产品等。从一定意义上而言，“中央厨房”全媒体平台极大地促进了人民日报新闻报道方式的革新，带动了人民日报社内部的一股新闻创新热潮。它不仅取得了良好的社会传播效果，同时也为传统媒体业界树立了一个标杆平台。时任人民日报社社长杨振武认为“中央厨房”全媒体平台在人民日报的融合发展史上具有里程碑意义，其运行“开启了人民日报融合发展的新征程”。2016 年 2 月 19 日，历经一年周期的试运行之后，人民日报“中央厨房”全媒体平台正式上线，通过集成报社优质资源和人才力量，采取新的内容生产模式，尝试“一体策划、一次采集、多种生成、多元传播”的生产传播流程再造。据统计，截至 2016 年 3 月 15 日，在正式上线不到一个月的时间里，人民日报“中央厨房”全媒体平台就推出包括文字、图片、图表、视频、动漫、H5 等在内的多媒体产品 218 个，覆盖国内外两千多家媒体。

人民日报“中央厨房”全媒体平台经过这几年运行，已经形成较为成熟的模式和架构。在组织架构上，人民日报“中央厨房”全媒体平台打破了媒体过去的条块分割的运行方式，从顶层设计上进行了根本改变，包括设立总决策作用的总编调度中心和采编融合一体的采编联动平台，整个报社的采编人员和技术人员经过精挑细选后均在“中央厨房”全媒体平台集结生产作业，构建了人民日报“中央厨房”全媒体平台的融合指挥部。从一定意义上而言，“中央厨房”全媒体平台对于人民日报系统的功能就相当于神经中枢的作用，担负着整个报社人力物力等全面资源的指挥调度和协调沟通等职责。

为促进新媒体产品批量涌现和内容产品多样化生产，人民日报“中央厨房”全媒体平台不断进行创新组织和尝试，为了鼓励人民日报各条战线上的采编技术力量进行更加有效的融合与创新，开创性地打造了一批融媒体工作室，这些工作室按照项目化方式开展工作，在尊重工作室人员的兴趣和特长基础上进行创新组合，实现了报社优秀人力资源的跨界整合，全面激发了新媒体产品生产的内在活力和创造力。一旦有重大事件发生，“中央厨房”全媒体平台就可以进行全社资源的有效调度，除了常规的新媒体产品生产与新闻报道，融媒体工作室即刻启动新闻策划与创意生产程序，由最合适的工作室团队领取任务并进一步实施项目孵化，集体产生报道创意，进而通过采编团队和技术团队的支撑，迅速完成融媒体产品的生产与传播，起到良好的新闻突击队和创新孵化器的作用。

总体而言，人民日报在一些社会重大事件或重要关头进行的融媒体报道力度较大且效果较好，但在日常的新闻报道常态化工作中的表现相对欠佳，难以实现真正常态化的融合。正如负责人民日报“中央厨房”全媒体平台运营的人民日报媒体技术股份有限公司总经理叶蓁蓁所作出的反思，中国传统媒体创办和运营新媒体业务，将更多的精力放在了做增量的方面，当然这为传统媒体的进一步融合发展奠定了良好的基础条件，但简单的开创和设置新媒体平台并非意味着真正的融合，从融合本身所应达到的效果而言，其实质是深度的改存量。[①] 对于作为党中央的机关报的人民日报而言，改存量恰恰比做增量难度更大。

第二，人民日报组建了新媒体中心并持续加强建设。

人民日报社新媒体中心是人民日报顺应移动互联网传播新格局，加快推动媒体融合发展的一个重大举措。2015 年 10 月 8 日，新媒体中心正式成立，迄今为止用户规模已逾三亿。新媒体中心主要运营人民日报法人微博、人民日报微信公众号、人民日报客户端，形成“三驾马车”式的新媒体格局。其中，人民日报法人微博有“中国第一媒体微博”美誉，当前用户高达 7000 多万。人民日报微信公众号发展也十分迅速，其在所有微信平台各类公众号中影响力排名位居第一。人民日报客户端上线以来，累计下载量约达 8000 万。2017 年，人民日报社新媒体中心以“重大主题报道的融合产品策划”为特色的创新实践荣膺“2017 中国应用新闻传播十大创新案例”。

第三，人民日报不断推进人民网的新媒体产品生产。

人民网属于人民日报社旗下的一个重要新媒体平台。作为国家重点新闻网站，人民网实行的是由人民日报社控股的独立公司模式，并且于 2012 年 4 月 27 日在上海证券交易所上市交易，从而拥有了独立的融资渠道。人民网除了运营网站外，还负责运营其他相关业务。强国论坛、人民微博、人民搜索、人民舆情是人民网的重大创新举措和最具影响力的

---

① 叶蓁蓁：《重新定义媒体——站在全面融合的时代》，《传媒评论》2016 年第 1 期。

新媒体品牌。由于采取独立的公司运营模式，其运营管理相对灵活，进而构建起多元的盈利模式，主要盈利方式包括广告、移动增值服务、信息服务、技术服务等。人民网注重应用和发展互联网新技术，不断引领网络媒体创新发展。除了先后开通博客、微博、微信、客户端等多种传播形态，还集中各方面资源，开发图解新闻、数据新闻、交互专题等可视化新闻产品，运用无人机、VR/AR、移动直播等新技术投入到新媒体产品生产当中。

人民网作为国家重点新闻网，在重大政治主题的创新报道和宣传方面经验丰富。2017 年全国“两会”前夕，人民网于 3 月 1 日发布了一款创意 AR 视频产品《剧透 2017 全国两会》，这个短视频用活泼的语调和网络化的用语，采取实拍和动画相结合的方式，仅用 2 分 27 秒的时间就清晰地“剧透”了此次“两会”期间要讨论的重要问题，形式新颖，而且让读者觉得趣味盎然，达到了宣传“两会”的良好效果。该视频发布后一天之内在人民日报客户端的点击量就突破了 53 万，被人民日报“中央厨房”头条号推荐超过 200 万次，从而为全国“两会”的召开提前聚集了大量关注度，实现了有效的预热和造势。移动直播技术在人民网也得到广泛使用，人民网在“两会”期间推出大型视频直播栏目《两会进行时》，平均每日直播时间超过 9 小时，包括直播专业记者出镜跟踪会场实况、栏目直播间权威人士对两会话题深入解读，以及直播记者、评论员、专家、政界要员与网民面对面交流，“核心现场”“最前方”“部长通道”等直播版块都为网友们呈现了全方位、多角度的两会视频盛宴。

（二）中央电视台的转型及其新媒体产品生产

第一，中央电视台搭建了较为成熟的央视新闻产品矩阵。

中央电视台一直在努力打造面向全屏幕的播出体系，尤其是朝向传统电视屏幕之外的其他播出平台，已经初步构建起覆盖桌面电脑、手机、平板电脑、智能电视、户外电视、社交平台等多屏幕、多平台、多终端的“一云多屏”传播体系。[①] 随着 2013 年 4 月 1 日央视开通微信公众号“央视新闻”，中央电视台形成了微博、微信、微视频、客户端的“三微

---

① 聂辰席：《以重点工程为抓手 打造“智慧融媒体”》，《中国广播电视学刊》2015 年第 11 期。

一端”产品矩阵，在内容生产层面坚持原创性和高品质，注重满足用户需求的同时，不断引领主流舆论，提升主题报道的传播力。中央电视台微信公众号提供关键词索取、自动匹配新闻，微信导入新闻频道直播，微信菜单直接进入微博，同时微博又链接客户端，客户端直接抓取微博信息等，从技术层面保证了媒体产品矩阵的密切关联，目标直指深度融合。在全国两会等大型报道中，中央电视台新闻中心将内容策划与媒介创新紧密结合，通过新媒体矩阵相互支持，根据不同定位和不同应用场景开发多个不同产品，建立起产品之间的有机关联，实现了内容产品的融合创新，构建起了电视屏幕与新媒体相互呼应、全景呈现、立体传播的多层次报道格局。[①]

第二，中央电视台创办了顺应移动互联网趋势的央视新闻移动网。

央视新闻移动网是2017年2月19日正式上线的，时值习近平总书记视察中央新闻媒体并发表重要讲话一周年之际。央视新闻移动网是一个以“移动优先”为设计理念，包括移动直播、矩阵号、用户上传、信息核查等完整业态的移动平台架构，它不同于一般的简易型的新闻App，更不同于我们一般所见的活泼型H5页面。央视新闻移动网将传统新闻业务与新媒体报道业务“合而为一”，移动网与央视自主开发的新闻生产云平台一体融合，以全面实现稿源拓展、统一生产、多屏分发，大小屏一体化的全面流程再造。央视新闻移动网平台分为UGC和PGC两大内容领域，包含移动直播和微视频两大主要呈现方式，并且通过信息核查确保新闻真实。此外，央视新闻移动网形成了一个庞大的媒资池以及庞大的后台——矩阵号，在启动仪式上就有37家省级和计划单列市的电视台签约入驻央视新闻移动网矩阵号。[②] 它们共同为央视新闻移动网提供内容，当有重大事件发生的时候，全国所有卫视都在这里发稿，同时入驻矩阵号的媒体机构彼此也可以共享媒体资源和用户数据。因此，央视新闻移动网除了作为央视搭建的一个具有视听特色与优

---

① 杨继红：《打造央视新闻产品矩阵，开创融合发展新格局》，《新闻战线》2016年第5期。

② 高贵武、王梦月：《新媒体环境下电视新闻报道的突破与演进——从央视新闻移动网看融媒时代的新闻报道》，《电视研究》2017年第5期。

势的融媒体新闻生产创新平台，同时还成为一个国家级的主流电视媒体内容聚合移动平台。

第三，中央电视台高度重视新媒体产品运营与管理。

中央电视台相对于其他中央级的媒体而言，积累了相对比较丰富的新媒体运营与管理经验。在新媒体营销方面，中央电视台从 2014 年开始就把新媒体广告业务统一归口由资产管理中心全面代理，逐步打造出了央视特色的新媒体广告产品体系。第一类是跨屏互动广告产品，依托优质栏目，通过线上、线下进行互动传播，如春晚二维码、世界杯互动合作伙伴项目；第二类是台网捆绑广告产品，打通电视、PC、移动各端，设计与之匹配的跨媒体广告产品，为客户提供整合传播方案；第三类是有特色的纯网络广告产品，既围绕央视网优质资源设计有吸引力的广告产品，又根据客户需求设计高契合度的专案广告产品。在多样化盈利模式方面，央视不断改变以往主要依靠广告的经营现状，注重采取市场化手段，推进广告、版权与资本运营，向跨媒体营销收入转变。进一步推动台网广告一体化经营向多组合、定制式、精细化迈进，以大数据营销数据库为依托，目标朝向全媒体精准营销，探索广告和流量互补、无线增值、付费使用等新盈利模式。同时建立全产业链版权管理开发体系，统一归口管理，增加优质版权储备，建立收益返还机制，实现规范管理与增值经营。此外，不断创新内容产品及增值业务，聚合上下游和周边产业，通过资本并购、合资、合作等市场化手段拓展渠道，布局“内容 + 平台 + 终端”全媒体产业链，构建跨媒体运行的完整生态系统。①

第四，中央电视台顺势而为，三台融合组建中央广播电视总台。

中央广播电视总台是由原中央电视台（中国国际电视台）、中央人民广播电台、中国国际广播电台三家机构合并而成，于 2018 年 4 月 19 日正式揭牌。这是根据《深化党和国家机构改革方案》的相关要求，为加强党对重要舆论阵地的集中建设和管理，增强广播电视媒体整体实力和竞争力，推动广播电视媒体与新兴媒体融合发展，加快国际传播能力建设，全面整合三方而形成的新传播机构。中央广播电视总台成立

---

① 张腾之：《融合元年：央视新媒体实践的探索与思考》，《新闻战线》2015 年第 11 期。

后，即行撤销中央电视台（中国国际电视台）、中央人民广播电台、中国国际广播电台的原有建制，对内保留原呼号，以“中国之声”作为对外统一呼号。[①] 实际上在2018年3月份改革方案确定后，央视与中央人民广播电台之间的融合之举就已经开始，如央视《新闻联播》播出的几则新闻添加了央广《新闻与报纸摘要节目》的播音员忠诚、方亮、郑岚等几位著名播音员的配音播报，这种融合的播报方式把动态的现场与朴素的叙述、新闻的串联与故事的讲述、联播的权威大气与广播的亲切柔和融合在一起。这个新鲜的尝试表明广播与电视可以强强联合、优势互补，集合双方优势资源实现资源效益最大化，而且正在不断探索更深度的融合发展路径。

（三）新华社的转型及其新媒体产品生产

第一，顺应移动互联网趋势，新华网的新媒体专线生产机制日益成熟。

新华网作为中国的国家通讯社——新华社主办的综合新闻信息服务门户网站，正在不断朝着移动化融媒体的方向大力发展。近年来，新华网迅速朝向新型传播业态集中发力，将前沿可视化技术与新闻主题有机融合，开创性地打造了《红色气质》《国家相册》等一批现象级融媒体产品，从而在中央媒体集群中实现“后发超车”，在主流媒体中独树一帜。2015年6月15日，新华网改版，正式上线新版本，其中一个亮点就是率先组建无人机报道团队，建立重大突发事件的无人机新闻采集和传播机制，实现多维视角的新闻采集。此外，新华网还创新研发了集成视频直播全面功能的手持云台（集成摄像机、转播车、导播室功能），率先在国内实现虚拟现实技术与客户端匹配，首创在无人机上加装VR摄像设备，生产出新颖的体验式、沉浸式新闻报道产品。[②] 2016年10月28日，新华网股份有限公司A股股票在上交所上市交易，为新华网的媒体融合发展解决了资金来源的一大难题。

新华网通过新媒体专线这种全新的灵活多元的生产机制，集成图文、

① 李宇：《中国电视国际传播的新挑战与新逻辑》，《国际传播》2018年第11期。

② 蔡名照：《“现场新闻”拉开主流媒体全面数字化转型的帷幕》，《中国记者》2016年第3期。

音视频、动漫、VR/AR、数据图表等多媒体、融合化的新闻报道产品，致力于打造一条融媒化、个性化的新媒体产品生产专线。特别是在一些重大事件的报道上，一改原来各个编辑部门分散发稿的方式，形成“1+N”的协作发稿模式，利用若干全媒记者、全媒编辑分工合作，实现更有效的多媒体协同报道和多部门整合生产模式，集成大数据分析、信息可视化、网页游戏、插件、H5等新媒体形态，充分调动多元技术形式和全息维度呈现新闻事件。与此同时，注重站在新闻用户的角度上进行多种版本的内容创作和传播，确保更加符合用户的个性化信息接收和媒介使用习惯，实现全媒体生产、全终端覆盖、全受众传播，打造了一批又一批的大型新媒体集成报道产品。正是由于新华网在媒体融合方面的创新举措，在2017中国应用新闻传播十大创新案例评选中，新华网推荐的“融媒体新闻产品的打造和运营”成功入选。

第二，新华社创新打造“现场云”平台，推进移动化直播新闻生产。

新华社“现场云”平台是新华社推进媒体融合、创新媒体服务的战略性举措，其最大亮点是抓住移动互联网直播这一具有发展前景的新传播形态，以平台思维打造了一个可与媒体及党政机关共享的“现场新闻”技术服务体系和移动化全媒体直播大平台。截至2018年2月底，已有包含中央媒体、地方媒体、党政机关在内的近2400家机构入驻该平台。2017年全国两会期间、“一带一路”国际合作高峰论坛前夕，通过“现场云”平台，新华社与数十家媒体就相关主题开展了跨区域跨媒体跨平台的联合直播活动，收到了良好的社会效果，实现了媒体的大融合，“现场云”的超强效果已经充分展现。因此，新华社直播和移动报道平台“现场云”成功入选“2018中国应用新闻传播十大创新案例”。

“现场云”平台提供了整套新闻直播工具，入驻平台的记者只需要使用手机打开“现场云”移动客户端就可以发起直播，并且可以同时进行文字、高清图片、音视频等多种形式的报道，实时、全面、深入、生动地展现新闻现场的全貌。从技术平台的运用而言，“现场云”要实现的是“拿起手机就能直播”的效果，它集成了当前先进的移动互联网传输技术，能够让数字化的现场信息通过无线信号快速抵达编辑部和普通用户手上；“现场云”正在覆盖全国更多的媒体和党政机关，从而汇聚国内更全的现场，并依托现场云丰富而强大的全媒体工具库，生产出更加全面、客观、丰富的现场新闻报道产品；“现场云”平台生成的直播和报道可以直接通过 H5 页面承载，入驻平台的媒体机构可将直播 H5 页面非常方便地接入自有渠道和终端，这些直播报道也可以同步进入新华社客户端，实现直播报道在国家级高端平台的同步播出和推广。此外，“现场云”还向入驻机构提供 3 万名行业专家资源，持续为其采编工作提供专业而权威的智力支持，专家数据库的引入可谓“现场云”的一个创新性举措，有效推动了“现场云”平台的移动化新闻直播业态发展。

第三，走全面融合发展之路，向综合互联网信息服务平台转型。

新华社在坚持内容的正确导向、牢牢掌握舆论主导权的同时，坚持运用企业化、资本化、市场化和“内容、技术、营销”一体化的管理手段，进一步寻求全媒体业务的快速形成，继续提升媒体的综合竞争力，摸索一种趋于稳定的、可持续发展的运营模式，也促使媒体经济实力不断增长。作为一个全国性的综合信息服务网络平台，新华网正在不断努力打造一个立足用户、直面市场的新媒体产品生产综合服务体系。[①] 此外，新华网也在加快建立产权清晰的现代企业制度，实现从传统编辑部向真正的互联网文化企业转型，管理形态上则从行政化的事业管理向市场化的现代治理结构转型。

在向综合互联网信息服务平台转型过程中，新媒体产品始终是新华网的重要发力点。新华网围绕自身的新媒体产品体系不断进行完善，通过准确判断和捕捉受众感兴趣、社会也需要的因素，开发研制出创新型的媒体产品，并且致力于形成新华网独有的媒体产品链条和生产传播机制。例如，围绕移动互联网技术发展的前沿领域，尝试针对手机终端打造出一个有效的新媒体产品生产链条，专门面向数以亿计的移动互联网用户研发具有鲜明特色和创新性强的移动终端媒体产品，逐步为产品链条布局包含新闻资讯、专业知识、行业信息、信息应用技术等多类型和

---

① 新华网研究部：《盘点新华社全媒体集群（一）转型发展中的新华网》，《中国记者》2011 年第 10 期。

多层次的产品体系。与此相对应的是，培育新媒体应用技术产品研发业务，不断开发新媒体应用类的高新技术平台，通过对接传媒市场、打造创新项目、推进产研结合，开创真正引领中国传媒改革和发展的良好局面。例如“新华社发布”客户端就是一个重要品牌产品，它不仅集成了新华社几乎所有的优质内容和新媒体账号，同时将全国各地提供本地信息服务的地方性客户端进行了集成，充分遵循嵌入式发展、平台级应用、生态圈共赢的总体发展方向，目标就是真正做到媒体内容、创新技术、社会服务、传媒市场等层面的立体布局和全面融合。“新华社发布”的未来发展目标绝不仅是做一个顶级的新闻客户端，其正在寻求引进战略投资商的资金融入，搭建战略合作式的伙伴关系，尝试以混合所有制的形式进行优势互补和创新突破，对外形成规范化的市场合作运营模式，对内形成科学合理、有效融合的组织管控模式，以管理制度化作为有效支撑，将“新华社发布”客户端集群打造成新型主流媒体的“先锋队”和移动互联网的“排头兵”①。

（四）光明日报的转型及其新媒体产品生产

第一，光明日报重视外部合作，实行新媒体平台的合作开发模式。

光明日报相对于人民日报、中央电视台、新华社等国家级媒体而言，其所能够得到的国家财政支持相对比较有限，所以在媒体融合发展中更加注重合作的模式。光明日报通过与产业链相关机构合作，采取互惠互利的方式，借力实现融合发展。合作开发模式同时也为光明日报提供了巨大的潜在发展空间，并形成了自己的鲜明特色。光明日报在新媒体迅速发展的环境下反应速度很快，实际上早在2011年10月，光明日报旗下的光明网就联合方正集团共同开发了“云端读报”这一具有创新性的新媒体平台产品，该平台吸引了150家媒体成功入驻，平台的客户端的安装量曾高达2300万，从而掌握了一个相当可观的流量入口，为移动互联网条件下的新媒体运营奠定了良好的开端。

光明日报于2013年年底与微软实现战略合作，由光明网独家运营微软Skype在中国大陆的事业拓展。光明网主要通过该平台打造“时光谱”这一新闻推送类的产品，凡是使用Skype安卓版移动客户端的用户可以直

① 慎海雄：《遵循新闻传播规律　抢占媒体融合制高点》，《新闻与写作》2014年第11期。

接在首页接受光明网的信息推送服务。对于光明日报而言，借助 Skype 平台的庞大用户群，进一步发展出自己的一个新的重要流量入口。[①] 光明云媒作为光明日报在移动互联网发展元年 2010 年开发的新闻客户端产品，除了不断升级改造直至发布“光明云媒 3.0 版”，2015 年更是与产业链条上多种不同类型的机构寻求业务合作，如通过与创维、海信等电视制造商合作，在它们生产的智能电视机上预安装新闻信息服务软件，与高德地图合作开展车载导航系统的新闻信息服务，从而大大扩展了光明云媒的品牌影响力。

第二，光明日报始终在不断探索创新融媒体产品生产。

光明日报高度重视融媒体产品生产，一方面通过建立光明微站的后台管理平台将旗下微博、微信、客户端、手机网等不同平台产品业务集中在一起，通过这个统一平台进行融合新闻传播管理和资源调配管理。另一方面则是不断开拓使用新媒体技术的报道形式，从其每年的全国两会报道就可见一斑。如 2016 年光明日报就通过开拓多种报道形式充分调动最新媒体技术应用到具体报道中来。

光明日报对 2016 年全国两会的议程和特点进行了全面分析，并做了精心的报道策划和准备工作，将最新技术恰如其分地应用到每次报道甚至每个报道环节。如全景摄影技术和 VR 技术的采用为光明日报的读者用户带来身临其境之感，现场感超越了以往一切直播的形态。再如开发出利用 Skype for Business 多方异地视频连线系统完成“微沙龙”视频对话式的新型直播样态。光明日报通过前期充分的主题策划，制定详尽的讨论提纲，邀请两会代表委员一起进入网上讨论室，沙龙的视频直播过程就在光明网、光明云媒、光明校园传媒等平台上同时展开。按照光明日报提出的培养融媒体特种兵的战略，其采用的是技术隐藏在后台的方式，这种方式使记者编辑能够做到快速反应和瞬间操作，真正训练出一批访得了部长、堵得住委员、扛得起镜头、俯得下视角、上场能主持、下场会写稿的融媒体特种兵。[②] 由此，光明日报通过融媒体产品生产的实战演习，不仅顺利完成了新媒体宣传报道任务，而且打造了一支优秀的新媒

---

① 陆先高：《产品融合：媒体融合发展的关键》，《传媒》2014 年第 12 期。

② 陈建栋：《技术驱动媒体融合快速发展》，《中国报业》2016 年第 4 期。

体人才队伍。

（五）湖北广播电视台的转型与新媒体产品生产

湖北广播电视台转型发展中探索出的一种新模式，即“长江云”模式。“长江云”是湖北广播电视台（湖北长江广电传媒集团）在推动自身转型发展进程中建设的一个媒体融合创新平台，全称是“长江云移动政务新媒体平台”。该平台于 2015 年 9 月上线运营，至今已有几年时间，积累了独特的新媒体产品生产和运营经验。

第一，立足湖北省级区域搭建全域性的融媒体云平台。

“长江云”不是将媒体融合运营的范围局限在湖北广播电视台一家之内，而是将目标定位在湖北省内全域性的地方媒体云平台。为了解决各地市县级媒体在媒体融合之路上遇到的技术难题，“长江云”就从技术研发上为地市县级媒体提供安全可靠的技术平台，各地市县级媒体可以充分利用“长江云”提供的多样化功能模块，根据媒体自身的特征和要求进行灵活的技术组装，从而有效聚集起省内各个地市县级媒体机构入驻云平台。“长江云”通过“云稿库”的方式，使得入驻云平台的所有媒体实现彼此之间的信息资源共享，在“云稿库”中实现了互联互通与互惠互利，全面提高了各个媒体的信息获取能力。“长江云”通过具有强聚合力的云平台，逐步搭建起将省台和市县级媒体连接在一起的全域性“中央厨房”融媒体中心，不仅能够调配和管控湖北广播电视台的全面资源，而且将各个地市县媒体聚合到一起，实现全域性的“一体策划”“协同采集”“多种生成”和“多元传播”的庞大而有效的融合生产格局。[①] 这种覆盖全省广阔地域的全域性融媒体平台，既服务于湖北广播电视台，也服务于各市县级媒体，这样的融合发展思路呈现的视野更加开阔，对省级媒体而言也更有发展前景。

第二，打造全域性的移动政务平台。

当前出现的新传播格局表明，用户市场正在告别传统的信息传播形式，由传统媒体主导的读者、听众、观众都在发生翻天覆地的变化，用户市场正整体性的迁移到网络平台。而传统媒体走在媒体融合的前进道

---

① 涂凌波：《探索新型主流媒体：云平台、移动政务与融合新闻》，《中国新闻传播研究》2016 年第 2 期。

路上遇到诸多困难，非常艰难的一点就是转变传统思维模式。由于缺乏对“用户”概念的深刻理解，往往保持单一的媒体功能，在内容运营上失去了特色或独家的报道资源以后，也就很容易失去受众。“长江云”深谙平台思维，不仅做成了湖北省的全域性融媒体云平台，而且将另一个着力点放在媒体新功能的延伸上，深耕政务服务功能，力图打造出一个立足湖北省内的全域性移动政务平台。

“长江云”倾力打造省内全域性的移动政务平台，有着相对成熟的操作经验。“长江云”为市县级媒体开发了一个标准化板块——“政务大厅”，提供的主要功能是发布与用户匹配的各级各类政务信息，满足不同用户的政务信息需求。“长江云”还为市县级媒体开发了一个极具特色的板块——“民声”板块，该板块以“听民声知民情 解民忧暖民心”为服务宗旨，直接与各地政务部门后台相互联通，网民在这个板块的投诉信息均实行三级联动，能同时被省市县三级相关政务部门收到并协同办理，用户则对相关政务服务进程和处理结果通过该板块实时查看，以前较难及时知晓的信息变得一目了然。[①] 目前“长江云”围绕区域性移动政务平台方向仍在持续开展多方面的尝试和探索，有待继续观察。

第三，湖北广播电视台通过“长江云”高效生产新媒体产品。

传统媒体转型过程中对用户新媒体产品需求的有效满足至关重要。在网络世界尤其是移动互联网连接的虚拟世界里，新媒体产品层出不穷，而如何将多元化的新媒体产品形态与特定的传播内容进行创新性的组合，这是所有传统媒体融合转型中都非常重视且在不断摸索的重要实践主题之一。

“长江云”在融媒体新闻产品生产过程中，并不是完全一刀切地将旗下所有频道或部门全部统合进融媒体中心，而是进行了有选择性的安排布局，它只将湖北广播电视台的电视新闻中心、湖北之声广播电台、新媒体新闻中心三个旗下机构整合进融媒体中心，实行新媒体中心“大编辑”机制。与此同时则保持了各个频道或部门更加灵活的“小编辑”策略，较好地解决了媒体融合中的“统与分”这个难题。湖北广播电视台

---

① 张建红：《共建共享　开创区域媒体融合新生态》，《中国广播电视学刊》2016 年第 10 期。

的另外几个频道或部门也保持相对的独立性，既一定程度地参与融合新闻产品的“集体大生产”，又可以充分围绕各自的特色资源和优势继续做强各自的“个性化”内容产品。通过媒体资源的有效整合，“长江云”为广大用户供应的特色新媒体产品日益增多，对用户的吸引力不断增强，湖北广播电视台的媒体话语权在网络空间不断巩固壮大。①

“长江云”的新媒体产品生产是以“新闻+创意”为主轴线，以大数据、词云图、信息可视化、知识问答等新媒体传播手段为主样态，不断推动新媒体产品推陈出新和集群展现。如2017年全国“两会”期间，“长江云”从诸多地方媒体中脱颖而出，接连发力新媒体产品，产出了《一图看懂2017工作报告》《2017，看多湖北!》《江山如此多娇》《绿动长江》等颇具创意的新闻产品，为广大网络用户打造了一份“长江经济带新闻大餐”，曾经造成一天之内30余万人次点击收看的景象。“长江云”还生产了大气磅礴、社交吸粉的互动公益性H5产品——《给我你的名字，为你点绿长江》，参与该产品互动的用户高达1240万人次，几乎达到朋友圈被集体刷屏的情况。

（六）浙江日报的转型及其新媒体产品生产

浙江日报报业集团媒体转型发展过程中的平台级产品是“媒立方”融媒体智能传播服务平台，该平台高度浓缩了浙江日报先进的转型经验。2017年7月，浙江日报报业集团“媒立方”技术平台获得了空缺多年的“王选新闻科学技术奖”特等奖。同年10月，“媒立方”融媒体智能传播技术解决方案荣膺2017中国应用新闻传播十大创新案例。由此可见浙江日报的转型经验是比较成功的。

第一，高标准规划建设“媒立方”融媒体平台。

浙江日报报业集团从2014年到2017年经历了从“相加”到“相融”的摸索实践历程。2014年，浙江日报报业集团凭借多年积累的新媒体产品开发经验和自身资源优势，制定了“媒立方——融媒体传播服务平台”的总体规划，2015年4月正式开始着手建设这个投资规模高达1.6亿元的媒体项目。经过为期一年的第一阶段研发，项目组基本完成了策划中心、采编中心、资源中心、传播力指数考核等基础功能研发。在第二阶

---

① 张海明：《“长江云”：开创区域融合新生态》，《电视研究》2017年第1期。

段研发中相继推出了移动采编模块、稿费系统、可视化中心、机器人稿件、事件分析、全媒体指挥监测中心、报题选题模块等的建设。该平台还在研发音视频中心，利用云端大容量的存储空间，构建浙报集团自有视频资源库，同时利用云端编解码技术构建浙报集团自有在线直播平台。①

“媒立方”融媒体智能传播服务平台经过规划建设，使得整个融媒体平台建设的核心构成部分依托大数据技术作为支撑，全面打通融媒体指挥中枢、电脑端和移动端在内的所有采编终端平台，充分调用和实时分析全流程数据，全面引领新闻策划、信息采访、全媒编辑、信息发布、用户反馈等流程进入全网在线状态。在推进媒体融合发展的短短几年中，浙江日报报业集团从技术平台建设促进机制体制创新和媒体人员转型变革，“以技术创新为驱动力、以体制创新为突破口、以内容创新为根本，走出了一条技术创新与采编业务高度耦合的融合之路”②。浙江日报有了高度融合化的产品创新生产和传播平台，就为源源不断地生产优质新媒体内容产品打下了基础。

第二，实施新媒体产品内容生产的智能化改造。

浙江日报报业集团通过“媒体方”平台，利用大数据与人工智能技术，在新闻线索的快速获取、高效的信息处理和内容创作能力提升等方面取得显著成效。同时，实现了智能化的内容分发，相对于人工编辑的分发加工而言，它既能够对大量内容进行快速和深度加工，也能够跳出带有编辑个人色彩的主观视野，更有利于个性内容的充分展现，尤其是在新闻客户端上开展基于大数据分析的推荐场景的尝试，并在内部其他分发渠道推广开来，探索内容与渠道的融合，尝试根据渠道特征来生产内容产品，通过大数据和人工智能编辑将不同特点的内容产品适配到不同的传播渠道。

为了更好地实现内容生产的智能化，“媒立方”已经搭建了服务于全内容生产平台的数据线，服务于各类数据应用系统，并从数据处理分析能力提升、基于大数据的绩效考核、数据仓库建设等几个方面，开展大

---

① 徐园、李伟忠：《数据驱动新闻　智能重构媒体》，《新闻与写作》2018 年第 1 期。

② 陈旭管：《大数据技术驱动媒体融合发展》，《中国传媒科技》2017 年第 6 期。

数据与人工智能背景下数据分析场景的实践探索。比如在大数据和云计算等技术的支撑下，对媒体原创内容在全网环境中的传播力、公信力和影响力做到实时掌握相关数据，对媒体的多种传播渠道和传播形态的内容产品传播、转载、互动等相关数据实现实时评估与分析。[①]

第三，打造强有力的资本平台。

浙江日报报业集团是全国第一家媒体经营性资产整体上市的省级报业集团，从推动媒体经营性资产整体上市，成立浙报传媒梦工场、收购边锋浩方网络平台，成功打造了一个强有力的资本平台。正是有了强大的资本支撑，才能打造出超常规模投资的"媒立方"融媒体智能服务平台，进而实现从技术平台建设到体制机制变革再到实现人的融合的可持续发展路径。[②] 浙江日报报业集团成功的融资经验为中国其他报业集团、广电集团的融合转型提供了有价值的参考，除了依赖党和政府的财政补给外，更需传统媒体以创造性的思维，不断开拓思路和盘活资源，才能真正赢得转型发展的内在动力与活力。

第三节　移动互联网条件下的传者演变趋势

移动互联网条件下，传播者发生的改变是颠覆性的，这就需要我们对传者图像进行重新描摹，尤其需要判断和跟踪未来的传者演变趋势，才能适应移动传播的未来。主要演变趋势包括：新闻媒体与技术公司合作态势日趋显著、自媒体社交化的参与式传播价值更加彰显、职业媒体人的融媒生产与协作能力不断提高、人机协同的内容自动化生产机制趋向成熟。

一　新闻媒体与技术公司合作态势日趋显著

移动互联网条件下，传统媒体集群作为传播者中的主流媒体和新闻

---

① 陈佳佳、王蕊、朱沙磊：《大数据与人工智能背景下的媒体智能化转型》，《传媒评论》2017 年第 7 期。

② 徐园、李伟忠：《数据驱动新闻　智能重构媒体》，《新闻与写作》2018 年第 1 期。

内容创造力的主要来源，向移动化融媒体的转型之路并不平坦。媒体转型的首要任务是用融媒体思维抢占新媒体市场，实施融策划、融采集、融制作、融传播，实现多端、多媒共振，有效抢占新媒体市场，不断扩展媒体在移动用户中的影响力，有力发挥掌上传播和舆论引导主阵地的作用。这就需要传统媒体在媒体融合用户体验方面做出积极努力，不仅靠媒体自身的经验支持，更需要融合技术的支持，如央视在两会期间采用 VR/AR 虚拟现实技术进行直播。媒体自身在技术层面的投资、人才、设施等还有待突破，更多的层面可能需要与相关媒介技术公司合作，从而实现双赢的结果。我们可以理解为新媒体平台出现的大联合与再分工趋势。

在移动互联网时代，不仅传统媒体面临转型发展，新媒体公司也要走融合转型之路，其可能的一种方向就是打造提供综合服务的新平台。新媒体平台的内容也可以涵盖生活的方方面面，购物、教育、娱乐、常识、金融、医疗都可以作为信息服务提供给受众。有的平台只作某一垂直领域的专业服务，有的是贯通多个领域为受众提供多方面的综合服务，这就是传播者在决定走“专卖店”路线还是走“超市”路线上的战略抉择。学者彭兰从宏观的角度进行分析，她指出随着技术的发展，新媒体新闻内容的呈现将不断细化，会出现更加鲜明的专业分工，新媒体平台和网络发布渠道之上可能会出现新的力量对比，从而衍生出一种多样化的新合作模式。[①] 媒介融合大背景下的整个传媒业都将面临新一轮洗牌，合作模式将日益成为主导传播者的一种显著趋势。

在媒介融合时代，新媒体平台的传播者对新闻或其他信息的生产与发布技术运用更为复杂多样。因此，每个新媒体机构采取的融合与重组方式应该立足于一种新的层次上进行，作为新媒体机构生产链条中的一个环节，内部每一个生产和传播部门都是围绕生产链条进行分工合作，分别完成本部门能够从事的某一个层面或某一个产品构成要件的生产和传播。这与传统报刊、广电媒体仅仅作为内容产品的生产与提供方是有天壤之别的，尤其是基于不断更新的技术传播层面，自身存在诸多技术缺陷，这就需要寻找外包的专业技术公司合作。如果说新闻传播内容的

① 彭兰:《媒介融合时代的“合”与“分”》,《中华新闻报》2007 年 7 月 4 日。

制作和供应依赖传统媒体职业媒体人的努力，那么新闻传播内容的包装和推广则有赖于传媒市场上的技术公司的努力，两者之间也体现出了一种跨界的分工与合作关系。这种新的跨界分工合作方式带来的效果是优势互补、各取所长、共同获利的典型优化合作路径。当前，随着各种新传播技术的不断叠加式发展，对于传统媒体而言，无限的技术资金投入将成为一个投资的无底洞，而且这种投资与收益之间往往不成正比，甚至根本起不到推动媒体融合发展的明显作用或者直接打了水漂而不发生作用。但是市场上的部分高技术公司最擅长的恰恰是技术服务，能够跟随新技术的发展方向不断进行技术更新与完善，于是两者之间的合作就成为一种必然趋势。我们在新闻传播实践中越来越多地看到了这种发展态势。尤其是在一些大型新闻传播报道中，有些传统媒体难以有效掌握和运用的动画技术就可以寻求专业动画技术公司的合作，通过内容与技术的有效融合，打造出一批能够让受众眼前一亮的具有创新意义的新闻传播产品。总体而言，新闻媒体与技术公司的具体合作模式没有一定之规，只要符合媒体自身未来发展战略和整体布局，有利于新闻媒体占领新媒体市场，从而更好地发挥主流舆论阵地作用，就可以视为一种有价值的合作模式。

二　自媒体社交化的参与式传播价值更加彰显

自从诞生起，网络媒体就将传统媒体“一统天下”的传播格局迅速打破了，而到了移动互联网时代，这种情形进一步加剧。从传播者的角度而言，传统的职业媒体人“垄断传播”地位被彻底打破，新闻传播业态呈现多元主体共同参与的特征，自媒体新闻和社交化传播成为移动互联网条件下新闻传播的新形态。要准确描绘移动互联网条件下的未来传播图景，就要直面专业媒体人之外的新型参与者对新闻传播过程的重新型构，关注由他们构成的“参与式新闻”景象。无论是早期的 BBS、论坛、博客、播客，还是后来产生的微博、微信、新闻客户端、分享型视频网站等平台都为参与式新闻的发展提供了无数的新传播主体。从一定意义上而言，参与式新闻很大程度上对专业性的新闻生产构成了一种有效补充，提供了受众有需求但专业媒体生产不足的一类传播内容，从而打造了一个不同于专业媒体内容生产的新传播形态。它也有效推动现实中的新闻传播业向理想中的新闻传播结构又迈进了一步。

自媒体与专业媒体一起共同构成了新闻传播的多元主体，改变了新闻传播的方式和风格，重构了新闻传播的发展路径。很多自媒体都是凭借优质而独特的传播内容在信息海洋中脱颖而出，走的也是内容为王的道路。比如国内知名的自媒体公众号“逻辑思维”，正是因为它能够提供与众不同的精致化的独家内容，才得以在竞争激烈的自媒体内容市场中扎下根来。持续生产独家内容并非易事，自媒体公众号要始终供应那些能够有效捕捉受众眼球的内容，使得高质量的创意内容源源不断生产出来，其内容生产能力一定不是单枪匹马所能具备的，其背后一定存在着一个推动内容生产和运营的强大团队。从“逻辑思维”的运营来看，它特别注重发掘用户互动性的元素，无论是线上还是线下的交互都比较有针对性，能够牢牢地黏住一批高质量的粉丝和用户。中国正在不断涌现一批又一批的优秀自媒体账号，其传播力和影响力都不容小觑。在移动互联网条件下的未来传播序列中，自媒体的力量将越来越强，所起的传播作用会越来越大。自媒体所走的“内容为王”的路线也是其必然要遵循的法则。自媒体在新闻传播领域影响力的不断提升，进一步推动了UGC 与 PGC 生产传播的融合趋势。

此外，移动互联网催生的共享经济，也使媒体用户层面的“参与式新闻”更加凸显。在国外新闻实践中运用较多、国内也曾初步引入的众筹新闻、众包新闻和记者联盟成为新闻传播业的三大创新，正在悄然颠覆新闻生产的各个环节。① 众筹的本意就是依靠众人共同筹资以支持个人或组织行为，众筹新闻就是依靠众人的投资支持记者完成某些新闻报道。众包的意思是将某项工作任务外包给众人来完成，众包新闻就是媒体机构等传播者将新闻报道任务分包给众人完成，实际是最大限度上发动公众参与新闻生产过程中的一种创新形式。记者联盟属于媒体从业者内部资源共享和互助的记者利益共同体，更加趋向一种广泛合作和互助互利的集体行动。这三大新闻传播创新行动使新闻生产从媒体为中心的生产模式转向分散共享式的生产模式，去中心化的特征十分明显。尽管这些

① 腾讯传媒研究院：《众媒时代：文字、图像与声音的新世界秩序》，中信出版集团 2016 年版，第 168 页。

创新方式可能存在某些弊端，也未必都能适用于中国的新闻传播环境，但其创新生产内容的模式让人眼前一亮。它使我们看到，受众已经不再是单纯的被动信息接受者，受众互动也不再是简单向媒体反馈信息或留言评论，而是深度参与具体新闻的生产环节，使“参与式新闻”在新闻传播中的价值更加彰显。

三　职业媒体人的融媒生产与协作能力不断提高

移动互联网条件下，对于传统媒体传播者而言，最大的变革体现在新闻生产模式与传播机制两个层面。广大新闻媒体从业人员需要重新接受更加复杂的专业训练，掌握更多的新技术操作技能，尤其要熟练掌握基于手机、平板电脑等多种移动终端的新闻生产和传播技能。作为培养未来新闻传播人才的广大新闻传播院系纷纷改革人才培养方案和专业课程体系，如中国人民大学新闻学院顺应技术变革趋势，不断进行新的教学改革探索，尤其在加强学界和业界对接合作方面走在全国新闻传播院系最前列。近年来，中国人民大学新闻学院先后与亚信数据公司合作建立“亚信媒体融合实验室”、与今日头条共建高校新媒体课程体系分享平台、与封面传媒和百度共同成立“区块链媒体实验室”，重新定位新闻传播人才培养方向。未来的新闻传播人才应具备的专业核心素养不仅包括寻找新闻线索与选题、灵活采集和处理新闻信息、敏锐发现新闻传播关键要素的能力，还包括运用多种手段编辑新闻和多样化呈现新闻作品的能力。新闻记者的能力重心不再是单纯奔赴一线进行全能式的新闻报道，而是重在形成一种融媒体的思维方式，灵活掌握和运用各种新媒体报道手段，针对不同新闻选题进行迅速判断和决策，做出一套融合新闻报道的整体解决方案。总之，融媒体新闻生产与传播能力已经成为职业媒体人的专业核心能力。

移动互联网条件下，大数据变得更加丰富繁杂，数据的意义和价值更加凸显，这就要求媒体从业人员需要具备一定的数据素养，将自身变成掌握数据处理技术的传播者。未来的媒体运营工作中，各类数据信息将扮演越来越重要的角色，新闻传播者同时也将是数据管理者、分析者和发布者。从当前的数据新闻实践看，数据新闻已经对媒体从业人员提出了不小的挑战，它不仅对新近发生的事实进行报道，还成为预测未来某种趋势的重要手段，涉及信息图表处理等多种技术因素。它需要媒体机构不断加强媒体从业人员的数据分析和解读能力，同时也要求媒体从业人员具备数据可视化的灵活处理能力，包括对数据的具体呈现方式、梳理过程、整合分析、形象化解读等方面的能力。这种综合数据处理能力不可能一蹴而就，很多时候甚至需要若干人员组建成一个团队，共同开展数据处理分析和可视化呈现方式的完整流程设计。

当今媒体从业人员的新闻采集、制作和传播过程是一个全媒体化的过程，移动优先已经成为普遍共识，"一专多能"成为媒体从业人员的普遍能力要求。然而，很多新闻生产和传播活动已远远超越一己之力，无法离开外部力量的支持，甚至需要进行跨领域、跨专业的合作。当下诸多新闻报道所涉及知识领域的广度和深度是一名记者编辑单枪匹马很难触达的，比如可能涉及经济学、物理学、天文学、心理学以及计算机科学等学科知识，有时候需要"云计算"等技术支持，甚至需要大型数据处理服务器集群予以支持。媒体可能还需要更加注重同专业技术公司的合作，这也意味着媒体工作人员的协同合作能力需要大大加强，不仅局限在媒体内部的分工协作，还要跨出媒体范围展开更加广泛的协同合作。因此，传媒行业对媒体从业人员的协同合作能力提出了更高要求。

四　人机协同的内容自动化生产机制趋向成熟

随着网络技术和移动通信技术的日新月异，新技术助推新闻传播迭代升级的表现不断彰显。今后，新闻传播业在5G、大数据、人工智能、虚拟现实等多重技术因素的综合作用下将会产生更深层次的变革。传统的新闻媒体机构插上了新技术的翅膀，传播力和影响力也正在不断增强。从传播内容上看，新闻生产的题材、素材得到大大拓展；从形式上看，新闻呈现的方式大大丰富，新闻变得更直观、更易得。尤其是进入移动互联网时代以来，伴随智能手机、平板电脑等各种移动终端的日益普及，普通公众所拥有的传播手段、方式和渠道在不断增多，因此不再满足以往传统的、简单的内容传授关系，而是希望在接受信息的同时也能够担任传播者的角色，媒体与受众之间的传授角色发生了转化与融合。受众所拥有的自媒体构成了信息传播不可或缺的重要组成部分，甚至传统媒体为获得更大的传播力和影响力，也需要借助广大公众的自媒体集群进行二次传播。此外，社交媒体带来大规模数据，不仅有内容方面的数据，还有用户的网络行为和信息偏好等方面数据，这些数据对媒体而言是非常难得的重要资源，有利于媒体更加准确的判断用户需求和精准传播内容。当今媒体的新内容生产方式迥异于传统媒体封闭式的内容生产模式，要求媒体人具有开放的视野和全面的素养，既要具备发现线索的敏感度，又要具备及时处理数据和连接网络的能力。此外，无人机、VR、3D 等新技术也成了传媒人的日常必备，新技术让新闻生产更全面、立体地还原和呈现事实现场，大大增强信息的传播力。

移动互联网引发全方位的数据升级，使得传播者在更大程度上担负起数据信息的处理者角色。除了平时由人所产生的大量相关数据外，同时还迫切需要关注基于物联网的物体、环境产生的几乎无限的数据。从这个意义上讲，未来的用户平台将是由人、物体和环境共同构成的融合性平台。当我们需要处理人相关的数据时，不能只简单地收集和分析人的数据，人所处的周围环境数据也变得十分关键，人体相关的物体也变成一种重要的元素，其产生的大量数据信息也应当被重视，这些共同构成了与人相关的数据集合。当我们进行人的数据化测量和分析时，物体和环境已然成为一种新的参考系统。对某个人进行的数据化，往往需要借助物体和环境的某些平台进行数据采集，比如人的活动轨迹更多的是用智能手机 GPS 数据来进行描述的，同时还有环境相关的数据，甚至包括虚拟环境的营造，从长远来看，我们要实现的就是人与物、人与环境之间更复杂的连接关系。①

作为移动互联网时代的新闻传播者，在保证新闻信息质量的同时，还需要借助各种新技术进行信息生产和传播。任何新闻制作将越来越离不开数据的采集与抓取，新闻的传播发布也将越来越离不开人工智能的参与和推送。未来，利用监控摄像头、无人机航拍器、可穿戴设备、智能眼镜等传感器技术，可以制作具有更广维度的、可能预测未来的和高度“定制化”的传感器新闻，这种新闻形态将变得稀松平常。人工智能在新闻传播活动中的有效利用还体现在机器人写作上。当前，机器人

① 彭兰：《泛传播时代的传媒业及传媒生态》，《新闻论坛》2017 年第 6 期。

写作运用比较突出的领域是体育、金融领域，这两个领域的机器人写作已经进行了一段时间的实践，国内国外都逐渐摸索出了一套比较成熟的模式，一些比较成功的写作模板得以建立，只需将新闻内容套用现成模板即可完成写作。有了前面的实践基础，未来的机器人写作会在更多新闻题材发挥更强的作用。此外，更加智能化、场景化、个性化的新闻推送机制也是未来人机协同传播机制的重要组成部分。媒体会借助人工智能做大量的数据分析，包括用户数据、内容数据等，在分析这些数据之后，媒体再根据个性化推荐算法，基于用户场景，将适配的新闻信息推送到个体用户，实现新闻信息与用户需求之间的完美连接，真正达成新闻传播者所追求的传播致效的目标。新闻传播者的突破创新，不再简单依靠人本身在新闻生产和传播中的能力，而是更需要人不断解放自己的思想，勇于迎接技术的挑战，充分借助人机协同生产机制，让机器做高重复性、耗时费力、工作量巨大的任务，把人从烦琐细碎、价值不高的事务中解放出来，集中精力做那些需要人的辩证思维、人性关照以及机器还没有能力做的事情，这才是当下媒体从业人员亟待思考和解决的关键问题。

第四章

移动互联网条件下的融合媒介

所谓媒介，从传播学的角度来解释，就是利用介质存储和传播信息的物质工具。不论处于什么样的传播时代，受众接受和传递信息都离不开媒介。随着时代的发展，媒介也在不断变革，从古代的甲骨、竹简到近现代的报纸、广播、电视，技术的发展使得媒介在大众生活中越来越便捷。而移动互联网的兴起，更是为已有的媒介生态注入新的活力，为人们的日常生活带来革命性的影响。移动互联网绝不仅是 PC 互联网升级为移动版本，它为媒介生态带来的是全方位的变革，对于网络使用者带来的则是全新的媒介体验。与传统媒介相比，移动互联网条件下媒介互动性、便捷性、即时性等特征更加凸显。研究移动互联网条件下的传播媒介与发展趋势，对于深刻理解当下的信息传播时代具有重要的现实意义。

第一节　移动互联网条件下的融合媒介形态

移动互联网技术对媒介形态带来了全面而深刻的影响，媒介形态乃至整个媒介环境与以往相比都发生了翻天覆地的变化。移动互联网条件下，媒介形态不断向多元融合的态势发展。

一　移动互联网对传播媒介形态带来全面影响

移动互联网条件下的新媒体形态，与传统报刊和广播电视形态相比差异甚大，其信息接收终端已完全区别于传统媒体，而且不断产生新型的移动终端形态；媒体平台也与传统媒体形成天壤之别，创新打造出“移动优先”的新媒体平台；媒体传播的内容也不同于传统媒体，呈现的是经过重新设计的新型内容形态。

（一）媒介终端：从传统型媒介到新型终端形态

伴随移动互联网出现的媒介终端，完全不同于传统型的报纸、杂志、收音机、电视机、台式机或笔记本，它是以便携、快捷为鲜明特征的智能手机、平板电脑、可穿戴设备等移动智能终端。美国学者迈克尔·塞勒专门对各种网络终端进行了比较，他将台式电脑比喻为“固体”，将手提电脑比喻为“液体”，而将移动终端视为随时随地包围着人们的“气体”①，意即移动互联网是无所不在的。事实上，对于新的移动终端技术而言，它绝不仅是实现小型电脑功能和电话功能的结合，更为重要的是为媒体生态带来一种全新的“应用”模式，建立了一个全新的“应用商店”生态系统，以及给予用户一种前所未有的“多点触控屏幕”的人机界面体验。

移动互联网环境的迅速形成，使得传统网络用户的触网行为更多转移到移动终端设备上来。使用移动终端进行信息传播和社交互动，就如同人类“呼吸”空气一样，已经成为人们日常生活中不可或缺的有机组成部分。近年来表现出的一个明显趋势是：网络媒体用户持续从 PC 端向移动端转移，移动端已经成为网络信息传播行业的竞争主战场。绝大多数新闻信息用户在终端设备的选择上，首选媒介是智能手机媒介，它已经成为广大用户进行网络信息传播的第一媒介。因此，在移动互联网条件下，信息接收终端已经从以往分散在各种传统媒体的终端形态迅速转移到智能手机、平板电脑等新型终端形态。

（二）媒体平台：“移动优先”的新媒体平台架构

传统纸媒形成了以采编排印为生产流程、以纸质印刷出版物为内容载体的平台架构，传统广播电视形成了以音视频节目剪辑制作为业务核心、以广播频率和电视频道为播出载体的平台架构，传统门户网站形成了以网页设计与制作为技术支撑、以数字化多媒体信息为呈现方式的平

---

① ［美］迈克尔·塞勒：《移动浪潮：移动智能如何改变世界》，邹韬译，中信出版社 2013 年版，第 5 页。

台架构。移动互联网条件下的媒体平台架构发生了颠覆性的变化，在整个内容生产平台和传播平台的搭建上体现出鲜明的“移动优先”特征，一方面是搭建媒体自己开发的自主可控的移动平台；另一方面是充分利用其他市场化的新媒体空间建立起移动化的新媒体产品矩阵，如在微博、微信、抖音等开设官方账号，在内容生产中优先生产与这些平台相匹配的信息内容，从而影响更多的移动网络用户。

微博和微信作为国内先后出现的重要社交网络平台，其便捷性、全媒化的特点非常突出，比如顺应移动流量大流行的趋势，更加突出视频功能，不仅提供分享视频链接，还包括用户自制和上传视频以及电视台公众号提供的视频节目等，WAP 网在智能手机终端普及化的情况下已经不是移动互联网主流视听平台，当前客户端（App）模式发展势头正盛，无论是立足于手机还是立足于 iPad 等平板电脑的应用商店，均包含诸多应用客户端供移动用户下载使用。由于 iPad 等平板电脑的本身特性使其更适合移动用户手持近距离收看视频，因此专门为其设计的视频类应用客户端能够提供给用户良好的视听体验。相对于平板电脑而言，智能手机则是移动互联网条件下更具影响力和普及性的移动终端，但其屏幕一般较为狭小，尤其存在竖屏横屏转换的麻烦，对图文阅读和视频观看的体验效果构成了一定制约，如何针对手机屏幕特征创新生产适配内容成为关键，此问题一旦获得完美地解决，手机将给用户带来更人性化的信息获取体验，对于“移动优先”的新媒体平台架构而言，其传播优势也将得到最大限度的体现。

（三）媒介内容：新型设计的传播内容形态

对于传统报刊媒体而言，信息内容的呈现方式与传播形态只能根据纸质版面的物理空间进行编辑排版，因此受到很大的限制。随着互联网技术尤其是移动互联网技术的快速迭代，报刊媒体依托新媒体平台就完全打破了物理空间的限制，拥有了几乎可以称为无限的内容编辑和传播空间。对于传统视听媒体而言，传统电视提供的节目内容是经过有序编排并线性播放的，传统视频网站提供的视频内容，要么是平移电视节目内容到网站，要么是网站用户上传自制视频内容，近年来视频网站又明显增强了自制节目和影视剧内容。从视听内容形态而言，传统视频网站内容和传统电视内容大同小异，并未表现出明显差别。移动互联网条件下的视听新媒体，则在图文和视听内容方面不断探索新的内容形态及呈现方式。

在移动互联网条件下，无论是微博、微信还是应用客户端等新媒体形态，其在图文、音视频、多媒体内容等方面开创了新型的实践模式，比如“微视频”就成为移动互联网时代微传播的典型模式，彰显了移动互联网传播的本质特征。微博与微信中分享的视频链接、视听媒体公众平台提供的视频节目内容、移动终端用户上传的自制视频内容，包含了传统意义上的影视节目内容，但更多视频内容突出体现“微”的特征。[①] 这种“微”内容形态符合移动互联网条件下的用户接受习惯，无论是采取 4G 或 5G 流量，还是利用 Wi－Fi 无线网络，移动终端用户均能随时随地享受由移动互联网带来的图文和视听体验，且灵活机动、随意性强，利用碎片化的时间即可自由选择接受大量图文和视听内容。如何规模化地生产符合移动终端特性和用户使用偏好的图文产品和视听内容产品，这毫无疑问成为今后新媒体发展的重中之重。

二　移动互联网条件下融合媒介的多元形态

随着移动互联网的不断发展，融合媒介的多元形态日渐形成。智能手机是当前最具普遍性的移动媒介终端，iPad 等平板电脑构成了当前媒体融合的人性化媒介形态，VR/AR 虚拟现实技术带来沉浸式传播的虚拟体验媒介，智能手表、智能眼镜等可穿戴设备则为人们提供了贴身服务的传感媒介。

（一）智能手机：最具普遍性的移动媒介终端

从当前的移动互联网终端普及的程度来看，智能手机已经成为人们最具普遍性的移动媒介终端。根据中国互联网络信息中心（CNNIC）发布的历次《中国互联网络发展状况统计报告》可以看到确切的手机网民数据变化，即手机网民总体规模呈递增态势，所占比重亦呈递增态势，而且日趋接近全面普及状态。由此可见，智能手机以几乎全覆盖的态势对中国网民产生重大影响，从移动媒介终端的发展趋势来看，在相当长一段时间内，智能手机都将是诸多类型移动终端的中流砥柱。

---

① 高红波：《视听新媒体节目的类型与特征》，《编辑之友》2013 年第 9 期。

加拿大的学者马歇尔·麦克卢汉提出媒介是人体的延伸，从媒介延伸的实际距离来看，媒介对人体延伸能够达到的距离越来越远，手机与传统计算机网络终端相比，提供了随时随地可以方便快捷的连通遥远世界的能力。与此同时，手机对人体的延伸也越来越具有随身性的特征，距离人体越来越近，而手机媒介的可移动性使得人们在任何时间、任何地点都可便携使用手机，手机成为人体多种感官的延伸，并直接为人服务。从传输形态来看，手机媒介具有横向层叠的特性，即同时融合多种媒介形式，以发送一条微信消息为例，传播者首先把语言、文字、短视频内容在微信程序中进行编码，通过无线信号发送出去后，接受者通过手机媒介接收到信号，再通过微信程序进行相应的解码。可见传播一条微信消息融合了语言、文字、视频、无线信号等几种不同类型的符号媒介。在此过程中也体现了手机“综合性”的特征，手机媒体可以将几种甚至更多的媒介形态融合其中。从一定意义上说，智能手机堪称一种综合性的媒介，它将电话、短信、彩信、照相、录音、录像、音视频播放、游戏等多种媒介功能融为一体，无限扩展了手机媒体的用户黏性。

智能手机还在持续消解与打造一些传播场景。场景传播是近年来备受关注的高频词汇，移动互联网传播时代使得场景变得更加火热，同时也使得场景的社会价值和影响迅速放大，“场景成为继内容、形式、社交之后媒体的另一种核心要素。”① 智能手机在逐渐消解一些场景，比如人们想要得到某个问题答案时不再是第一时间去查阅书本，而是通过手机来搜索；人们通过手机聊天程序进行聊天的时长远超与家庭成员面对面进行的交谈，人们正在把更多的注意力从现实空间转移到虚拟空间中。同时，人们在使用智能手机时可以随时灵活地转换场景，刷微博、逛淘宝、聊微信等互不妨碍，手机中的这些虚拟场景可以在很短的时间内完成切换。除此之外，智能手机在功能设计方面更加人性化，为用户打造了诸多优质的体验式场景。手机中的各种应用软件都是基于用户的需求而设计的，比如“朋友圈”、贴吧等应用程序满足了人们的社交需求，可以即时了解周围人的各种动态；淘宝、京东等软件满足了人们的消费需求，使人们足不出户就可以购买日常所需的物品；高德地图、百度地图

---

① 彭兰：《场景：移动时代媒体的新要素》，《新闻记者》2015 年第 3 期。

等应用程序满足了人们的出行需求，为用户在外出时提供合适的出行路线。这些都体现了智能手机在功能上的人性化设计，使得用户的不同场景需求都可以得到满足。

智能手机为人们的日常工作与生活带来了极大便利，但也使许多手机用户沉迷其中无法自拔。大街上随处可见的“低头族”，无时无刻不在盯着手机看，甚至大大增加了交通安全隐患；亲友聚会时也是时不时地玩弄手机，面对面交流变少，感情变得疏远。对于儿童群体来说，智能手机也成为他们接触最多的媒介，美国学者尼尔·波兹曼在《童年的消逝》一书中提到“电子媒介完全不可能保留任何秘密，如果没有秘密，童年这样的东西当然不存在了”[①]，这表明电子媒介的盛行对美国儿童带来的侵蚀。对于手机媒介来说，儿童日渐沉迷智能手机而失去了童年生活的本真，同时一些手机平台上的低俗文化也对儿童尚在形成中的价值观造成负面影响。因此，智能手机在提升人们生活质量、改变人们生活方式的同时，也存在上述诸多问题。如何在智能手机不断发展的过程中逐步解决这些问题，变得十分迫切，唯有将其顺利解决，才能建立一个良好的媒介发展环境。

（二）iPad 等平板电脑：媒体融合的人性化媒介形态

iPad 作为介于电脑和手机之间、集多种媒体优势于一身、兼具移动网络终端和媒体融合平台的新媒体形态，一诞生就引发了无数媒体人惊叹。iPad 是由苹果公司于 2010 年开始发布的平板电脑系列，它具备收发邮件、观看电子书、收看视频或音频、玩游戏等多种功能，早在 2000 年，苹果公司在基于多点触摸研发的过程中，逐渐打造出了 iPad 这一成果，作为传媒科技的新产物，iPad 一经问世，便引发了一个世界性的平板热潮，为了在这一新型媒介形态中占有一席之地，众多媒体与手机软件纷纷发布 iPad 应用客户端，iPad 是一种从很大程度上影响人们的工作与生活方式的一种产品，它作为一种融合性的数字工具箱和显示系统，既能替代笔记本电脑，又可以作为电子阅读器以及视频播放器，它具备了多种功能于一体，对于智能手机来说 iPad 屏更大，更适合展示，在使用过

---

① ［美］尼尔·波兹曼：《童年的消逝》，吴燕莛译，广西师范大学出版社 2004 年版，第 170 页。

程中更容易辨别，然而其轻薄的机型相比笔记本电脑要更加便捷。

iPad 的问世为人们的工作和生活带来了很多变化，iPad 这一新型媒介在学校里的教学应用，既增强了课堂教学的良好效果，也加强了师生间的互动和交流，对以往传统的僵化教学方式进行了有益的补充。此外，教师在提出问题后，可以在 iPad 上看到所有学生对于问题的解答和看法，对错也可以通过数据图反馈出来，达到了人人参与，及时反馈的效果。除此之外，iPad 还成为家庭与学校沟通的平台，在传统教学中，家长并不知道孩子每天都具体学习了哪些内容，而 iPad 提供了这一重要功能，从而使得家长可以调阅孩子的学习内容，掌握孩子的学习进度和相关信息。同时，因生病等原因请假不能去学校的学生也可以在家通过 iPad 进行补课，提高了学习的便利性。除学校之外，在许多饭店，iPad 都安装了点菜程序，其中对饭菜的介绍与对应的图片一应俱全，顾客可以通过图片来了解合自己胃口的菜肴，选定后在 iPad 上操作就可以点菜下单，相比传统服务员拿笔记录更加省时省力。此外，iPad 还在医疗、体育等诸多行业有所应用。

iPad 作为当前的新兴媒介，传媒学界和业界都给予了大量关注，iPad 因其屏幕较大适合阅读，同时采用了技术顶尖的全彩触摸屏，也受到了诸多报纸杂志等传统媒体的青睐，纷纷研发适合 iPad 阅读的客户端，传统报纸与杂志流失受众的挽回，iPad 功不可没。同时，iPad 还为传统媒体的两大盈利支柱——付费阅读和广告找到了新的突破口。iPad 为大众带来了“屏幕阅读”的时代，对于传统媒体来说，抓住这一新兴媒介，是具有巨大的发展前景的，我们可以预测未来趋向，iPad 将进一步与传统媒体融合，报纸 iPad 应用将由 iPad 版向 iPad 全媒体发展，由依托传统媒体展开运营向 iPad 媒体独立运营，传统媒体将紧跟媒介环境变化不断开展媒介融合与革新。

（三）VR/AR：沉浸式传播的虚拟体验媒介

随着科学技术的发展，近年来 VR 技术成为一种新的媒介，掀起了一阵热潮。所谓 VR/AR 即是英文“Virtual Reality/Augmented Reality”的缩写，即虚拟现实技术和增强现实技术，其基本原理是利用计算机虚拟仿真系统模拟生成一种三维立体空间环境，人体借助有关设备可以通过交互式行为操作，产生进入该空间环境之中的感觉，这种感觉因为调动了人体的多重感觉器官，从而使人产生真实之感，以此达到一种沉浸传播的状态。

虚拟现实技术发展速度非常快，虽然不久就遇到了技术瓶颈，但并未影响虚拟现实设备的热销。自从被称为虚拟现实元年的 2016 年开始，国内外诸多高科技公司纷纷推出了自主生产的 VR 设备，虚拟现实内容演播互动平台也纷纷出现，除了腾讯、优酷、爱奇艺等相对传统的视频网站之外，专门展播 VR 视频的移动应用客户端如 VR 热播、UTO VR、LE VR 等以虚拟现实技术来展现内容的平台也不断面世。虚拟现实设备制造商和虚拟现实内容平台运营商的集群化涌入，迅速催生了虚拟现实内容产业的爆发。

虚拟现实技术在传媒业界的广泛应用，也引起了学者们的研究热潮，在中国知网输入检索词“VR”以及“虚拟现实”进行搜索，截至 2019 年 2 月 10 日，与检索词相关的论文共计 39047 篇，并且各个学科均有所研究，这体现了 VR 技术对各个领域都带来了一定影响。事实上，虚拟现实的概念最早可追溯到 1965 年伊凡·苏泽兰在 IFIP 会议上发表的报告——《终极的显示》。[①] 通过这个具有创新探索价值的会议报告，一个可以让受众更加逼真的参与式观看虚拟现实世界的窗口就此打开。苏泽兰在 1970 年成功演示了能够呈现现实不存在的物体的头盔式显示器，这可以认为是现在头戴式 VR 设备的前身。半个多世纪以来，VR 技术经过不断地研究，由飞行模拟、遥感、医疗等专业领域扩展到能够应用于电子游戏、娱乐视频和大众传播等更为大众化的领域。

虚拟现实技术与其他的媒介相比，最明显的特征是带给人浸润式的体验，通过戴上虚拟现实眼镜、头盔等设备，一些电影中的虚拟的景象可以非常真实地呈现在佩戴者眼前，使人具有身临其境之感，让人能够沉浸于虚拟的“真实世界”之中。在斯皮尔伯格导演的科幻电影《头号玩家》中，就以 VR 为主题，带领观众畅想了 VR 为未来世界带来的变化，VR 设备带来的真实感使每个人都沉浸其中。当然，现阶段的 VR 技术并不能像电影中那样应用如此普及，因为其还存在一些问题，比如长

---

① 杭云、苏宝华：《虚拟现实与沉浸式传播的形成》，《现代传播（中国传媒大学学报）》2007 年第 6 期。

期佩戴造成的眩晕感，以及如何控制真实程度的问题，这些都是需要以后去解决的。

(四) 可穿戴设备：提供贴身服务的传感媒介

除了VR/AR这一新兴技术外，可穿戴设备也成为近年来火热的新科技代表，尤其是可穿戴设备硬件生产商对此趋之若鹜，不断研发升级和推出新一代产品。可穿戴设备作为直接以穿或戴的方式整合到人体上的一种智能媒介设备，获得越来越多用户的青睐。当前比较常见的可穿戴产品类型有智能手表、智能手环、智能眼镜等。对于用户而言，理想化的可穿戴设备一般都具有轻便快捷的典型特性，既能方便穿戴又能极速传输实时数据。与其他媒介相比，可穿戴设备大大增强了人们捕获信息的能力，并可实现多媒体信息的及时传递与互通，使人们随时随地可以通过移动网络获取所需的信息，满足日常工作、生活和娱乐的各种需求。

从当前可穿戴设备使用的主要领域而言，便携医疗、运动测量、身体监测和游戏娱乐等领域运用的比较广泛，产生了较大的社会影响力。目前，国内外多家高科技公司均推出了智能手环和智能手表，专门用于运动指数和身体指数的测量反馈，如每时每刻的运动步数及运动的实时状态、心脏的跳动次数及实时状态，甚至能够反馈人体的睡眠状况。美国的谷歌公司作为可穿戴设备研发方面全球领先的公司，其研发的最著名的可穿戴设备就是谷歌眼镜，该产品可以与智能手机实时相连，功能可以与手机之间协同配合，完成智能手机所具备的拍照、接收图文和视频信息、在线通话、物体识别和相关信息处理等任务，从而成为诸多可穿戴设备中的突出代表，引领可穿戴设备的未来发展潮流。

在未来，可穿戴设备的发展将依然保持良好势头。从技术层面而言，传感器作为可穿戴设备的核心技术，担负着“眼睛和耳朵”的作用。传感器在信息生产中的初步应用已经开始触发信息生产中一些核心环节的革命，“未来的信息采集，将有相当大的部分依赖于物体上的传感器。”[①]未来的可穿戴设备的功能将越来越强大，基于生物技术和智能传感技术的相关高科技元件将在可穿戴设备中得到更多的嵌入和使用，而且这些高科技元件的能耗会不断降低，成本也会大大降低，而智能化程度则会

① 彭兰：《万物皆媒——新一轮技术驱动的泛媒化趋势》，《编辑之友》2016年第3期。

越来越高。由于可穿戴设备是要穿或戴在人体上，用户的身体感受和亲身体验就变得十分重要。设备与身体的贴合程度、具体操作的便利程度、设备的传感反应和传输效率等，都成为可穿戴设备产品设计中倍加关注的方面。随着可穿戴设备技术的日益完善，其用于信息传播的媒介功能将得到更加充分的体现，从而为新闻传播行业开辟出一片新的天地。

第二节　移动互联网条件下的融合媒介特征

移动互联网条件下的媒介体现出鲜明的融合媒介特征。一方面，从移动互联网媒介终端的物理特性而言，体现出媒介终端的移动性、媒介终端的个体性、基于位置提供服务和以用户需求为导向等特征；另一方面，从移动互联网条件下的媒体传播特征而言，体现出个体性因素与私密性意涵的"个人化"传播、伴随虚拟社交传播过程的"社交化"传播、随时随地进行信息传播体验的"全时空"传播等特征。

一　移动互联网媒介终端的物理特性

（一）媒介终端的移动性

移动互联网条件下媒介的一大特点就是移动性，这些媒介或可以方便携带或可以直接佩戴在人体上，这是传统电脑或电视媒介所不具有的优势。新兴移动媒介的不断出现，符合当今时代越来越快的工作生活节奏。智能手机及智能手环为代表的可穿戴设备都因其体积较小、重量较轻和便于携带的优点而受到大众青睐。以最具普遍性的智能手机为例，正是因为它比传统的台式电脑或者笔记本电脑体积更加小巧，更加方便携带，且具有和电脑一样强大的功能，才得以在世界范围内持续风行。除此之外，研发方面也在对智能手机持续改进，厚度将越来越薄，重量将越来越轻。基于移动媒介终端的便携特征，使得移动互联网用户可以随时随地接触和使用网络，完全超越了其他媒体受到的时间或空间限制，移动网络已经几乎完全覆盖了人们日常所在的空间地域。移动智能终端还可以自动识别和匹配移动互联网用户所处的场景，然后有针对性地向用户推送特定需求的个性化信息，这恰恰是移动性特征带来的巨大魅力。

（二）媒介终端的个体性

从传统的互联网形态发展到今天的移动互联网，其中一个显著的变化就是媒介终端日益个人化。移动终端媒介与用户之间形成的是一对一的传播关系，个体性特征在移动媒介终端得到充分彰显。正是基于个人化的媒介终端，移动互联网用户才可以获得完全个性化的、精准传播的信息服务，告别了一对众、模式化的传播形态。从媒介的变迁史而言，人类传播媒介经历了从大屏（影视屏幕）到小屏（手机屏幕和平板电脑屏幕）的转变，由以往的公共媒介为主的媒介格局转变为个人媒介占据主流的局面。个人化的媒介更恰切地说明了"媒介即人的延伸"这个经典论断。从这个观点看来，媒介无外乎是人的各种感觉器官的延伸，这种延伸使得媒介可以脱离人体而独立存在，并始终为人们所感受体验及收发信息服务。媒介对人所带来的延伸改变了人的原本感知状态，为人类突破人体自身的空间限制提供了可能。移动传播媒介能够赋予人的身体以新势能，使得人的感知、行动能力等得到放大和强化，人类无须身体在场就能实现对外界的传播沟通，从而真正突破空间对传播的限制。总而言之，移动互联网条件下的媒介使每个传播个体不在场的控制能力和传播能力获得了巨大提升。

（三）基于位置提供服务

移动互联网媒介终端的一大特点和优势就是基于位置信息提供精准服务。LBS（Location Based Services）即基于位置的服务。从当前来看，以智能手机为代表的移动互联网媒介终端所提供的基于位置的服务，主要包含两个层面的含义：第一个层面指的是通过移动通信网络及卫星定位系统确定移动终端用户的具体位置；第二个层面是指根据具体位置和实时空间场景的可能需要，为用户提供与位置相关的全面信息服务。[①] 基于位置的服务使得网络连接变得更加频繁乃至随时随地，多重事物之间建立起了超越以往的连接关系，不管是动态事物还是静态事物，均可以通过移动互联网媒介终端建立连接。在这种网络环境下，得以催生并传递无限量的信息流，使用户实时位于移动场景之中，进而依据用户数据信息的实时处理结果，为用户提供即时、全方位基于位置的信息服务。

---

① 方玮：《移动互联网与传统互联网的服务融合》，《图书情报工作》2011 年第 9 期。

（四）以用户需求为导向

移动互联网条件下的传播关系，不再是一对多、一对众的关系，而是一对一的个性化信息供应与满足的关系。因此，移动互联网的个体用户体验情形变得至关重要，用户需求能否得到满足，信息获取的体验是否良好，都会影响媒体是否能够赢得一批稳定的用户群。从当前的移动互联网用户运营情况来看，只有忠诚于用户的内在需求，不断追求满足不同用户的信息需求，才能在竞争日益激烈的传媒市场生存下来，即使是软件开发商在考虑产品趋势、规模及商业模式的同时也不能忽略了产品体验。[①] 和传统互联网相比，移动互联网不仅带来网络终端的根本变革，使得电脑端和移动网络终端产生根本差别，更使得互联网信息服务方式发生根本变革，更加契合了用户的个性化需求，这也是伴随移动互联网媒介终端的物理特性派生的一个鲜明特征。

二 移动互联网条件下的媒介传播特征

（一）“个人化”传播：个体性因素与私密性意涵

移动互联网终端媒介中，无论是智能手机还是平板电脑，均与传统网络电视、台式电脑、笔记本电脑存在很大差异。移动终端带有强烈的个人专属性质，它更加小巧轻便，完全适合个人手持操控、随身传播，却不太适合多人共享式传播，共享式传播的“群体性”因素在移动终端用户这里变得更趋弱化，主宰传播的“个体性”因素日渐增强。

移动互联网条件下的媒介个人化传播特征，使得移动终端用户可以在一个相对个人化的传播环境中进行图文信息、影视节目或短视频的信息浏览和视听体验。这种信息方式对受众带来的影响与传统传播形态的影响模式有着根本区别，其隐含着一定的“私密性”意涵，基本上是杜绝了现实环境中的他人因素而进行的“沉浸式”个人阅读和视听体验。随着 VR 技术的发展，在其助力之下，用户可以通过移动终端实现视觉、听觉、触觉等多种感官的综合延伸，与电视媒介相比，其在感知程度上大大加深，成为真正的“沉浸式”媒介，通过营造逼真的现实场景，将体验者的视、听、触觉放大，使体验者得以沉浸其中。在这种“沉浸式”

---

① 王波：《移动互联网对传统互联网的影响探析》，《信息通信》2018 年第 1 期。

环境中，媒介不再是人体某个部位的延伸，而是整个人体思维与感知的无限延伸。VR 技术在新闻报道的运用就可见一斑，如美国 PBS 广播公司创作的《埃博拉爆发》将观众带入死亡病毒肆虐的几个中非国家，使观众能够零距离感受现场的恐惧感，由此可见 VR 媒介亲临其境的传播效果大大优于面向观众群体的电视，其影响力是直接作用于每一个移动终端用户的，个体性因素更加突出。

（二）“社交化”传播：伴随虚拟社交的信息传播过程

移动互联网与社交网络之间的关联十分紧密，这两大技术潮流的融合使传播变革不可阻挡。一方面，社交网络大幅提高了移动网络终端的使用效率；另一方面，移动互联网技术大大增强了社交网络的传播效用。与传统媒介形态相比，移动互联网条件下传播媒介的社交性和互动性体现尤为明显，移动社交成为中国网民生活中必不可少的项目。与传统电脑端社交相比，移动社交具有人机交互、实时场景等特点，用户可以随时随地生成和分享内容，发布到平台上与其他用户进行互动。移动互联网时代，社交成为人们赖以生存的刚需产品，目前移动社交也成为移动互联网主要的流量入口。在此种态势下，传播媒介的图文信息和视听信息的接受不仅是个人化的行为，同时也包含一种共享式的伴随体验，这种共享不是指向现实社会中的阅读和视听过程，并非现实社会的群体阅读和视听共享，而是伴随“个人化”的传播进程所展开的虚拟网络化交往。

“社交化”传播已经成为移动终端用户的日常传播行为。社交软件的使用在全球移动互联网用户中非常普遍，在移动互联网普及化的美国更为显著，有关调查显示，美国约有三分之一的推特用户会主动分享电视内容，四成左右的手机和平板电脑用户收看节目时会使用社交媒体。① 美国电视剧《迷失》大结局在播出之后 12 小时内，观众就发布了 50 万条推特信息，“社交化”传播特征彰显无遗。国内的微信、微博是伴随移动终端传播过程的主要社交媒体，其影响力不容小觑，而且还在信息传播过程中不断推陈出新，例如微信摇电视就是国内流行已久的一种创新节目视听参与方式，移动终端用户可以通过微信“摇一摇”功能进入电视

① 李岚：《移动化、社交化：视听新媒体融合发展新态势》，《声屏世界》2013 年第 8 期。

台预设界面，参与多样化的互动交流或者获取各种有价值信息，这就为用户提供了崭新的信息交互模式。

（三）“全时空”传播：随时随地的信息传播体验

移动互联网为人类传播带来的最大变化，即信息传播的“便携”性、“移动”性和“全时空”性。移动终端的“便携”是有目共睹的，无论手机终端还是平板电脑终端，鲜明的演进趋势就是更轻、更薄、更快、更简。移动互联网的“移动”性，一方面是基于移动终端的方便“移动”，另一方面是基于网络与电信技术的变革而实现互联网的“移动”。移动互联网的“全时空”性，自然建立在终端的“便携”和网络的“移动”特征之上。在移动互联网条件下，新闻传播表现出最明显的一个特征就是随时随地传播信息，包括信息的“发布”“接受”“互动”，几乎可以同步完成所有传播行为。这在传统媒体传播模式及传统互联网传播模式中均是不可能实现的。正是由于移动互联网技术带来了传播格局的根本改变，传统媒体才不得不顺势而为，纷纷启动“移动优先”发展战略。

移动互联网条件下的新媒体传播形态，为用户带来“全时空”的阅读和视听体验。移动4G网络和无线Wi－Fi的日益普及，使得移动传播人群无所不在，5G商用的时代也已经开启，这为新媒体传播业的加速发展提供了更强劲的驱动力。随着4G网络的服务完善和资费降低以及5G网络带来的更佳体验，“移动阅读”和“移动视听”将成为移动互联网用户的日常行为，从而真正实现“全时空”传播，彻底打破人们只能端坐在电视机前和电脑前的传统视听和信息阅读状态。“全时空”传播特征，反过来也将越来越深刻地影响整个传媒行业内容生产、盈利模式乃至相关规制的重构。

第三节　移动互联网条件下的传播媒介演变趋势

根据美国学者保罗·莱文森提出的媒介进化理论，新媒体将趋向更加人性化的演进趋势，新媒体的形态和特征一定会更加符合人类的信息传播需求。传播媒介新形态的嬗变和新特征的彰显，使得我们面向未来的媒介传播格局，可以比较清晰地判断出以下几个发展趋势：媒介深度融合趋势进一步加强、未来传播媒介更趋智能化、新闻传播媒介边界不断模糊、媒介引发的信息安全问题更为复杂。

一 媒介深度融合趋势进一步加强

移动互联网条件下的传播媒介不断推陈出新，每一种新媒介的诞生都为媒介融合发展奠定了更加坚实的基础，也提供了更多媒介融合的可能性，尤其为传统报刊和广电媒体走向深度融合提供了新的平台。移动互联网为传统报刊和广电媒体带来了一系列新变化，呈现一系列新特征，提供了新的选择和机遇，提早行动、加快融合成为当前传统报刊和广电媒体的共识。在移动互联网条件下，“移动优先”战略将在各个层面得到更加充分的体现和落实。深度融合的步伐将进一步加快，这成为传统报刊和广电媒体面向移动互联网时代的一个显著趋势。

对于传统报刊和广电媒体而言，将继续探索“多屏战略”。一方面是将目前担负着市场受众接触和使用的主流屏幕形态如电视屏、电脑屏、手机屏等进行更强融合；[①] 另一方面是扩展融合形态，不断与智能手表、头显设备、智能眼镜、VR/AR 等可穿戴设备进行融合。终极的融合形态将与目前形成天壤之别，受众可能依然需要通过视觉虚拟屏幕接触信息和操作媒介，但是具体可感的屏幕形态将消失，人类将进入真正的无屏时代。对于搜狐、新浪、网易等传统门户网站而言，它们将探索与移动互联网更全面的对接方式，达到无缝式的“两网衔接”，并完全过渡到以移动互联网信息服务为主的传播格局。

在未来，传统报刊和广电媒体、传统新闻网站与移动互联网媒体之间将实现交叉式的融合。媒介融合将由“传统媒体与传统媒体融合”、“传统媒体与新媒体融合”向“新媒体与新媒体融合”等全面融合形态演进。新媒体技术相对于报刊和广电等传统媒体而言是不断更新的组合体，如 VR/AR、可穿戴设备、各类传感技术等相对于目前的计算机网络而言也属于新兴事物，并且这些新兴事物正在迅速崛起，未来各种新兴媒介与传统媒介之间的融合将进一步加强，新旧媒体之间的界线将逐

---

① 石长顺：《融合新闻学导论》，北京大学出版社 2013 年版，第 205 页。

渐模糊乃至消失，最终达到“你中有我、我中有你”的全面融合形态。未来的媒介融合终端形态将更多地体现为“界面与用户”的直接关系，用户与媒介之间的交互性及用户的亲身体验效果将得到前所未有的重视。

二　未来传播媒介更趋智能化

纵观人类传播媒介的发展历程，从古代的烽火传递、飞鸽传书到近代的报刊成为社会主流媒介，再到现代电子技术和网络技术先后催生的电视、电脑、智能手机等新兴媒介，可以看出媒介的传播能力和传播效率经历了由量变到质变的飞跃，尤其是网络媒介的演进更是依托信息技术为核心的现代科技力量。从一定意义上而言，人类传播媒介的发展历程就是人类科学技术的发展历程，科技的发展永无止境，传播媒介也将一直呈螺旋式上升的发展态势。那么，在未来媒介演进的过程中，依然还会沿袭这个趋势，未来媒介的发展将比现在更趋智能化，更贴合人类自身的信息传播需要，在设计上也会更加注重人性化因素的考量。

以人工智能为代表的新一代高科技对新闻传播领域的影响正在日渐深化，而且科技因素不再只是以单一因素发挥作用，而是多种科技元素相互协同、创新组合、共同发挥作用。5G 技术、人工智能技术、大数据技术、VR/AR 技术乃至原宇宙技术等多维技术的综合作用，将为人类带来一个前所未有的智能媒介传播格局。学者彭兰对这一新现象进行了前瞻性的研究，创新性地提出了“智媒化”的概念，即未来媒体的发展将会越来越趋向智能化。从信息生产的角度来看，未来智能化的媒体将带来多种可能性。首先将更好地洞察用户在特定场景下的行为及需求，并通过分析其需求推出对用户的个性化服务；其次在新闻生产领域，智能化的机器将进入到新闻信息的采集、分析、写作等环节，对当前新闻内容的主流生产模式构成重大变革；最后是用户对媒体传播的信息反馈方式凭借传感器的应用而变得更加智能化，“用户在信息消费过程中的生理反应，将通过传感器直接呈现，用户反馈将进入到生理层面。”[①] 由此判断媒介未来之演变，将呈现智能化的机器与人的智能相结合，共同构建

---

① 彭兰：《智媒化时代：以人为本》，《中国社会科学报》2017 年 3 月 30 日。

崭新的媒介传播模式。

三　新闻传播媒介边界不断模糊

随着科学技术突飞猛进的发展，人们言语中的“媒体”与过去的“媒体”已经产生了很大的差异，而未来的“媒体”甚至可能完全颠覆我们现在的认知。正如我们当下看到的，每个人都可以成为新闻信息的生产者与传播者，传统媒体已经不可能再独揽内容生产和传播大权。除此之外，媒体正在失去的，还有对传播渠道的控制权，专业新闻传播媒介的影响力在多元化的网络传播空间中弥散开来，有待进一步聚合媒介影响力。“进入互联网时代以后，新闻生产者与其内容发布渠道在一定程度上发生分离，媒体之外的分发渠道对内容生产者的影响越来越大。”① 专业内容生产者面临的境遇是，如果想要使自己生产的内容获得更广泛的影响力和传播力，必须依赖媒体自身之外的分发渠道和传播渠道。

实际上，伴随着信息时代的扑面而来，一些技术性的工具或平台影响并重构了内容分发机制，例如搜索引擎和 RSS（简易信息聚合，也称聚合内容）的出现，就打乱了以往相互分离、相对规则的内容分发机制，将多种来源的信息整合到了一起，形成一个崭新的界面，从而在很大程度上影响甚至彻底改变了新媒体市场的格局。除此之外，以“今日头条”为代表的推荐引擎技术通过“算法”获知用户感兴趣的信息，并基于“算法”对用户进行“点对点”的精确新闻推送。这些新兴传播技术的运用，颠覆了传统的新闻媒体和传统新闻网站的传播形态。由此判断未来的媒介信息传播格局的变化趋势，至少在内容分发机制层面的变革方向日益清晰，其将伴随人工智能等高新技术的新一轮演变，进一步形成集合社交化、个性化推荐以及智能化传播为一体的内容分发结构。

新闻传播媒介的边界不断模糊，还突出体现在一些商业服务平台对新闻功能的拓展与强化。本以单纯提供某些网络交易或日常信息服

---

① 彭兰：《移动化、智能化技术趋势下新闻生产的再定义》，《新闻记者》2016 年第 1 期。

务的平台，正在逐渐转向“商业服务＋新闻供应”的模式，平台日益呈现“新闻媒介化”的发展趋势。例如手机地图应用程序通过应用扩展功能，就可以直接面向用户传播即时新闻信息。在人们的印象中，过去的移动手机地图应用程序只是提供单一的地理信息服务和导航服务，而今天已经可以集成吃喝住行用等各个领域的公共信息。与此同时，手机地图所提供的服务还包含与地理位置相关的场景新闻供应，它能够根据实时场景向用户提供符合该场景需求、具有地理贴近性的新闻信息。以上这些新的传播渠道或平台，都意味着传统媒体传播渠道的边界正在被其他渠道侵蚀，影响力可能被削弱，新闻传播媒介的边界将进一步模糊化。

四　媒介引发的信息安全问题更为复杂

从科技发展的角度而言，传播技术发展的越快，其带来的传播风险就越大，造成的信息安全隐患问题就越突出。梳理一下人类媒介演进的历史就会发现，在口耳相传的原始信息传播时代，由于其不含有技术因素而仅依靠人体器官发声，这种自然化的传播形态是相对最安全的；在文字书写的信息传播时代，由于文字必须依赖能够承载它的物质载体才能传播出去，自然就意味着信息传播过程中可能存在物质载体引发信息安全的隐忧；伴随现代技术发展而来的印刷传播时代更是如此，技术因素带来的传播风险和安全隐患凸显出来；而依托现代电子媒介技术发展起来的广播电视时代成为前互联网时代传播风险和信息安全问题最为突出的时代。从当下而言，依托互联网技术、移动通信技术、人工智能、大数据等复杂技术于一体的媒介融合传播时代到来后，信息安全的极端复杂性也随之而来。

如果说传统报刊和广电媒介保障信息传播安全的难度系数已经不低，那么互联网媒介带来的信息安全问题就更加引人担忧，由于网络的强开放性和强扩散性，媒体信息安全方面的风险和隐患变得十分突出。而到了移动互联网时代，信息传播安全更是受到了十分复杂的考验和挑战。网络信息安全问题更为复杂多变，成为网络与新媒体传播领域必然要面对的一个发展趋势。移动互联网条件下的新媒体形态及其系列特征，决定了其在信息安全方面的高风险性。当每个人在任何时间任何地点都可以进行信息传播的时候，传播风险自然也就随之而来，尤其是视听新媒体的安全问题更为突出。从技术层面而言，虽然可以采取相应的技术保障，但是仍然不能解决根本问题。如何保障移动互联网环境下的视听信息安全，已经构成当前复杂媒介传播时代亟须解决的重要问题，需要我们随时针对变化中的安全问题，不断修补漏洞，寻求最佳解决方案，做到防范、化解和保障网络信息传播安全。

第五章

移动互联网条件下的全媒内容

随着移动网络终端的迅速普及和迭代，移动互联网在人们的日常生活中扮演着越来越重要的角色。从传播内容角度而言，其为受众提供全媒内容的能力在不断增强。那么，移动互联网条件下的传播内容层面产生了哪些新变化？各个内容形态又体现出哪些新特征？未来又有着什么样的发展趋势？对这些问题的回答，关系到我们是否能够清晰认识和把握移动互联网传播的内在规律。因此，移动互联网条件下传播内容研究的重要性就不言而喻了。本书首先从传播内容的代表性形态入手，对微信公众号、短视频、数据新闻、直播新闻、H5 产品等多种不同形态的传播内容进行详细剖析。进而，本书使用内容分析法对人民日报公众号这一典型个案展开研究，试图管窥移动互联网条件下传播内容的形态特征。在以上研究的基础上，本书探索性地指出移动互联网条件下的传播内容总体演变趋势。

第一节　移动互联网条件下的传播内容形态特征

这一部分主要结合一定数量的新媒体产品案例，对微信公众号、短视频、数据新闻、直播新闻、H5 产品等多种不同形态的传播内容进行详细剖析，尝试总结移动互联网条件下的不同传播内容形态及其特征。

一　微信公众号的内容形态特征

第一，微信公众号目标用户针对性强，内容定位明确。微信公众号的内容运营，一般都注重锁定微信公众号的目标用户群，同时灵活运用多种表达方式。在移动传播场景下，微信公众号要想获得持续发展，就必须首先明确目标用户，进而根据用户偏好选择最合适的表达方式。在这一点上，微信公众号“她刊”作为最受中国女性欢迎的公众号，定位独具特色，将目标用户锁定在一线、二线城市工作的年轻女性。“她刊”推送的内容多为城市女性关注的娱乐新闻评论或者流行穿搭推荐，尤其是娱乐新闻评论往往能够紧紧抓住年轻女性的关注点，如爱情、亲情、减肥、时尚等方面内容，以新闻或案例形式呈现出来，从而引起她们的共鸣。《光明日报》微信公众号作为以知识分子为主要读者对象的思想文化类公众号，主打内容充分体现“思想品格，人文情怀”的定位，观察其公众号内容发现，其在栏目内容设置上与一般的新闻公众号相比，除了常规的新闻热点、政经信息等内容推送之外，更加突出了“文化”“教育”“思想”“阅读”“学人”等方面的内容，思想性和人文价值更加彰显，在广大知识分子中关注度比较高，影响力比较大。因此，微信公众号的内容定位越明确，形成的用户黏性就越强。

第二，微信公众号内容的图文结合度与时效性成正比。图文结合并不仅是指“图片加文字”的简单组合，从一定意义上而言，与文字之间关系密切的图片越多，往往图文结合的力度也就越强。微信公众号的图文结合力度的强弱大体上与推送内容的时效性强弱成正比例关系，这或许与微信公众号的运营主体所追求的目标有关。以新华网为代表的一批新闻类公众号，在用户市场上占据一席之地，它们往往遵循传统媒体新闻报道的基本规则，强调新闻价值，新闻图片往往也是彰显时效性的重要元素，因此经常采用新闻图片配合文字内容的方式进行推送，图文结合度非常强。而以“她刊”为代表的这类市场化、去新闻性的公众号，则更多用关联性较弱的图片配合文字陈述进行传播，其时效性大大减弱，内容的趣味性或实用价值更加突出。

第三，微信公众号内容阅读量与媒体平台的影响力正相关。对于微信公众号而言，在一般情况下，推送内容的阅读量越大，公众号的粉丝就越多，从而带来的媒体影响力就越大。内容阅读量主要统计的是其重大新闻或信息推送带来的阅读量。推送的图文消息是否为重大新闻，一般根据其构成话题的程度进行判断，比如对于体育新闻的推送而言，“世界杯主题”就可以在广大球迷中构成重要话题，即可被划归到重大新闻或信息的推送内容范围。重大新闻或信息的阅读量更能反映某个微信公众号的后台粉丝的集体活跃度，从而充分体现出该微信公众号在目标用户群体中的影响力。人民日报微信公众号在南京大屠杀纪念日之际推出的《泪别！南京大屠杀幸存者照片墙灯又熄灭两盏》就带来了超高的阅读量、评论量和转载量，人民日报作为国家级主流媒体，担负社会责任的品牌大报风范彰显无遗，社会影响力更加凸显。

二　短视频的内容形态特征

根据目前市面上多数短视频产品的内容定位，可大致将短视频分为原创类短视频和社交类短视频两种类型。根据短视频创作主体的不同，可以分为媒体机构类短视频和媒体人创始类短视频。中央电视台、新华社、人民日报等传统主流媒体机构多是在自己的移动客户端设置短视频栏目或者通过微信公众号推送短视频信息。另一部分则是传统媒体人跳槽出来创办的优秀资讯类短视频产品，如《澎湃新闻》原 CEO 邱兵创办“梨视频”，《外滩画报》原总编辑徐沪生创办“一条视频”，《青年时报》离职的丁丰创办“二更视频”等，它们都依然代表着传统媒体短视频的权威性和公信力，此外还有各类短视频平台涌现出的更为丰富多样的市场化短视频产品。

第一，短视频内容追求精而美。由于短视频创作门槛比较低，因此具有很强的流通性，当移动互联网飞速发展带来的同质新闻越来越泛滥的时候，精而美的内容更能得到信息用户的青睐。经过短视频市场一定时间的培育和竞争洗礼，以前散漫无序的短视频生产状态得到显著改观。[①] 以“一条视频”“二更视频”“梨视频”为代表的短视频产品脱颖而出，它们与其他短视频产品相比，具有的优势是在面对一些突发事件时，能提供短时间内迅速精准捕捉住新闻要点的短视频，从而在同质化的短视频内容世界凸显自身的媒体专业价值，这是一般短视频平台所不能比的。传统媒体机构平台的短视频更加注重新闻价值和宣传价值，如人民日报创作的短视频《中国进入新时代》就极具代表性，内容上宣扬

---

① 王晓红、任垚媞：《中国短视频生产的新特征与新问题》，《新闻战线》2016 年第 17 期。

了主流价值观，激励国人为实现伟大中国梦、实现人民对美好生活的向往而不断奋斗，形式上具有很强的视听感染力，尤其是呈现出十分精致的画面剪辑效果。

第二，短视频内容贴近受众需求。传统媒体的短视频产品在内容选题上，既顾及国家站位、国家视野等宏大选题，同时也兼顾贴近社会受众的现实多元需求，比如满足用户生活需求的民生类内容选题的短视频，更容易让短视频用户产生情感共鸣。尤其是以"一条视频""二更视频""梨视频"为代表的短视频产品更加注重民生选题。"梨视频"发布的热门资讯短视频就含有诸多民生相关的内容，其发布的资讯短视频作品《#东京女留学生遇害案#母亲：讨回公道是唯一活下去的理由》内容直击社会热点"江歌案"，视频中江歌母亲现场哭诉的场景令广大用户为之动容。以情感和社会话题为主要内容的短视频，内容贴近受众需求，尤其新闻短视频制作上一般注重保持事件原貌，还原事件真实情境，不仅能引发共鸣，更能起到一定的引导舆论作用。与此有些差异的是，主流媒体平台创作的贴近民生的短视频更加高端精致，追求短视频的产品品质和视听效果，如湖北广播电视台短视频产品《不忘初心，砥柱中流》是以特殊的沙画形式展现的短视频，内容表现了军人等抗洪英雄们面对中国长江中下游一度全线超警戒水位洪灾肆虐的灾情，众志成城全力抗击洪水保护人民生命财产和家园的故事，内容贴近受众需求，尤其是南方广受洪灾的各省民众更是感同身受，强烈震撼的视听效果加上沙画的创意形式，使这个短视频产品火爆了社交网络。

第三，短视频内容制作有较强的底线意识。无论是传统主流媒体平台创作的短视频产品，还是当今占据市场份额的前述几个传统媒体人创办的主流短视频产品平台，都能够保持内容制作的底线意识，始终保持了媒体人的高尚品格和引领社会正能量的内在动力。尤其是这些传统媒体人，他们离开传统媒体的工作岗位，选择与传统媒体内容制作模式完全不同的新媒体内容行业进军，这种勇气难能可贵。如果不能坚守传统媒体人的职业操守和底线，为吸引眼球而利用短视频传播失实信息或制造噱头吸引眼球，那终将失去媒体人创办短视频平台的公信力和独特价值，从而失去广大新闻用户的信任，也就难以在新媒体世界立足和发展。从短视频内容看，这几个资讯类短视频产品基本都能守得住底线，并日益彰显较高的品牌价值。当然，市场化的短视频产品有时候为了吸引眼球和冲击流量，恰恰在这方面容易“打擦边球”，尤需引起高度注意，亟待妥善引导和治理。

三　数据新闻的内容形态特征

随着大数据时代的到来，数据新闻成为各大新闻媒体越来越重视的新闻产品类型。从内容形态上而言，数据新闻注重运用大规模数据，经过可视化处理后，制作出具有视觉直观特征的新闻报道，为新闻信息用户提供一种颇为新颖的信息获取方式。以下将对新华网、网易数读的可视化新闻产品个案进行内容层面的比较，梳理数据新闻的内容特征（见表5－1）。

表5－1　　新华网和网易数读可视化新闻案例的内容比较

数据新闻案例名称	数据新闻内容简介	色彩	文字	风格
新华网可视化新闻案例：《无“肉”不欢？那可能是过去时了》	发布于2018年3月26日，以1990—2017年的数据为支撑，以2014年为节点，指出人们在“吃肉”这件事上的态度转变	单一	较少	简洁大方
网易数读可视化新闻案例：《中国人民终于在吃肉这件事上站起来了》	发布于2017年12月28日，以即将到来的元旦为背景，以揭示1963—2013年中国人民“50年来都吃些什么”为主要内容	丰富	较多	诙谐幽默

第一，体现出数据为先的典型特征。可视化数据新闻作为一种新媒体新闻产品，其基本立足点就是大量数据，它是随着数据在新闻中的广泛应用发展起来的，是以数据为核心、信息为支撑、可视化为基本载体

的跨媒体新闻报道形式。[①] 从图中的新华网、网易数读的数据新闻案例看，两者都是以视觉直观的方式，将一定规模的数据量进行综合分析，制作成可视化图表的形式展示给受众。相较于文字形式的烦琐冗长，可视化图表的形式更有利于用户直观了解数据的走向与变化，而且更能引发受众的自主联想与认知。

第二，具有交互性强的传播特性。可视化数据新闻一般均是利用简单的图形，如折线图、饼图等形式，将核心信息从纷繁的数据中抽离出来，呈现直观易读的方式，大大降低了受众的参与门槛，有效提升了可视化数据新闻传播过程中的交互性。大数据是从社会民众的日常工作与生活中获取而来，最终又回馈到社会民众的日常信息获取场景之中，在较大程度上增强了广大受众对新闻信息的接受度和理解程度。

第三，一般情况下制作内容易浅不易深。数据为先的可视化表现形式有其天然的传播优势，同时也存在不足之处，如对新闻内容的深度挖掘受限，对于自主解读新闻能力较低的受众不能产生良好的传播效果。由于可视化数据新闻的内容主要在于展示数据，在这一过程中，不同阶段数据的变化与发展趋势被直观地表现出来，数值高的数据与数值低的数据对比尤其明显。但是在数据对比明显的同时，相对平面化的内容表达方式也导致受众无法更深刻地了解新闻内容的其他层面和内在价值的丰富性。

四　直播新闻的内容形态特征

直播新闻作为一种新媒体传播形态，于 2016 年 5 月由腾讯新闻率先在其移动客户端推出，随后央视新闻、新华社发布、澎湃新闻等移动客户端也纷纷开启了自己的直播新闻功能板块。这种新媒体产品形态一经推出，便被各大媒体平台置于较高的地位，充分彰显其作为一种新闻传播新形态的重要价值。

第一，内容的时效性极强。直播新闻与一般图文新闻或视频新闻最大的不同点，就在于它的即时传播特征。直播新闻没有后期编辑的概念，

---

① 喻国明、刘界儒、李阳：《数据新闻现存的问题与解决之道——兼论人工智能的应用价值》，《新闻爱好者》2017 年第 6 期。

只有正在进行时，因此传播的内容能极大程度上满足受众对时效性的需求。同时，直播新闻不是真人秀，不依附于剧本，第一时间将最原始的新闻现场情况直接展现在受众眼前。相较于其他新闻形式，不经后期处理的直播新闻对于技术的要求也更为严苛，由此也就不难理解诸多直播新闻的视频质量参差不齐的问题了，所以今后的直播新闻在内容及观感上还有待改进。若想做好直播新闻，需要人财物的全面投入，如湖北广播电视台长江云客户端极为重视直播新闻业务，不仅有专业团队的支撑，更有技术设备的支持和大量资金的注入，保证了长江云直播新闻的快速反应能力和超强时效性，用直播新闻的视觉效果和高端品质赢得了广大用户。

第二，内容的现场感极强。相较于短视频新闻对特定时段某一新闻内容的呈现，直播新闻更能让受众了解到新闻第一现场的情况。这种充分调动新闻报道现场感的新闻传播形式，能让受众产生身临其境的参与感。直播新闻在各种新媒体平台上获得了广泛的应用并且影响至深，如在人民日报客户端的人民直播《直击现场：巴黎圣母院大火，塔尖倒塌》，针对巴黎圣母院大火事件之后的最新进展情况进行了多次大型直播，直播视频所带来的超强现场感和视觉冲击力，在很大程度上使受众感受到直播新闻带来的强烈触动与震撼之感。

第三，内容涵盖面极大丰富。直播新闻的内容极大丰富，各种内容几乎无所不包。直播新闻不再局限于人们在传统电视直播中看到的“国家大事”，除了大量的天文奇观、外国战火等新鲜重要的事件性直播，直播内容还偏向于聚焦民众生活，注重满足百姓的各种日常信息需求。如在春运高峰到来的时间段，传统的电视新闻由于各方面的原因，难以跳脱固有模式的报道内容，如描述概况、公布数据、对比往年情况等，而移动直播新闻却能够以更灵活的方式报道诸多春运热点背后的感人故事，达到以情动人的传播效果。因此，它更擅长从小处着眼，更贴近受众的普通生活，从而赢得广大用户市场。如新华社客户端的直播新闻，就充满了人文关怀与脉脉温情，同时也不缺乏信息量和互动设计，这恰恰是用户需要和欢迎的内容产品形态。

五 H5 产品的内容形态特征

H5 是 HTML5 的简称，作为万维网的核心语言，它是 HTML（Hyper-Text Markup Language）的第五次重大修改，形成了一种包容性极强的应用超文本标记语言。H5 作为当前的一种先进网页制作技术，在新媒体产品生产中发挥了不可替代的作用，体现出了独特的传播优势。

第一，内容注重故事化传播。H5 内容产品不同于一般的叙事模式，而是采用极具趣味性的故事化传播方式，在各大网络媒体平台运用十分广泛。如“抖音”短视频平台与七家国家级博物馆共同发布的 H5 作品《第一届文物戏精大会》，以新颖别致的创作风格引发全行业的讨论热潮。这部 H5 作品于 2018 年 5 月 18 日世界博物馆日发布，将有趣的文物用拟人化的内容与当下流行的短视频模式结合起来，成功“蹭热度”的同时，也诱发了人们的分享欲。这部作品让各大博物馆的文物们化身“戏精”，以“反差萌”的内容为文物们打造了一个别开生面的小故事。众多流行语如“打 call”“比心”等灵活应用，也在很大程度上增强了新媒体用户的亲近感和认同感，使得广大受众在充满趣味的情境中认识了中国丰富的文物文化，取得了堪称完美的传播效果。

第二，运用图片视频文字融合叙事。H5 内容产品以其简便灵活的方式，达到图片、视频、文字充分融合的叙事效果。众所周知，在当今的融媒体时代，单维度的内容已经难以满足受众的信息需求，多维度乃至全息传播才是赢得广大受众的制胜法宝。H5 内容产品与传统内容产品的最大差异就在于它以更简洁的方式满足了受众的视听和参与体验。H5 内容产品的图片、视频与文字的融合叙事，需要受众自己动手参与其中，进行上划、下移等操作才能完成整个叙事过程，如果受众对其内容不满意，可随时退出 H5 界面。此外，它的传播渠道主要为移动客户端，充分顺应了移动化时代的需求。中央电视台为庆祝建军节创作的 H5 产品《红色记忆》，采取先播放经典老电影然后选择答题的方式，用户全部答对时会得到奖状，这种图文视频融合叙事的创意形式获得用户广泛好评。

第三，参与互动的形式多样。H5 内容产品作为一种参与性极强的叙事方式，在参与性上已经不只局限于新闻传播的层面，它充分调用视频、动图、答题、游戏、广告推广等多样化的传播形式，信息的传递往往包含着深层次的互动。H5 内容产品的制作方往往需要充分了解受众的心理倾向和接受习惯，绝非简单的面向大众的普通内容采编工作。一定意义上，H5 内容产品不仅需要对新闻传播内容高度敏感，需要对多元技术灵活运用，还需要掌握洞悉受众内心的本领。唯有如此，才能通过多样化的互动形式，调动用户直接参与的积极性，取得良好的传播效果。如人民日报的 H5 产品《快看呐！这是我的军装》，其操作虽然简单，互动性却非常强，将人脸融合技术与时事热点相结合，提供的每张军徽、军章、军服照片模型都准确还原该年代的本来面貌，真实感极强，用户一键即可生成自己的军装照，很快就在社交媒体传开并引爆全网。

第二节　移动互联网条件下的传播内容个案分析

个案研究法的采用，有利于更清晰地了解移动互联网条件下的传播内容及其特征。关于典型个案的选择方面，本书选择了以人民日报的微信公众号作为研究个案。人民日报公众号于 2014 年 8 月 28 日正式开通，人民日报作为中共中央机关报，既是党和政府的喉舌，肩负着记录、参与、引领中国社会发展的重大责任，又同时承担着为国内外广大受众提供权威新闻信息服务的新闻传播职责。人民日报一直紧跟移动互联网的发展趋势，成为传统媒体转型的一个代表性媒体。人民日报的官方公众号推送的内容，在议题设置上与人民日报的传统纸质版内容是否一致？风格是否相同？是否有着不一样的内容特征？一般情况下，影响人们日常生活的往往是那些普通生活中不易察觉到的议题设置内容。本书通过内容跟踪，随机选择了 2018 年 4 月 15 日至 5 月 16 日的 73 篇图文内容和 2018 年 8 月 27 日至 9 月 26 日的 74 篇图文内容，针对议题设置和高频词进行统计，并在内容分析法的基础上佐以定性研究方法，对信息样本的部分高频词做进一步分析。

一　研究对象及议题构成情况

（一）确定单图文信息作为研究对象

人民日报微信公众号平台自开通以来，日推送量保持稳步增长的态势。全天候单图文消息、多图文消息叠加推送，以求充分满足受众的信息需求。单图文消息只推送一篇文章，多图文消息最多可以并列推送八篇文章。从时效性和编辑的速度来看，单图文消息多为重大事件或者突发事件的推送，在时效性上往往优于多图文消息。被推送的单图文消息，都是直接编辑并单独推出，它们的标题风格活泼，抓人眼球。更重要的是，一天之中突发情况纷繁复杂，国内外的大小新闻不胜枚举，能够引起人民日报微信公众号编辑关注的新闻，一定是最能体现其定位的重中之重的新闻。因此，统计观察单图文消息更有助于判断该微信公众号推送内容的有关特征。

（二）随机选取的议题构成情况

一般而言，微信公众号用户接收的推送消息多是“题目列表”的形式，用户对标题感兴趣或感觉比较重要的情况下，才会选择点击“题目列表”跳转页面进行正文内容的阅读。因此，通过统计标题内容与正文主要内容，可以判断出推送内容中议题设置的内在特征。

2018 年 4 月 15 日至 5 月 16 日这一个月内，人民日报微信公众号的单图文推送消息篇数为 73 篇，详细议题设置情况如表 5－2 所示。

表 5－2　2018 年 4 月 15 日—5 月 16 日人民日报公众号议题统计

议题	正文主要内容	篇数（篇）
政治	习近平总书记相关活动、朝韩关系	27
经济	中美贸易战	18
民生	突发事件	7
文教	习近平总书记视察北京大学	8
娱体	中国乒乓球健儿捍卫荣誉	4
历史纪念	世界读书日等节日	9

通过表 5－2 的数据可知，人民日报微信公众号的单图文推送内容议题相当丰富，对政治、经济、文化、社会、文娱等多个领域的议题都有不同程度的关注。从总体上看，政治和经济相关议题内容显著多于其他方面议题内容，与此同时，政治相关议题的推送内容明显多于经济相关

议题的推送内容，这就可以看出人民日报微信公众号在总体议题方面的大致倾向。

根据本书的统计数据发现，在一个月的单图文内容推送中，政治相关议题的推送内容占比超过三分之一（36.99%），经济相关议题的推送内容占比几近四分之一（24.66%），两者合计占据超过六成的比重（61.65%）。很显然，人民日报公众号的推送内容是将议题放在了政治、经济等事关国计民生重要议程的硬新闻，与人民日报纸质版、人民网等一贯的大报大网风范构成一脉相承的关系。此外，除了传播主流意识形态之外，中美贸易战成为政经领域推送的重要议题。面对重大事件时，往往注重对读者进行正确引导解读，相关推送次数也就偏多。同时，在时政话题方面，人民日报有高度的权威性，广大读者对其也有极高的认同感。

接下来，分析随机选取的另一个月的议题构成情况。2018 年 8 月 27 日至 9 月 26 日这一个月时间内，人民日报微信公众号单图文推送消息篇数为 72 篇，数量与上月相当，详细议题设置情况如表 5 - 3 所示。

表 5 - 3　　2018 年 8 月 27 日—9 月 26 日人民日报公众号议题统计

议题	正文主要内容	篇数（篇）
政治	习近平总书记相关活动、中非关系、朝韩关系	26
经济	对外贸易、浦东新区	20
民生	个税调整、民生新闻	13
文教	习近平总书记文教活动	1
娱体	亚运会	2
历史纪念	中秋节等节日或人物纪念日	10

根据表 5 - 3 的数据可见，人民日报公众号在 8 月末至 9 月末的一个月期间的单图文消息中，政治领域关于“习近平总书记相关活动、中非关系、朝韩关系”等议题的推送篇数共计 26 篇，经济领域关于“对外贸易、浦东新区”等议题的推送篇数共计 20 篇，其他各个领域议题同时兼顾，只是相关推送数量明显减少，这种情形与前一个月间的整月议题情

况基本相似。

通过数据分析发现，人民日报作为一份全国性的政经大报和党中央机关报，其微信公众号一直保持着自己的大报风范和政经风格。从具体议题分布上看，政治领域议题分布数量依然居首，占比超过三分之一（35.14%），经济领域议题分布数量依然位居第二，占比超过四分之一（27.03%），两者合计占比超过六成（62.17%），民生领域议题的推送数量比前一个月有所增多，占比接近两成（17.81%），明显高于其他领域议题。由此而言，大报风范和政经风格在前后两个月完全一致。

二 传播内容及其典型特征

（一）议题内容及其典型特征

第一个典型特征是报道内容准确、观点权威。当前，越来越多的微信公众号推送内容都偏向于平民化，但是人民日报作为党中央的机关报，其运营的微信公众号依旧以坚守新闻理想的姿态向广大受众精准推送权威内容，尤其在政经领域的“硬新闻”推送方面彰显大报风范。特别要指出的是，习近平总书记的活动和系列讲话也被有效传达到网民用户之间，这是其他普通微信公众号难以做到的。人民日报公众号对习近平总书记相关推送内容的一大特征，就是进行高度总结并以通俗化的方式表达出来，在传播主流意识形态的同时也实现了良好的阅读效果。在移动互联网成为人们信息传播主渠道的时代，基于移动端的内容推送就成为广大受众接受主流意识形态的首要渠道。

第二个典型特征是标题内容彰显强烈的情感价值。文章标题在微信公众号内容推送中意义重大，甚至能够直接决定传播的成败，因为新媒体用户是否点击进去阅读文章内容，其判断的依据就是标题是否对其构成吸引力，而这个判断就在一念之间，调动情感和情绪的力量就是一个有效技巧。从人民日报微信公众号的标题内容而言，有一个突出的表现就是注重情感和情绪的调动。人民日报考虑到读者在移动客户端的阅读体验不同于传统报纸的阅读体验，同时也为了适应碎片化阅读时代的便捷需求，微信公众号图文推送的内容与传统报纸有显著区别，标题中感叹号较多就是鲜明表现。作为样本的73篇文章标题中，共计使用42个感叹号，平均不到两篇文章标题中就会使用一个感叹号，甚至有的文章标题中连续使用两个感叹号。如“揪心！吕梁发生山体滑坡 9 人被埋”“最新！中国和多米尼亚建交”“再打虎！贵州省副省长蒲波落马”“你好！马克思”“霸气！中国男团世乒赛豪取九连冠!”等标题，感叹号的使用涵盖了各种类型的议题。感叹号作为一种有利于表达情感冲动的特殊情感符号，能够在更大程度上吸引读者的兴趣，具有更强的调动性。人民日报公众号的成功不仅依赖于党中央机关报的特殊地位，还得益于其运营方式的灵活多变。使用感叹号吸引读者，就是其灵活多变的表达方式的一种鲜明体现。

第三个典型特征是推送内容的图文结合度极高。人民日报微信公众号作为以推送政经重大新闻为主的公众号，与一些追求阅读量和眼球效应的自媒体公众号有着天壤之别，其中最大的区别就是人民日报公众号的新闻真实性有充分的保证，以图文结合的方式充分展现新闻事件，既是其顺应新媒体阅读的习惯，更是其追求的一个专业目标。人民日报公众号推送的新闻内容基本上都是实实在在的、党和政府重视、老百姓关心的重要事件，不仅文字表达朴实考究，新闻事件所配的图片也多来自人民日报及其官网和客户端等自有权威图片来源，充分将图片融入文字叙述之中，图文适配性强，结合度高，基本上在文章中见不到可用可不用的图片，凡是使用的图片均有其内在价值。依靠图文的高度融合，人民日报公众号更能调动广大受众的阅读热情和良好体验，从而达到传播致效的目的，潜移默化的影响读者的认知和态度，进而巧妙而有效地引导社会舆论。

（二）高频词汇及其典型特征

高频词在一定程度上能够反映微信推送文章内容的重点和某些特征。我们以人民日报微信公众号的 177 篇推送文章作为样本基础，对文章出现的高频词进行分析。结果表明，人民日报微信公众号特别重视党的建设，尤其是党内反腐败议题相关词汇集中出现，习近平总书记的系列重要活动相关词汇也是超高频词汇，此外有着鲜明的情感倾向的词汇使用较为频繁。以下进行具体分析。

第一，党的建设尤其是党内反腐败议题相关词汇集中出现。党的建设是中国共产党的重要工作内容，具体包括党的思想建设、组织建设、作风建设、纪律建设和制度建设等，作为党的机关报对党建这一核心议题给予了充分关注。党的反腐倡廉建设作为党的建设的重要内容同时又与百姓利益密切相连而备受瞩目。人民日报公众号推送的文章中，政治经济议题内容占比超过半数，而反腐议题的推送量则占据相当大的比重。举例而言，以“又一虎!”“再打一虎!”“打虎不止”“被双开”等醒目标题作为推送内容核心词的反腐消息推送在两个月时间里共出现 12 次。由于反腐倡廉作为党的十八大以来的重要工作，全国人民关注度很高，因此在人民日报公众号中自然具有较高的推送量。

第二，习近平总书记的系列重要活动相关词汇也属于人民日报微信公众号的超高频关键词。人民日报微信公众号推送较多的内容包括习近平总书记的系列重要活动，如 2018 年 5 月 4 日，习近平在纪念马克思诞辰200 周年大会上发表重要讲话，人民日报微信公众号就特别策划和推送了“纪念马克思，习近平这些金句振聋发聩”等一系列内容，并将党的建设融入文章叙述中。综上，“党建”“反腐”“打虎”和习近平总书记的系列重要活动相关词汇等属于高频关键词。这也体现出人民日报作为党中央机关报运营微信公众号的鲜明特色。

第三，有着鲜明情感倾向的词汇使用较为频繁。从高频词使用的总体情况来看，带有明确情感倾向的词汇较多。具体而言，积极的词汇，如民主、正义、自由等；消极的词汇，如警惕、敌意、反对等。在 2018 年4 月到5 月的时间段内，中美贸易战是一个重大国际事件。人民日报微信公众号推送内容紧密结合时事，与人民日报客户端配合推送相关动态内容。对于美国封杀中兴事件，推送内容中写道“我商务部：随时采取必要措施”，这种态度强硬的回应，明确将国家利益置于最高地位，充分体现了掷地有声、不容置疑的大报风骨。随后推送的“商务部出手，对美进口高粱实施临时反倾销措施”与“再反击！商务部对原产美国的这种商品实施临时反倾销措施”“刚刚，中兴发声：极不公平，不能接受!”，将态度与做法相结合，让受众第一时间了解到最新动态，“临时”“反击”“不能接受”等词汇与感叹号的结合使用，让受众充分感知这个事件的急迫与中国的愤慨，同时表明中国予以积极应对、强烈抗议的态度，情感倾向鲜明。在经过多方协调作用下，事态趋于缓和，推送内容变为“中美经贸磋商就部分问题达成共识，双方同意建立工作机制保持密切沟通”，并在文中提到了“坦诚”与“高效”。“共识”“同意”“坦诚”“高效”均属积极情感倾向的词汇，从而向受众明确传递出中美贸易的缓和信号。同时配图为中美两国的国旗前后飘扬，也在一定程度上反映出对两国友好合作与共赢发展的积极态度。

通过以上分析，可以看出人民日报微信公众号单图文消息内容的鲜明特点，其推送的内容丰富而又有轻重之分，标题偶有夸张而又引人注目，新闻视角敏锐而又紧联时事，叙事角度冷静而又有明确情感。这些方面形成了人民日报微信公众号与众不同的特色风格，为受众提供了一种新颖别致的新闻信息体验。人民日报微信公众号作为微信公众号中的佼佼者，有着得天独厚的优势资源和超强的内容制作团队。在传统媒体式微与转型困难之际，以人民日报微信公众号为代表构成的一批新媒体矩阵，肩负着引领中国媒体融合发展的重大任务。作为一个拥有独特话语权的微信公众号，它总能以第一手权威信息击中受众的痛感和神经，它的亲和力更屡次激发起受众的身份认同感。这也启发新闻资讯类公众号应该在保持优势的基础上，不断突出特色内容，进行更有效的内容产品运营，为受众提供更丰富的优质新媒体内容，从而在网络空间真正发挥新型主流媒体的主导作用。

第三节　移动互联网条件下的传播内容演变趋势

移动互联网条件下的媒介传播内容正在发生巨大变化，揭示其基本的演变趋势，有利于我们更好地应对移动互联网传播的未来格局。从总体趋势上看，传播内容的演变趋势包括：UGC 内容与 PGC 内容的融合共生趋势、图文内容与视听内容的融合叙事趋势、新闻内容与服务内容的融合发展趋势、内容生产的产品化及个性化传播趋势。

一　UGC 内容与 PGC 内容的融合共生趋势

在移动互联网条件下，传统主流媒体作为 PGC（专业生产内容）模式的核心生产力量，它们的内容生产力不但没有减弱，反而在不断加强。它们迅速转移了新闻战线，将更多的新闻生产力投向移动互联网场景，以顺应移动传播技术的发展趋势和新闻用户的整体迁移态势。如果说在传统互联网时代新闻媒体创办官方门户新闻网站是以高大全的目标为追求的话，那么在移动互联网条件下就需要以小而美、精而细作为内容生产的总目标。当微博、微信、客户端所谓的两微一端在移动互联网时代逐个引爆时，传统媒体从业者就需要摸清两微一端的内在传播机制及其特征，同时还需要深度了解和掌握移动用户的使用习惯和信息偏好，从而有的放矢地开展内容产品生产与内容形态创新。在当前已经火热且今后将日趋深入发展的人工智能、大数据、5G 技术等移动智媒技术融合发展的态势下，PGC 内容生产将更加依托技术力量来提升市场研判能力和内容生产能力。比如立足于人工智能技术的人机协同创作将大大超越今天的机器写稿状态，新闻内容的生产将变得更加智能化和人性化，新闻人将获得更大程度的解放，将日常的普通写稿任务交给机器人，从而专注于新闻内容产品的创新策划和具有更高难度的新闻创作。

从未来发展趋势看，传统媒体作为 PGC 主体生产力量不断增强的同时，UGC（用户自制内容）模式也正在得到全方位的释放，未来的用户生产内容将更加彰显其独特的价值。用户生产内容的传播作用将更加凸显，也成为移动传播新媒体的一个发展趋势。对于各种新媒体而言，如果说传统网络空间内用户自制内容的力量已经得到一定程度的发挥，那么其在移动互联网条件下必将得到更加全面、更加深入的发展。前述移动互联网信息传播的“便携”性、“移动”性和“全时空”性，这些特性使得移动互联网新媒体的用户拥有了随时随地自制上传图文内容和视听内容的便捷条件，而社会信息的日益开放自由则提供了良好的社会条件，年青一代对信息传播的个性化、开放式的追求恰恰提供了直接的主观条件。因此，今后的关键是探索更加有效的用户生产内容的机制与模式。从长远发展而言，不可能出现 UGC 内容生产取代 PGC 内容生产，也不可能出现 PGC 内容生产取代 UGC 内容生产，而是 UGC 内容与 PGC 内容的高度融合发展，两者彼此互动、协同合作、互为补充、共同发展，从而呈现一个更加全面而高效的新闻传播内容体系。

二　图文内容与视听内容的融合叙事趋势

移动互联网条件下的传播媒介的一大特征就是内容呈现方式越来越可视化。从受众的接受方式而言，图片和视频的表达方式比文字表达更加生动形象，更容易吸引广大受众，同时图片和视频的表达方式也更适合现代社会大众的碎片化与快餐式阅读习惯。从技术的角度而言，在移动智媒时代来临之前大众接受信息的方式普遍是通过报纸、广播、电视等传统媒体。报纸具有便携性但是不具备可视化的优势；电视可视化程度高，然而具有地点条件的局限；广播只能满足受众通过听觉来获取信息，完全不可视。然而以智能手机为代表的移动互联网时代的到来则综合了多种传统媒介的优势，做到了可视、可听、可读，技术条件的完备使得媒介所传播的内容越来越可视化，也更加符合受众在快节奏时代背景下的信息接受习惯。从当前短视频在受众市场的全面爆发就可见视听化的总体发展趋势。近年来，许多以短视频为主的移动应用客户端如雨后春笋般横空出世，仅 2017 年 7 月至 2018 年 6 月近一年间上线的短视频类 App 就有爱奇艺纳逗、小米快视频、360 快视频、迅雷、百度好看视频等十余款产品。随着短视频行业的爆发，短视频用户数量在快速增长，使用时长也在不断增加，这从侧面体现出短视频的碎片化时间消费动力之强，它完美解决了用户“见缝插针”的信息和娱乐需求。

在此背景下，中央电视台、新华社、人民日报社等权威媒体也纷纷瞄准移动短视频领域着力生产新闻短视频，意图抢占短视频市场，创造新的舆论阵地，更好地发挥社会舆论引导功能。从用户的使用体验而言，短视频内容带给用户的视听感更强、信息获取更有趣，在短时间内即可获得轻松愉悦之感，短视频正在逐步成为和移动社交一样的“刚需”。正是由于短视频的火爆，移动网民对手机流量的需求与日俱增，加上场景化传播技术的加持，带来了电信业等相关行业的发展红利。因此，从媒体内容生产供给和受众需求的总体趋势看，图文内容与视听内容的融合发展一定是未来的大趋势。对于传媒从业者而言，将可视化的特性与新闻相结合可以吸引更多的受众。此外，还有新闻图表的视觉内容形态的兴起，如人民网、搜狐新闻等新闻网将大量新闻以图表的形式呈现，利用图表进行新闻解读、数据展示、情景再现，对于提升新闻报道的传播力和影响力有着重要作用，特别是在缺乏新闻图片或仅用新闻图片无法充分表达报道主题的情况下，图表的优势便越发凸显，可视化图表新闻使得新闻不再枯燥，而是生动鲜活起来。总体而言，视听内容不断加强、图文与视听走向融合、碎片化内容与长内容协同共处，使得移动互联网用户的新闻信息获取行为更加人性化、多元化和理性化，这将成为移动互联网条件下传播内容演变的未来大趋势。

三 新闻内容与服务内容的融合发展趋势

移动互联网条件下的新闻传播形态变化可谓异常显著，形成了既不同于传统报刊、广播电视的新闻传播形态，又不同于传统门户网站时期的新闻传播形态。移动化、场景化、社交化、个性化、智能化、融合化成为移动互联网新闻传播的典型特征，基于这样的新闻传播内在特性，新闻媒体在内容生产层面发生天翻地覆的变化，不仅是针对移动互联网条件下的诸种新媒体产品形态生产新闻内容，而是要完全从新媒体产品的角度切入，重新思考和判断新闻内容生产的未来方向。按照学者彭兰的说法，新媒体产品包括接入产品、关系产品、内容产品和服务产品四个部分，这四个部分构成了合理的新媒体产品结构，从而使得内容产品有了一个持续发展的基础，而且内容产品的价值激发与转化往往也有赖于其他类型的产品才能更好实现。[①] 也就是说，新闻内容产品生产不再直接遵循单一的内容产品结构进行生产，而是要通盘考虑新媒体产品的各层面结构特征，既要考虑内容产品层面，亦需关照接入产品、服务产品和关系产品等其他层面。

新闻内容与服务内容的融合正是移动互联网条件下的一种传播趋势。移动互联网带来的用户使用习惯发生显著变化，获取新闻仅是移动终端用户诸种需求中的一种。对于新闻媒体而言，如果依然按照传统的新闻供应模式发展，将越来越失去用户黏性，媒体的社会价值将难以充分发挥。因此，必须立足媒体自身优势，在原有价值链基础上继续延伸价值，探索媒体其他功能的创新发展，其中新闻信息和服务信息的融合就是对媒体优势更大程度的利用。如浙江日报报业集团坚持“新闻＋服务”的媒体融合之道，推动自身从新闻到服务的融合扩展，面向智慧服务领域，通过用户数据库建设和服务模块构建，不断丰富融合发展内涵。浙江日报报业集团打造的钱报有礼官方网站，以“小电商，美生活”的定位推出八项垂直专业服务，旗下老年报致力于以社区服务为中心，提供多方

---

① 彭兰：《“内容”转型为“产品”的三条线索》，《编辑之友》2015 年第 4 期。

位养老配套服务，九家县市报引领的区域细分媒体探索社区化服务，并引入多元化公共服务和便民生活服务，实现对社区居民的深度需求满足。[①] 不同媒体在新闻内容和服务内容的融合发展上采取的策略不同，但毫无疑问的是，任何媒体都不能无视这种发展趋势，应该做的是挖掘自身优势和特色寻求最佳的结合点。

四　内容生产的产品化及个性化传播趋势

从移动互联网的发展趋势看，面向移动端的内容资源几乎可以覆盖传统网站的所有内容资源，面向智能手机等移动终端的内容生产变得日益重要，正在取代面向电脑终端的内容生产，个体用户的信息体验和需求满足将成为未来传媒发展的关键。因此，传统新闻媒体日益注重内容产品的创新开发，不断尝试通过新闻产品的重组和优化，为移动互联网用户带来更有创意的新闻产品。从用户的角度而言，移动终端产品应该追求的是尽可能降低用户有效获取信息的成本，满足信息需求的步骤进一步简化，移动化场景中的操作更加方便，唯有如此才能吸引并稳定一批真正的用户。因此，移动终端的新闻产品不仅应关注新闻产品本身，更应关注用户群体，强化移动终端的专业化服务，将自己的优质内容进行垂直分割，打造成用户喜爱的新闻精品。比如针对平板电脑的新闻类应用客户端，就是将平板电脑的传播优势和杂志深度阅读模式相结合，用类似杂志的电子阅读模式进行信息打包式传播，这有可能促进读者的深度阅读。[②] 因此在设计移动终端新闻产品时，还需要在充分继承报纸、杂志等传统媒体的“优质基因”基础上进行产品创新，而最终目标是最大限度地满足移动终端用户的信息需求。

在移动互联网时代，媒体需要不断拓宽内容产品创新开发的思路。这不仅意味着移动终端新闻产品的传播者要开发更加多元的内容产品，除了新闻内容产品之外，其他方面的内容产品也应当被纳入媒体产品生产体系中，同时还需注意实现多种内容产品之间的创新融合，从而达到内容产品多样化、个性化、多功能发展的良好局面。毫无疑问的是，未

---

① 徐园：《新闻＋服务：浙报集团的媒体融合之道》，《传媒评论》2014 年第 12 期。

② 彭兰：《媒体网站突围的四个方向》，《新闻实践》2013 年第 8 期。

来的移动互联网业务核心方向是移动电子商务和移动搜索业务，媒体内容产品生产体系要充分考虑这些因素，将适合的内容产品开发与之形成有效嫁接，从而寻求传媒内容产品开发的创新空间。在横向开拓发展空间的同时，也应该注重利用技术开发个性化服务，比如在传感器技术、数据“云计算”推送服务、GPS 定位技术平台的支持下，移动终端提供的产品不仅向移动互联网用户供应相关信息服务内容，而且还能实现基于不同位置向不同的移动互联网用户供应不同需求的信息服务内容。信息内容服务提供方可以通过对移动互联网用户数据的分析，形成对用户实时信息需求的判断，使每一个用户匹配下的位置信息均成为传播者提供个性化服务的重要依据，从而实现基于不同用户的个人场景需求来提供个性化的信息服务。① 总而言之，基于用户千差万别的信息需求来展开内容产品的创新，为用户提供量身打造的精准化内容生产服务，就能够顺应移动互联网条件下的个性化传播趋势。

① 彭兰：《媒体网站突围的四个方向》，《新闻实践》2013 年第 8 期。

第六章

移动互联网条件下的多元受众

随着移动互联网的深入发展，广大网民通过移动终端接入网络的频率不断提高，日益趋向普及状态。在移动互联网条件下，通常意义上的被动型受众正在最大程度地转化为积极用户的角色。在新闻传播过程中，受众获取新闻信息的方式更加多元，使用媒介的习惯也发生深刻改变，新闻传播效果的衡量标准也有必要进行重新调整。总而言之，受众角色正在悄然发生变化，然而不变的是受众对新闻信息日益扩大的需求。掌握移动互联网条件下的多元受众信息接触行为特征，对于接下来更好地提升新闻传播效果而言至关重要。

第一节　国内受众信息接触行为分析

本书通过问卷调查法，试图深入了解当下国内传播受众的信息接触习惯，尤其是掌握移动互联网条件下传播受众发生的系列新变化，从而为广大新闻媒体面向传播受众进一步调整新闻传播策略提供一定参考。同时，也有利于我们进一步掌握当前移动互联网受众的媒介素养情形，有利于更具针对性地提出受众媒介素养提升的有效方案。本书使用的调查问卷共设计相关问题 22 个，利用网络问卷平台“问卷星”设计和呈现调查问卷。问卷发放采用滚雪球的方式，选择著者所在高校来自不同省份的研究生，由他们通过自己的家人、同学、朋友等人际关系将问卷向自己所在的省份进行逐级扩散，从而获得多样化的受众填答问卷，最终回收有效问卷 1687 份，以下将对其进行详细分析。

一 国内受众调查问卷回收基本情况

从问卷回收基本情况看，被调查的受众性别结构方面，男性占比有三成多（34.26%），女性占比有六成多（65.74%）。被调查的受众现居住地方面，约八成受众（80.02%）居住在城镇，约两成受众（19.98%）居住在农村。

被调查的受众年龄分布上以年轻人为主。“90后”占据大多数，其他年龄段受众所占比重相对较小。具体而言，“90后”占被调查受众的比重达四分之三强（76.82%）；“00后”和“80后”占比基本相当，分别为8.48%和8.42%；“70后”占比4.33%；“60后”占比1.54%，60年代前生人占比0.41%。就移动互联网用户的媒介接触与使用实际情形而言，青年人尤其是“90后”受众本来就是移动互联网的绝对主力军。

被调查受众的职业分布层面，呈现多样化的面貌，受众涉及社会各职业群体，其中学生群体和公司职员/服务人员比重较高。具体而言，被调查的受众当中，学生身份的受众占比超过一半（57.79%）；居第二位的职业是公司职员/服务人员，占比超过两成（23.12%）；工人、农民、公务员/教师、自由职业者、个体户、离职退休人员及其他职业人员占比较少，合计占比约两成（19.09%）。

被调查受众的学历分布上以大学学历（含本科和专科）为主。大学学历以外的其他学历占比均较小。具体而言，具有大学学历的被调查者占比几近七成（69.95%）；研究生以上学历的受众位居其次，占比超过两成（20.57%），中学和小学学历的受众占比相对有限，比重分别为8.30%和1.19%。

针对以上问卷结果进行统计分析，有利于本书了解并掌握当前的多元复杂受众及其变化趋势，具有十分重要的参考价值。

二 移动互联网用户的新闻信息接触习惯

本书针对移动互联网用户的新闻信息接触习惯，将通过以下方面予以详细分析：每天上网时长、上网媒介、上网动机、具体上网行为、经常使用的视频类应用客户端、经常使用的音频类应用客户端、经常关注的新闻资讯类微信公众号、经常使用的新闻资讯类客户端、比较喜欢接触的新闻类型、浏览新闻的场所、浏览新闻的时长、接触新闻经常采取的互动方式、面对媒体信息偏差或错误的看法、在与网络主流观点发生冲突时的做法、在安全性和隐私保护方面的用户评价、对自身新媒体素养是否有必要提高的认知情况。通过对这些调查结果的分析，能够基本摸清目前移动互联网用户的新闻信息接触习惯。

根据调查结果发现，移动互联网用户的上网时长分布不均衡，受众每天上网多于2小时的占据绝大多数。具体而言，上网时长2—5小时的受众占比超四成（40.19%），5—8小时的占比超四分之一（26.32%），8小时以上的占比近两成（18.97%），与此同时，上网时长为1—2小时的占比一成（10.91%），小于1小时的占比3.62%，因此上网时长2小时以内的占比偏少，这恰恰说明绝大多数受众在拥有移动互联网的便利条件下，上网时长普遍较多。

就上网媒介而言，使用智能手机上网的用户比重最高，且远远超过使用其他各类媒介上网用户的比重。具体而言，使用智能手机上网的用户比重超过九成（94.43%）；与此同时，使用笔记本电脑上网的用户比重占到一半（50.68%），凸显笔记本电脑在诸多场景下仍有大量使用；使用iPad/平板电脑上网的用户比重亦达两成（20.04%），作为一种对手机起到补救性的新型媒介终端，依靠其强大的屏幕优势，在客厅、卧室等家庭场景中对用户触网习惯起到一定的形塑作用；此外，使用台式电脑上网的比重不足两成（18.55%），可见除了比较特殊的专业使用需求外，台式电脑的使用频率大大降低，主要是操作不便和反应较慢的弊端使然。随着移动互联网技术的飞速发展，传统的台式电脑日益被其他上网媒介尤其是被智能手机所取代。

移动互联网用户的上网动机相对多元，且呈现多种动机并存的明显特征。具体而言，持有休闲娱乐动机的用户占比居第一位，高达八成以上（85.89%），可见休闲娱乐功能对于移动互联网用户而言具有不可或缺的地位；持有社交沟通动机的用户占比居第二位，高达四分之三强（76.82%），反映了移动互联网用户的强烈社交需求；学习知识、了解新闻资讯、网购等生活服务方面动机的占比也相对较强，均占据超六成的比重，分别达到64.49%、64.08%、63.9%；此外，以工作需要为动机的移动互联网用户占比也超过了一半（51.27%）。

移动互联网用户的具体上网行为多元并存，呈现明显的多任务操作特征。具体而言，微信聊天、逛朋友圈行为占比最大，超过八成（82.1%），其次是使用搜索引擎，占比超过六成（62.89%）；浏览购物网站、浏览微博、收听收看音视频行为所占比重大体相当且均超过一半，分别为56.43%、55.96%、55.13%，由此也体现出购物、社交、视频等方面功能的旺盛需求；使用QQ聊天的移动互联网用户占比46.77%，从一定程度上而言，它已经被微信等其他新兴网络聊天工具抢占了用户市场；浏览门户网站也是部分移动互联网用户一直保持的习惯，这部分用户占比几近四成（39.54%）；此外，玩网络游戏亦是表现非常活跃的上网行为，比重高达三分之一强（36.28%）；浏览论坛的用户比重相对较低，仅有17.61%的用户依然保持浏览论坛的习惯，大多数用户均已远离浏览论坛的方式，转向浏览微博、微信朋友圈等方式。

移动互联网用户经常使用的视频类应用客户端，以商业性视频应用客户端为主，传统媒体类视频应用客户端的使用机会不多。具体而言，使用腾讯视频客户端最频繁，在移动互联网用户中占比最大，超过六成（60.23%）；其次是爱奇艺客户端，在移动互联网用户中的比重亦达一半（54.71%），远超排在其后的其他视频类应用客户端。哔哩哔哩、优酷、抖音占据的比重均在三成与四成之间，所占比重分别为39.36%、36.16%、30.17%，它们在移动互联网用户中表现出一定的影响力。此外，如搜狐视频、快手、央视影音、梨视频等视频客户端占比均为个位数，尤其是传统媒体类视频客户端在移动互联网用户中的影响力较小，这应当引起我们的充分重视，亟待做进一步深入调研并采取针对性的应对举措。

移动互联网用户经常使用的音频类应用客户端相对集中，多为音乐类客户端。具体而言，排在前三位的音频类客户端分别为网易云音乐、QQ音乐、酷狗音乐/酷我音乐，在移动互联网用户中的比重分别为61.83%、48.31%、32.01%，这三个客户端远远超过喜马拉雅、唱吧/全民K歌、虾米音乐、荔枝、蜻蜓等其他音频类客户端。之所以造成这样的结果，一个主要原因是音乐客户端背后的支撑平台实力的差异，网易云音乐、QQ音乐、酷狗音乐/酷我音乐分别依托于网易、腾讯两大互联网公司和国内老牌领军音乐平台酷狗音乐公司。面对音频类客户端被音乐“霸屏”的情形，亟待思考新闻资讯类音频客户端如何才能争取一定市场份额，必须直面移动互联网时代下的生存困境。从综合类音频客户端喜马拉雅、荔枝、蜻蜓占据的较低比重，可以窥见音频客户端市场生存之艰难。

就新闻类微信公众号而言，传统媒体和商业网络媒体的公众号均受到用户较多关注。特别值得一提的是，以人民日报为代表的传统媒体公众号引领了新闻资讯类微信公众号的整个群落。具体而言，人民日报微信公众号在移动互联网用户中占比超过四成（40.43%），明显高于排在第二位的腾讯新闻微信公众号的占比（36.99%），可见主打提供权威新闻资讯的新闻公众号影响力超过了依托大型商业网络平台的新闻公众号，侧面印证了移动互联网用户对高品质新闻的切实需求。此外，新浪新闻、今日头条等商业网络媒体与新华社、央视新闻等传统媒体占比大体相当，均超过两成。其余的新闻类公众号所占比重均低于两成，影响力相对较弱。

移动互联网用户对新闻资讯类客户端的需求情况呈现离散化特征。不同受众对新闻资讯类客户端的使用情形各有不同，其中没有安装新闻客户端的用户比重高达四分之一（27.86%），这说明有相当多的受众不太关注新闻客户端，尤其是在新闻信息获取方式异常丰富的今天，客户端模式受到一定的制约。腾讯新闻客户端获得超过四分之一（27.39%）被调查用户的关注和使用，而人民日报客户端和今日头条客户端均获得超过五分之一被调查用户的关注和使用，前者作为党媒类的权威新闻客户端，后者作为算法推送类的商业客户端，各有所长，都在广大新闻受众中具有非常广泛的影响力。其他的新闻类客户端的使用频率相对较低。

从移动互联网用户接触的新闻类型偏好看，较多接触的是社会新闻、娱乐新闻等软新闻，而政经新闻等硬新闻的接触偏好并不强。具体而言，社会新闻占据受众接触新闻类型偏好的首位，在被调查用户中占比高达六成（65.5%），居第二位的新闻类型是娱乐新闻，占比也达六成（61.11%），时政新闻、文化新闻两种新闻类型的受众接触程度大大降低，均不足一半，分别为47.95%和47.9%，财经新闻更是仅占两成（21.4%）。对于移动互联网用户而言，接触新闻的目的正在悄然发生改变，消遣娱乐功能作为新闻传播的副功能，至少作为非主要功能，已经在新闻用户中占据相对更重要的地位，主流政经新闻的地位已经大不如前。用户对新闻兴趣的改变，也对媒体从业者提出了新的挑战，需要他们不断反思并探索改进面向移动端的新闻传播策略。

移动互联网用户浏览新闻的场景比较多元，在工作、生活等不同场景均有浏览新闻的需求和习惯。具体而言，在被调查的移动互联网用户中，超过七成（74.04%）用户习惯在卧室浏览新闻，超过一半（54.36%）用户习惯在工作学习场所浏览新闻，超过四成（41.79%）用户比较习惯在乘公交等交通工具时浏览新闻，此外，有超三分之一（34.26%）用户习惯在家中客厅浏览新闻，接近三分之一（32.48%）用户习惯在上厕所时浏览新闻，另有近四分之一（24.78%）用户习惯在餐厅就餐时浏览新闻。由此而言，移动互联网对新闻传播业带来的一大变化就是新闻接触时间的碎片化，接触和浏览新闻对受众而言变成了随时随地的事情，完全打破了以往传统的、固化的新闻接触模式。

移动互联网用户的新闻接触时长情况较为分散，用户浏览新闻时长在10分钟至半个小时之间的占比最大。具体来看，浏览新闻时长在21—30分钟的用户占比最大，接近三成（28.1%），浏览新闻时长在11—20分钟的用户比重位居其次，占比超两成（20.98%），两者合计达到近一半比重（49.08%）。浏览新闻在其他时长的比重均相对有限，其中浏览新闻在60分钟以上的用户比重仅一成多（12.15%），由此说明绝大多数移动互联网用户浏览新闻花费的时间相对有限，影响因素是多方面的，其中很重要的一点是受众用于媒介消费的时间处于极度分散状态，兴趣点或关注内容日益多样化，如游戏、社交等方面占据受众很多的闲暇时间，用于获取新闻的时间自然就非常有限了。

移动互联网用户在获取新闻过程中的互动参与比较有限。多数互动只是采取简单点赞方式，而参与评论和转发新闻的概率相对有限。具体而言，在被调查的移动互联网用户中，从不参与互动的用户占比将近一半（48.13%），而在参与互动的用户中，采取简单点赞方式互动的用户占比四成多（45.23%），参与评论或转发新闻的用户占比不足三成，分别为27.45%和27.15%。从获取新闻的基本规律而言，点赞意味着用户持赞同态度或对该事实信息关注较多，转发意味着用户对新闻信息非常重视或引发了共鸣并希望该条新闻信息迅速扩散，评论则意味着用户转换了身份直接亮明自己的观点和态度，甚至成为新闻传播内容的有机组成部分。有的新闻用户获取新闻过程中不仅了解新闻内容本身，还经常浏览用户的留言和评论，以获取新闻之外的多元观点或其他信息。因此，需要进一步提高广大用户的参与意识，促进积极评论和新闻转发，实现新闻传播价值最大化。

移动互联网用户对媒体信息偏差或错误的态度是比较宽容的。具体而言，移动互联网用户面对媒体信息偏差或错误时，不要求更正但认为会影响媒体在自己心目中形象的用户比重接近一半（48.9%），认为错误在所难免但不影响媒体在心目中形象的用户比重达超过两成（21.58%），觉得无所谓、和自己无关的用户比重不足两成（18.97%），积极主动联系媒体发布方、纠正其错误的用户比重仅为一成（10.55%）。由此而言，对媒体信息偏差或错误采取宽容态度和无所谓看法的用户合计占比将近九成，真正在意或重视媒体信息偏差或错误的用户并不多。在一定意义上而言，用户对待新闻信息或媒体传播的实际态度以及互动情形，将影响媒体接下来的新闻生产，尤其是一定的“纠偏性”反馈和互动对新闻传播带来积极的正向作用，它能推动媒体不断增进新闻信息传播的准确性和严谨性。因此，应当积极采取多种手段，鼓励和支持移动互联网用户对媒体的信息偏差或错误进行反馈或纠偏。

移动互联网用户在与网络主流观点发生冲突时多数选择坚持自己的观点。具体而言，坚持自己的观点但不参与讨论的用户比重最大，超过一半以上（55.96%），在这种情况下，信息传播的实际效果或作用就非常有限了，而且用户不参与讨论就意味着将观点隐匿，这不利于信息反馈和后续传播行为；选择以主流观点做参考、修正自己观点的用户占比超过两成（23.83%），这类用户的做法相对理性，不仅有利于媒体信息传播致效，而且有利于培养更加成熟的积极主动的受众；坚持自己观点并参与讨论的用户比重为16.24%，这部分用户属于不易说服的有思想的受众；放弃自我观点、改为支持主流观点的用户比重仅为3.97%，这说明受众绝非“靶子”似的存在，缺乏自身思考或见解的受众数量是非常有限的。

移动互联网用户对新闻信息带给自身的影响是充分肯定的。具体而言，有六成多（62%）用户认为新闻信息改变了自身的思维方式；超过一半（51.81%）用户认为新闻信息改变了自身的知识结构；超过四成（41.02%）用户认为新闻信息改变了自身的生活习惯；超过三分之一（34.91%）用户认为新闻信息改变了自身的行为决策；超过三成（30.94%）用户认为新闻信息改变了自身的人生价值观；认为新闻信息对自身未造成任何影响的用户比例仅为12.51%。

绝大多数用户对移动互联网的安全性和隐私保护状况持不满意态度。具体而言，认为移动互联网的安全性和隐私保护状况一般的用户比重最大，高达45.94%，认为状况比较差的用户比重位居第二，占比超过两成（23.95%），认为状况非常差的用户占比超过一成（11.8%）。与持不满意态度的用户情况相对应，认为状况比较好的用户占比（12.63%）和认为状况非常好的用户占比（5.69%）合计尚不足两成（18.32%）。因此，八成以上用户对移动互联网的安全性和隐私保护状况持不同程度的不满倾向。这对移动互联网传播技术保障工作提出了不小的挑战，加强网络安全和隐私保护工作已经变得非常迫切。

绝大多数移动互联网用户认为有必要提高自身的新媒体素养。具体而言，认为非常有必要提高自身新媒体素养的用户占比接近七成（68.76%），认为有必要提高自身新媒体素养的用户占比超过四分之一（25.19%），两者合计超过九成（93.95%），而认为一般（4.68%）、不必要（1.07%）和非常不必要（0.3%）的用户比重合计仅占6.05%。由此可见，移动互联网用户对自身的新媒体素养是不满意的，他们希望自己的新媒体素养得到进一步提升。

第二节 国外受众信息接触行为分析

从全球移动互联网发展情况看，3G、4G网络的迅速普及与移动终端设备的推陈出新，为移动互联网行业发展提供了充足动力。如今的5G时代，移动互联网对社会的整体渗透和影响力更加强大。根据路透社发布的《2016数字新闻报告》显示，智能手机使用量急剧增加，占到全球样本量的一半以上（53%）。以移动智能手机为主要终端的移动互联网在全球已呈现普及态势，手机已经成为全球受众获取新闻信息的最主要设备。自2013年开始，在路透社持续调查的13个国家中，通过手机获取新闻的用户增长率一直都较高，来自几个主要调查国家的样本中使用智能手机访问新闻的比率每年都在迅速增长。就人口统计而言，各国呈现相似态势，年龄较小的群体对智能手机表现出更强烈的偏好，而年龄较长的群体对平板电脑和计算机更加青睐。平板电脑正在逐步取代计算机成为家中更灵活的上网设备，而智能手机既可以延长用户在家里的使用时间，又可以在移动状态提供无处不在的网络访问。因此，以手机、平板电脑为主的移动互联网终端设备成为继报刊、广播、电视、电脑之后获取新闻信息的新型终端。与此同时，移动互联网给国外传播受众带来了哪些变化？这也非常值得我们关注。囿于时间、精力和经费的限制，本书主要依托现有的受众调查数据，尤其是路透社的全球主要国家受众的研究数据作为重要数据来源，对移动互联网条件下的国外传播受众进行分析。接下来，主要从新闻获取途径、新闻内容类型、接触时间地点等视角看待移动互联网对国外传播受众获取新闻信息的诸方面影响。

一　国外受众获取新闻信息的途径

这里所说的获取新闻信息的途径是广义的，它泛指通过移动设备获取新闻的一切手段。根据路透社《2016 数字新闻报告》数据显示，在英国和丹麦，手机与平板电脑成为人们通勤时获取新闻的主要终端设备，尤其是手机的增长率在两年内表现得异常突出。当然，这种情况不仅发生在这两个国家，放眼全球，这种情况已经非常普遍。智能手机方便快捷且功能强大，使其越来越成为移动互联网用户在通勤时间获取新闻信息的最佳途径。

使用手机等移动设备获取新闻与非移动设备获取新闻的具体途径有所区别。移动设备与非移动设备获取新闻的途径相比，手段更加多元化，便捷性更突出。受众使用手机或平板电脑等移动设备，更多的是通过移动新闻通知、新闻聚合器、社交媒体、消息应用程序、电子邮件、智能手表、搜索引擎七种间接方式获取新闻消息。根据路透社《2016 数字新闻报告》数据显示，采用间接方式获取新闻的比例达到 65%，而直接通过新闻网站等方式获取新闻的比例仅有 32%。

（一）通过社交媒体获取新闻的情况

根据路透社《2016 年数字新闻报告》数据显示，发现在整个样本中，有超过一半（51%）调查对象表示他们每周都会使用社交媒体作为新闻来源。超过十分之一（12%）调查对象表示社交媒体是他们的主要新闻来源。从世界范围看，Facebook 是国外用户发现、阅读、观看和分享新闻的最重要的移动网络平台。在美国，与 2013 年的用户数据相比，使用社交媒体作为新闻来源的用户比例上升到调查样本的 46%，几乎翻了一番，欧盟也存在同样的趋势，调查对象中使用社交媒体获取新闻的平均占比也达到 46%。

根据路透社的调查数据，发现被调查的全球各个国家样本用户中，以社交媒体作为新闻信息主要获取来源的用户增长率几乎都在不断提高，呈现迅速增长的态势。由此而言，社交媒体作为一个强大的多功能平台，不断扩充着用户们的社交网络和其他更多元的应用服务，不再只是一个限于社交功能的平台，而是基于这个社交平台为用户开发了更多的功能。社交媒体所获得的“用户黏性”正在日益增强，因此支撑了社交媒体在新闻使用方面的用户增长率。

与此同时，不同年龄段人群获取新闻的主要途径呈现明显的差异。具体而言，在所调查的这些代表性国家里，相对年轻的群体更倾向于使用社交媒体和数字媒体作为他们获取新闻的主要途径，而相对年长的群体则更倾向于通过电视、广播和印刷品等传统媒体手段作为自己获取新闻的主要途径。其中，18—24 岁的人群中有超过六成（64%）认为在线新闻（社交媒体除外）以及大约三分之一（33%）认为社交媒体是他们获取新闻的主要途径，远远超过传统媒体阵营的广播新闻（4%）、印刷报纸（5%）和电视新闻（24%）。在年青一代的新闻用户看来，通过传统媒体获取新闻的途径正在渐行渐远，网络和新媒体对他们的影响力正在快速增长。

（二）通过新闻应用客户端获取新闻的情况

随着全球移动互联网的飞速发展，智能手机在家庭日常生活和信息交互过程中占据越来越重要的地位，日益成为数字传播时代的“中心型”媒介终端设备。从全球范围而言，智能手机带来的最重要的一个影响就是新闻应用客户端得以卷土重来，重新占据了新闻用户信息来源的重要地位。

根据路透社《2017 数字新闻报告》数据，发现在全球范围内的新闻应用客户端经历了基本停滞的一段时间之后，几乎在所有国家和地区的使用情况都出现明显回暖态势。表现最突出的是韩国，韩国通过新闻应用客户端获取新闻的用户比重呈现显著增长态势，其比重增长的幅度最大，从2016年的24%增长到2017年的33%，增长近十分之一（9%）；其次是美国，比重从18%增长到23%，增长了8%；最后是澳大利亚，比重从16%增长到23%，增长了7%。2017年，新闻应用客户端之所以卷土重来，这可能不是因为新安装用户的激增，而更有可能是现有应用客户端用户比以往使用得更加频繁。其中原因涉及两个起主要作用的关键因素：第一，更多新闻应用客户端发布商已启用与搜索、社交和电子邮件等其他应用程序的深层链接，用户黏性增强；第二，新闻应用客户端的移动通知和新闻提醒功能的普遍使用，使发布商能够持续吸引新闻用户的注意力，并将更大量的受众带回新闻客户端品牌中来。根据数据显示，2017年每周的新闻应用客户端使用比例都比2016年有明显增长，且增幅都维持在4%以上。

全球各个国家通过移动通知和新闻提醒功能获取新闻的用户比重均处于不同程度的增长状态。具体而言，根据路透社《2016数字新闻报告》数据可知，法国通过移动通知和新闻提醒功能获取新闻的用户比重从之前的6%提升到14%，整体比重增长了8%；美国则从6%提升到13%，整体比重增长了7%；英国亦从3%提升到10%，比重亦增长了7%。其他国家也均呈现较为明显的增长。通过移动通知和新闻提醒获取新闻逐渐流行起来，这与出版商的关系密切，各国的出版商一直在大力增加投资，将更多的新闻内容推向手机锁屏等移动场景之中，由此使得移动通知逐渐成为提醒受众新闻品牌相关性的关键方式，并得到新闻应用客户端的充分重视和普遍应用。实际上，除了新闻应用客户端开始注重新闻提醒和移动通知功能，全球主要社交媒体也开始对此进行关注，比如Facebook作为世界范围内影响力最大的社交媒体之一，也开始重视这一功能对受众的拉拢，并于2016年在美国推出了一项名为Notify的新服务，其主要功能就是用于汇总和简化新闻消息通知流程，其追求的目标是“小而美”，虽然经过一段时间的运营后宣告停止，但不失为一次有益的尝试。对于移动互联网用户而言，通过移动通知和新闻提醒功能获取新闻是一种人性化的方式，因此获得了一定的发展空间。从发展态势看，中国的移动新闻传播发展速度和质量丝毫不亚于美国等西方国家，无论是从5G技术的最新运用还是从人工智能技术融入新闻传播业的发展情况看，中国几乎与世界新闻传播业保持同步甚至有些方面处于领先水平。

（三）通过新闻聚合器获取新闻的情况

值得我们注意的是，基于平台的新闻聚合器已经在国外许多国家发挥重要作用，在欧洲地区尤其明显。比如葡萄牙的SAPO、波兰的Onet、捷克的Seznam、芬兰的Ampparit、瑞典的Omni、意大利的Giornali、、西班牙的Menéame等新闻聚合器。此外，亚洲地区的韩国Naver、日本Yahoo等新闻聚合器也成为新一代的新闻聚合平台，均在本国内产生很大影响。

通过路透社《2016数字新闻报告》数据发现，在英国、美国、澳大利亚等主要西方国家，新型移动聚合器在新闻信息传播领域有着重大社会影响。2015年在美国、英国和澳大利亚推出的Apple News就是新型移动聚合器的典型代表，它为多个品牌新闻来源提供各有特色的个性化界面，获得了大量新闻用户的青睐，甚至直接成为其他移动应用客户端的强劲对手，引发了社会广泛的关注和讨论。除Apple News之外，还有更侧重为年轻受众服务的Snapchat Discover、Flipboard、SmartNews等也表现出很强劲的发展势头。对于这种新型移动聚合器而言，用户使用信息的追踪和进一步应用成为探索的重点和难点领域，因为针对不同类型的用户需要提供不同类型的信息服务，这对移动聚合器的后台技术能力要求极高。目前来看，现有的新闻聚合器可分为两种，一种是类似Flipboard、Smart News等单纯的新闻聚合平台，另一种是类似Apple News、Google News、Snapchat Discover等综合性的新闻平台，新闻聚合仅是其信息服务的一个重要组成部分。虽然内容供应模式有所不同，但不论哪种类型，它们本身都是获取新闻的“目的地”，对即时新闻信息传播都有着强大的聚合能力，因此显示出强劲的增长态势。

根据路透社《2016数字新闻报告》数据，发现新闻用户通过新闻聚合器获取新闻的动因与社交媒体是不一样的，这有利于我们更好地理解移动互联网时代不同的主流传播形态和传播模式的优缺点所在。具体而言，比较简便地获取各式各样的新闻来源是人们使用新闻聚合器的首要原因，这是它明显优于社交媒体的地方，它在新闻用户中的比重显著高于社交媒体方式。聚合的核心动力就在于受众不需要在多个应用中来回切换就可以获得各方面的重要新闻，特别是使用手机在多个应用程序和网站之间很难快速切换，因此便利的一站式“新闻商店模式”格外引人注目。此外，新闻提醒功能和能够及时获取突发事件信息成为人们青睐新闻聚合器的另一个重要原因。

与此同时，我们还应注意到，新闻聚合器的传播方式也存在着一定的弊端。一些国家的新闻用户表示，他们通过新闻聚合器访问新闻时一般不会注意到信息来源于哪个特定新闻媒体品牌。可以这样理解，从新闻用户的视觉感官和信息接收的角度而言，他们看到的信息界面就是新闻聚合器，背后真正制作和生产新闻信息的新闻媒体界面是看不到的，新闻聚合器仅需要一般性的标注一下新闻来源即可，这对于新闻媒体的品牌宣传和媒体影响力提升而言自然难以产生作用。因此，从一定意义上而言，世界范围内的新闻用户普遍偏向使用新闻聚合器获取新闻，有可能导致新闻媒体品牌越来越难以获得用户的注意和认可，而大部分新闻信息可能会被聚合类平台廉价使用或无偿使用，这无疑对新闻媒体品牌推广带来更大的阻力，更不利于传统新闻媒体的发展，这需要新闻传播业界给予充分关注。

（四）通过智能手表及其他途径获取新闻的情况

2016 年，路透社第一次追踪了 Apple Watch 和 Samsung Gear 等智能手表用户的具体使用情况。这些智能手表设备与智能手机操作系统紧密关联，目前世界上诸多新闻媒体专门为智能手表平台开发了特定的产品和适配界面。到目前为止，虽然只有少数早期采用者在美国和欧洲购买了这些智能手表设备，但是作为更加便捷和贴身的新闻传播终端形态，它完全符合媒介人性化的演进趋势。

通过路透社《2016 数字新闻报告》数据发现，智能手表用户的媒介使用习惯更倾向于通过消息推送提醒的方式获取新闻，而很少直接访问应用客户端；在信息接触类型方面，更多的是接触新闻信息，其次是个人运动信息以及天气信息。具体而言，在智能手表用户中，通过新闻推送和提醒方式接收新闻信息的智能手表用户占比接近三分之一（32%），而通过直接访问新闻应用客户端的方式接收新闻信息的用户占比仅为 14%；通过信息推送和提醒的方式获取运动信息的用户占比亦为 14%，远超直接访问运动类应用客户端的用户占比（4%）；在天气信息获取方式上，通过信息推送提醒方式与直接访问天气类应用客户端方式的用户占比相当，分别占到12%和13%，没有体现出明显差异。

除智能手表外，还有搜索引擎、电子邮件等方式是移动互联网用户获取新闻的其他重要途径。随着移动互联网技术和移动网络终端设备的推陈出新，如今受众获取新闻的途径日益丰富，只要能为受众提供信息的一切传播设备和手段都可以作为我们的新闻传播途径。总体上来说，新闻获取途径离不开直接获取和间接获取两种方式。对于移动互联网用户而言，调查表明新闻用户更习惯通过社交网络、电子邮件、移动推送和通知提醒等间接手段获取新闻，这一定程度上说明获取新闻不是用户使用媒介的最直接目的，用户往往是在使用其他应用或媒介平台时顺便浏览一下新闻信息。一方面，这对于新闻媒体而言是一个值得反思的情况，因为这表明移动互联网条件下的新闻传播业出现新的变化，传统的直接新闻信息传播模式被打破，间接新闻传播方式更符合年轻人的新闻获取路径偏好，调查结果显示他们更愿意使用间接手段获取新闻。另一方面，这对于新闻媒体而言也将是一个新的发展机遇，新闻媒体需要顺应时代发展趋势，按照移动互联网的传播规律进行新闻传播活动，要充分重视和运用这些间接新闻传播方式。

二　国外受众获取新闻的内容类型与使用场景分析

研究国外移动互联网用户的新闻信息获取行为，还需要进行新闻内容类型分布和接收场景偏向等方面的分析，从而更好地摸清国外移动互联网条件下的多元受众特征，接下来将围绕这些方面做进一步分析。

通过路透社《2016数字新闻报告》数据发现，国外受众获取新闻的内容类型较为多样，但明显以新闻文章阅读形式为主。随着移动互联网的飞速发展和移动终端设备的普及，新闻的制作和呈现方式发生很大改变。在过去的几年中，国外较少有人倾向于直接查看网站主页的新闻标题列表，而是倾向于选择直接阅读文章和其他新闻类型。从调查数据看，虽然实时页面（15%）、条列式文章（13%）以及更多视觉形式如图片故事（20%）和新闻图表（8%）等新闻内容类型都有不同程度的体现，但是新闻文章类型仍然是受众获取新闻最多的内容类型，几乎有六成

（59%）受众偏好新闻文章的内容类型。

近几年，视频新闻在国外也有增长，但增长状态相对疲软，没有预期的那么快，这与国内的视频消费情形出现显著差异。从国外情况来看，新闻内容类型偏好方面竟然没有显著年龄差异，绝大多数年轻人也喜欢文字形式，这使国外视频新闻的发展雪上加霜。从内容类型发展趋势看，在线视频新闻确实作为媒体融合内容的一部分越来越受到重视，尤其在一些特殊事件报道中，视频形式为新闻报道增加了现场感和重要背景，并在一定程度上增加了内容的可信度。与国外情形不同的是，目前国内新闻用户的阅读习惯明显偏向更具视觉性的视频和图文信息，尤其是视频消费发展强劲。究其原因，主要有两方面的因素，一个因素是随着智能手机终端技术的发展，其所提供的传播功能越来越强大，为视频类的传播内容尤其是短视频内容的制作和传播提供了更简化的操作平台，使得普通用户使用和操作几乎没有任何障碍，加上各大媒体面向移动平台不断投入资金进行扶持，于是刺激了大规模视频类内容的集中爆发；另一个因素是伴随机器推荐和智能分发技术的成熟以及日渐普及的各种分发渠道，使得视频类内容分发效率大大提升。

可以看出，国内和国外在新闻内容类型方面存在不小差异。国外的新闻内容类型普遍保持原有的状态，新闻用户更倾向以图文为主的新闻文章，对新近发展起来的直播、短视频、H5 等内容类型反应并不强烈，因此这些内容类型发展后劲明显不足。而国内的各个移动新闻资讯平台都在广泛布局图文资讯外的富媒体内容形式，移动直播、短视频、H5、VR/AR 等技术形态更多地被用于内容产品生产领域，形成更加多元化的内容类型。从一定意义上说，这些新兴技术及其新传播形态的运用，为人们带来了全新的获取资讯的方式，促进了新闻资讯领域的技术升级，为新闻传播市场注入了新鲜活力，因此从总体上看是非常有利的。

通过路透社《2016 数字新闻报告》数据发现，数字新闻用户比传统新闻用户的新闻消费曲线更加平坦，即数字新闻用户与传统新闻用户相比，获取新闻资讯的频率更加具有稳定性。移动互联网的发展和新型移动终端设备的增长，正在改变最初的新闻消费曲线。具体而言，在早晨、午间和傍晚的时间段，获取新闻的用户人数较多，这些时段与传统广播电台、电视台传播信息的高峰时段也相吻合，这与该时段人们普遍处于工作之外的休息时间有很大关系，只是从曲线的整体走势看，数字新闻用户更多地使用移动互联网终端设备获取新闻，获取新闻的频率在这些时段都相对较高，且呈现比较稳定的新闻获取状态。

通过路透社《2016 数字新闻报告》数据发现，国外不同年龄受众获取新闻的主要地点情况呈“线性”分布，即随着年龄的增长呈现递增或递减的趋势。具体而言，习惯把家庭作为获取新闻主要地点的受众占比随年龄增加而增加，而且比重最低的 18—24 岁、25—34 岁这两个年龄段的受众也占到八成以上（84%），55 岁以上的被调查受众中占比更是高达 96%；习惯在途中或外面作为获取新闻主要地点的国外受众占比随年龄增加而降低，18—24 岁年龄段受众群中约三分之一保持着这种新闻接触习惯，55 岁以上受众群的比重则大大降低，占比不足五分之一（19%）；习惯在工作或学习地点作为获取新闻主要地点的国外受众占比随年龄增加也在降低，18—24 岁年龄段受众群中约有四成（39%）保持在工作和学习地点阅览新闻的习惯，55 岁以上受众群的比重约为一成（11%）。

我们看到，一些社会性因素和不同年龄群体的生活方式带来信息接触习惯的根本差异。年龄相对偏大的受众，其新闻访问地点更多的是在家里，如起居室和厨房，年龄相对较小的受众，其新闻访问地点更多的是在外面和工作学习场景。其中很大一部分原因是年长人群倾向于在家中度过更多时间，自然在家中获取新闻的概率更大，而年轻人更多的时间是奔波在外或者处于工作学习状态，因而呈现与老年人完全相反的情形。

总体而言，移动互联网条件下的受众信息获取方式正在发生巨大变化，通过移动端方式获取新闻信息正在成为移动互联网用户的常态。从习惯图文信息接受方式转向视频信息接受方式，从传统的报纸、杂志、广播、电视、电脑等固定的媒介形态转向智能手机、可穿戴设备等移动智能终端媒介形态，移动互联网用户的信息接受习惯与以往相比可谓天壤之别。我们观察到这样一种突出现象，即任何一种新媒介的诞生，都会带来受众群体的显著变化，进而推动整个新闻传播业发生新的变革。

以上着重分析了移动互联网给国外受众带来的获取新闻途径、新闻内容类型和使用场景等方面的变化。当然，移动互联网条件下的新闻传播形态对受众的影响不仅是以上方面，还包括受众的新闻信任度、内容满意度、受众与媒体间的关系、新闻付费行为、广告传播偏好、用户算法和编辑等，都值得我们进一步研究。

第三节　移动互联网条件下的传播受众演变趋势

移动互联网条件下，传播受众发生的变化有目共睹，而且今后将会发生更大的变化。摸清传播受众演变的未来趋势，对新闻传播业的发展而言至关重要。从目前来看，可以大体判断出传播受众存在如下几个演变趋势：基于场景的信息接触模式更加成熟、传播过程中的受众主体意识不断增强、多任务切换的行为习惯日益养成、受众新媒体素养将成为社会基本素养。

一　基于场景的信息接触模式更加成熟

移动互联网条件下的传播受众，在信息接触模式上与以往相比发生显著变化，其中最深刻的变化是基于场景的信息接触模式日趋成熟。场景已经成为移动互联网条件下各类媒体有效传播信息的重要因素。学者彭兰对移动互联网与场景的独特关系进行了清晰阐释，她指出“移动传播的本质就是基于场景的服务，即对场景（情境）的感知及信息（服务）适配，空间与环境、实时状态、生活惯性、社交氛围是构成场景的四个基本要素”①。对于移动传播受众而言，他们的信息接受和信息传播行为将深深嵌入移动场景的互动模式之中。相对于传统互联网时代而言，移动互联网时代的信息传播变得更加碎片化，具有更强的随意性，不仅体现在传播空间与环境可以随时进行转换，还体现在无处不在的传感设施与日益普及的可穿戴设备带来的实时信息捕捉和利用。此外，用户的社

---

① 彭兰：《场景：移动时代媒体的新要素》，《新闻记者》2015 年第 3 期。

交媒体使用数据分析也将在移动化社交时代变得十分关键。总之，移动化场景下的信息消费行为将全面普及，基于场景的信息接触模式将成为受众最主要的信息接触模式。

社会普遍性的场景化信息接触模式形成，就要求新闻信息服务的提供方必须致力于构建人性化的信息场景，同时还要积极与用户展开多元化的互动。媒体使用的“情景化”以及媒体使用的“个性化”成为移动传播者需要考虑的重要因素。目前，场景已经连同内容、社交、服务等因素一起成为影响媒体发展的核心因素，以传统媒体为主的内容生产者和传播者就应当主动适应移动化传播趋势，基于移动化场景的数据分析和趋势判断，从信息传播内容、社交氛围和相关服务等方面进行跟进并调整策略，不断设计出更多适应受众移动化信息接触模式的内容产品。与此同时，传统媒体要彻底告别“一对众”的线性传播思维，进一步加强与受众的互动式传播，精准判断受众的信息偏好，更加注重信息内容的质量和扩展内容的维度。从新闻传播的规律看，在移动互联网条件下，以往很多所谓的独家新闻成为只是首发阶段的独家，而且维持首发阶段的时间日益缩短甚至几乎为零，新闻资源的即时开放共享才是常态。因此，在制作精良内容并进行精准传播的基础上，扩展基于场景的多样化信息服务成为媒体未来发展的重要方向。

二　传播过程中的受众主体意识不断增强

移动互联网条件下，受众的主体性更加突出，其主体意识比以往任何时候都要体现得更加充分。在未来，受众主动参与新闻传播的意识将会进一步增强，他们借助移动终端设备和相关移动应用程序，利用“二次传播”的机制，将完美地实现从新闻传播的被动接受者到积极参与者的角色转变。作为二次传播的信息源，受众将原本媒体传播的固有信息和自主解读的主观信息一起“打包”传播出去，其在传播信息中的角色已经不是简单的普通“二道贩子”，经过“打包”传播出去的新闻信息发生了一定的改变，至少对原媒体信息进行了一定的改装。即便是做一些简单解读或者增添几点个人评论，都已经是对原新闻信息的形态和性质产生了影响。融入原新闻信息的受众主观意识或思想，进而可能会波及开来，甚至引发一场社会的舆论旋涡。因此，移动互联网条件下的受众通过“二次传播”的机制，随时随地参与新闻传播的过程之中，形成网络传播的一种新范式。

实际上，自从互联网诞生以来，伴随网络生长的受众就和传统媒体的受众产生天壤之别。互联网带来的民众赋权和自主参与模式，使得传统媒体构建的信息传播形态仅成为网络信息传播中的有机组成部分，而不再是信息传播的全部。广大网民对主动传播信息的渴望仿佛是无法满足的，从 Web1.0 时期的网络冲浪到 Web2.0 时期的自媒体传播，彰显了网民传播主体意识的充分觉醒，移动互联网时代则让这种受众主体意识提升到前所未有的高度。受众主动参与新闻传播的意识体现在方方面面，如移动微博平台中的话题热点探讨，虽然它是基于圈层化的传播模式，圈层中的意见领袖作用依然强大，所谓的“去中心化”的传播模式从传统的“中心化”的传播模式衍变为“多个中心”的传播模式，普通网民的话语力量在强大的意见领袖面前依然显得非常弱小，但是他们的自主参与心理和积极参与意识越来越强，这成为移动互联网条件下日渐显著的变化趋势。

三　多任务切换的行为习惯日益养成

移动互联网技术对新闻传播领域带来的影响是多层面的，从传播者、传播媒介、传播内容到传播受众、传播效果等因素均受到不同程度的影响，其对未来的移动互联网受众的网络行为习惯更是带来一种根本性的改变。众所周知，在移动互联网技术普及之前的阶段，网民的触网行为基本只能发生在固定的场景，面向固定的台式电脑等笨重的上网设备，即便是稍显轻便的笔记本电脑也在一定程度上对受众的自由上网构成诸多限制，由此带来相对固化的网络使用模式及习惯，网民的新闻信息接触行为自然也缺乏灵活性和多样性。尤其是 Web1.0 时代的网民只能选择相对简单化的网络冲浪模式，各种浏览器和门户网站就是广大网民主要的信息接触界面。由于信息传播技术的限制，网民无法形成随时随地、灵活多样的信息接触行为模式，但是到了移动互联网时代，这种局面得到了根本改变。

移动互联网技术的发展速度惊人，尤其是 5G 技术和人工智能、大数据技术的“集成式”发展，使得整个网络信息传播格局出现前所未有的变化。身处这个移动传播新时代，传播受众朝向“移动人”的方向持续转型。所谓“移动人”，可以定义为信息接触行为主要发生在移动状态的传播受众，其产生的基础正是移动技术带来媒介的根本形态变化，传统受众从报纸的读者、广播的听众、电视的观众、网站的冲浪者转变为“移动信息人”的新型受众。移动信息人的角色将在移动智媒技术的影响下日益深化和复杂化，最终形成一种多任务自由切换的信息行为模式，借助场景传播的优势和人工智能的加持，移动人将更充分地享受移动互联网带来的便捷和高效，从而逐步摆脱“低头族”“手机控”“手游迷”等不可控现象带来的过度损害。多任务自由切换的信息行为习惯之养成，除了依靠技术进步以外，还有赖于受众的新媒体素养进一步提高。

四　受众新媒体素养将成为社会基本素养

移动互联网的飞速发展，为受众带来了丰富而多元的移动传播媒介，但是如何正确认识和有效使用移动传播媒介，使其“为我所用”的同时避免其带来负面效应，这就需要受众具有更高的媒介素养。在移动互联网条件下，信息传播技术瞬息万变，每隔一段时间就会有一种新的媒介诞生，而每一种新媒介的出现，对于受众而言都会带来一种新的媒介使用体验和不可避免的负面效应，这就需要受众规避一定的传播风险。比如 iPad 平板电脑诞生之初带来颠覆性的使用体验，让诸多用户爱不释手，尤其是广大青少年沉浸在“完美”的虚拟游戏中不能自拔，带来严重的网络沉溺现象。因此，随着移动互联网技术的加速迭代，受众对移动传播媒介的正确认识和有效使用，自然就成为今后亟待解决的一项突出议题。

与此同时，从一定意义上而言，移动互联网条件下的受众也越来越具有传播主体身份及传播权，由此也对受众的新媒体素养提出了更高要求，亟待将新媒体素养提升到社会全体公民的基本素养之列。从技术层面看，在移动互联网技术不断发展过程中，各种社会化媒体、自媒体平台使得受众成为传播主体的机会不断增加，但是从媒介素养层面看，当前受众的整体媒介素养参差不齐，受众作为传播者在网上发布的信息内容依然存在低俗媚俗、博人眼球、恶意传播、虚假信息等不良现象，严重影响了移动互联网传播秩序。与此同时，还存在一种不容忽视的现象，即某些信息提供方往往把用户信息作为交易对象，与其他商业利益和社会活动相联系，可能造成用户的隐私泄露。因此，在对受众隐私信息进行合理保护的同时，应大力提升受众自身的网络安全意识，对受众进行更有力的正向引导和新媒体素养教育，最终将受众的新媒体素养提升为社会全体公众应普遍具备的一种基本素养。

第七章

移动互联网条件下的媒体应对策略

移动互联网发展的突飞猛进，既为媒体行业带来崭新的发展机遇，同时也带来了前所未有的严峻挑战。广大新闻媒体作为新闻内容的主要提供方和传播者，需要遵循移动传播规律，针对转型发展中面临的各种问题，从多个层面采取积极的应对策略，才能真正融入这个移动互联网时代，进而开创深度融合发展的良好局面。本书主要使用深度访谈法，通过对代表性的新闻媒体各层次从业者进行访谈，获取来自媒体一线的经验、认识和判断，进而结合有关理论对媒体应对策略展开探索性的研究。

总体而言，新闻媒体要实现移动互联网条件下的成功转型与融合发展，自身需要克服的难题有诸多方面。媒体宏观管理体制问题、媒体内部管理机制问题、新媒体生产机制与生产流程问题、用户思维和市场导向问题、新媒体人才引进与培训培养问题等是最关键的几个问题。如果这些问题不能得到有效解决，新闻媒体在移动互联网条件下的转型发展困境就难以真正突破和改观。这些问题涉及新闻媒体的宏观、中观和微观等全部层面。针对这些问题，本书提出相应的对策和建议：进一步改革现行媒体管理体制、加强与完善媒体内部管理机制、改革新媒体生产机制与优化生产流程、强化新媒体生产的用户思维和市场导向、引进新媒体人才及完善人才培训培养机制。通过采取以上对策及具体举措，全方位提升新闻媒体在移动互联网时代的传播力和影响力。

第一节　改革媒体宏观管理体制

中国“事业性单位、企业化管理”的媒体管理体制由来已久，这一管理体制在当前飞速发展的移动互联网时代，已经明显不适应媒体发展的实际情况，诸多方面弊端展露无遗，亟待进行合理、适当的调整，从而进一步理顺媒体管理体制。

一　现行媒体管理体制存在的问题

自从1978年财政部批准《人民日报》等八家新闻单位实行企业化管理开始，“事业性单位、企业化管理”就成为中国基本的媒体管理体制。这种双重属性在国家从计划体制向市场经济转轨过程中起到了重要积极作用，使得媒体生产力得到了巨大解放，整体性的带动新闻媒体蓬勃发展起来。但是，事业属性与企业属性混合一体的模式，使得界限不清与权责不明造成的弊端也由来已久。现行的管理体制对于新闻媒体而言，一定程度上形成长期的制度保护，使其从传统传播格局中的垄断性经营转向移动互联网时代的全面竞争过程中，表现得难以适应，这种管理体制对媒体发展而言甚至构成一定的制约。时任河北广播电视台新媒体中心主任王景瑞认为“媒体转型发展需要经历一个痛苦的过程。过去我们习惯了垄断经营模式，广播电视属于垄断的行业，现在奔向移动互联网时代，而移动互联网本来就是从市场上做起来的，我们做垄断行业的重新进入市场，面临的困难是巨大的，包括体制机制、人员、技术等多方面都要转变。传统媒体运营新媒体受到的约束也比较多，一方面必须严守宣传纪律，正能量、主旋律的内容生产永远是我们的核心任务，绝不允许为迎合受众去做触碰红线的内容，另一方面还必须去适应市场以谋求生存发展。市场上的那些新媒体公司竞争优势很大，他们有灵活的机制，人员机制、投融资机制等都很灵活，风险投资可以自由进出，支撑着它们占领传播科技的领先地位，与他们竞争，我们自然陷入被动局面”。[①] 总而言之，现行媒体管理体制对媒体转型发展形成了不利影响。

---

① 整理自时任河北广播电视台新媒体中心主任王景瑞接受访谈的相关内容。

正是囿于多年推行的“事业单位，企业化管理”的媒体政策因素，中国传统媒体在“特殊产业”的属性制约下，缺乏市场竞争性和生命力，造成了一种体制内是媒体、体制外才是产业的局面。尤其在今天的高科技、高资本支撑的媒体竞争市场中，传统媒体处于非常不利的情形。时任河北日报副总编辑赵兵认为传统主流媒体难以做成平台型媒体的主要原因就是管理体制的限制，“由于体制上的制约，目前全国主流媒体没有哪一家真正做成平台型媒体，而只能做媒体型平台。像今日头条、抖音等本身是社交型平台，聚拢用户后就可以变成媒体型平台，能够满足用户娱乐、社交和新闻等全方位需求，充分体现媒体传播功能。搭建社交平台，传统媒体在技术和创意层面都没问题，做一个新闻聚合平台并不难，难的是其运行需要持续注入资本。传统媒体本身基本没有如此庞大的资金，现在的管理体制限制了媒体融资，社会资本不能进入就不可能做大，就算媒体做大也不允许上市，从而难以形成在传媒市场上的竞争优势。资本制约的背后实际上是体制的限制，这也是国内主流媒体没有一家能做成平台型媒体的主要原因。”①

传统新闻媒体在此情况下就会处于被动的局面，因为新媒体的发展需要高度的资本和技术依赖，传统媒体在投融资层面一直处于非常被动的局面，特别是与作为互联网技术领头羊的百度、腾讯、阿里巴巴等技术平台公司展开合作的时候，表现出缺乏资本实力、整合规模以及竞争砝码，尤其是在资本和技术层面存在的天然劣势，可能导致先天不足的传统媒体变得更加被动。② 倘若不与这些互联网技术平台公司合作，就没有快速转型发展的可能，而寻求合作中其所处的明显劣势地位又将带来其他方面的隐忧。

此外，过去管理传统媒体的法律法规、政策纪律等制度规定，对于媒体融合发展而言，有些方面已经不能适应当前局面，已经不能有效解决媒体融合过程中不断出现的新问题，如新闻寻租、内容产权保护等，这些都有待进一步加强法律和制度建设，及时进行纠偏和调整，才能保

---

① 整理自时任河北日报副总编辑赵兵接受访谈的相关内容。

② 朱剑飞、胡玮：《唯改革创新者胜——再论媒体融合的发展瓶颈与路径依赖》，《现代传播（中国传媒大学学报）》2016 年第 9 期。

证媒体融合发展的正确方向。[①] 现行的媒体管理体制对传统媒体转型带来的制约因素越多，媒体内部的活跃机制就越不容易被有效激活，新媒体产品生产遇到的梗阻就越大。因此亟须进一步调整和变革现行的媒体管理体制。

二 进一步改革现行媒体管理体制

从中国的国情和媒体管理现状而言，传统媒体转型的成败与新媒体产品生产力的强弱有关，也与媒体管理体制改革的程度休戚相关。在媒体管理体制层面，只有在保持底线的前提下不断推进改革与创新，不断探索新的媒体发展模式，才可能实现传统媒体的成功转型。从当前中国媒体管理体制改革进程而言，虽然制约因素广泛存在，但整体改革的势能已经形成。无论传统媒体当前面临什么样的难题，都必须顺应移动互联网传播规律和媒体融合发展规律，推动体制改革创新。要在媒体深度融合发展过程中不断探索构建适合中国国情、有中国特色的媒体管理体制。[②] 只有从媒体管理体制层面进行一定的改革与调整，才能进一步解放传统媒体生产力，而且这种改革可以探索性的开展。时任湖北广播电视台长江云总编辑邓秀松谈及当地媒体的一种改革探索方式，“对于地方媒体的转型发展而言，需要在媒体管理体制上有所转变。管理体制上要打破一些部门之间的鸿沟，进行有效的资源整合。还需要一种政策支持机制，主流媒体很大程度上承担着政治责任和社会公益责任，这个层面应该通过政府购买方式，由国家财政给予全部支持，且不允许搞广告经营、投向市场或商业运作。与此同时，也不能因为这一点就把媒体管死，还要让媒体有一定的发展空间，也就是要有一个完全的市场业务部分来发展第三产业，做出经营业绩来谋生存。湖北省已经有了部分探索，湖北襄阳市就赋予了主流媒体‘一类公益单位的保障，二类事业单位的机制’，一类是由政府全面财政保障，二类是在部分领域可以从事经营，这个政策支持机制比较合理。此外，主流媒体严重缺乏技术人才、创意人

---

① 蔡雯：《媒体融合：面对国家战略布局的机遇及问题》，《当代传播》2014 年第 6 期。

② 严三九：《中国传统媒体与新兴媒体融合发展的现状、问题与创新路径》，《华东师范大学学报》（哲学社会科学版）2018 年第 1 期。

才和新媒体运营管理人才，并且很难招募这些人才，需要政府部门想办法给予人才养成的支持机制，比如采取事业单位编制的管理机制留住人才，提高主流媒体人才的忠诚度”①。

市县级媒体的转型发展，更需要从媒体管理体制改革层面着手，才能解决它们面临的各种棘手难题，尤其县级媒体在建设融媒体中心的过程中受到的限制更加明显。正如时任石家庄藁城电视台新闻中心主任郭继聘所言，“县级媒体需要管理体制上的调整和支撑。融媒体中心建起来相对简单，但是真正发挥作用还需要人事、体制方面的改革，尤其需要达成人、财、物的聚合。县级媒体存在一种普遍的情况，即正式员工年龄老化、知识结构不合理，根本做不了新媒体，但是政策不允许雇用临时人员，导致年轻人特别缺乏，加上考核机制不合理，大锅饭现象普遍，利益分配难以平衡。从一定意义上而言，县级媒体不是纯粹的媒体，它更像事业单位，电视台在县级层面就是职能部门，是辅助中心工作的，一方面是基层意识形态控制需要整体加强，另一方面是老百姓对本地新闻和信息服务也有很大需求。县级媒体发展的最佳模式就是回归财政体制，政府给予全面支持，同时给予公共资源方面的支撑，只有如此才能办活县级融媒体”②。

通过理顺媒体管理体制，提高管理的科学化水平，对网上网下、不同业态进行科学管理、有效管理，“统一管理度量衡”，使传播秩序更加规范，尤其是给传统媒体创造一个与网络媒体平等竞争的环境，有效推动媒体资源整合与优化资源配置，解决功能重复、内容同质、力量分散的问题，通过资源和技术的整合实现整体转制，利用技术革新、内容创新、模式更新的媒体融合优势，从根本上解放媒体生产力，真正起到引导舆论方向、传递主流声音、宣传主流文化的阵地作用。③ 管理体制理顺之后，传统媒体才能将融合转型事业更顺畅的付诸实际，进行更多优质的新媒体产品生产，完成传统媒体的传播使命与任务。尤其是在市县级

---

① 整理自时任湖北广播电视台长江云总编辑邓秀松接受访谈的相关内容。

② 整理自时任石家庄藁城电视台新闻中心主任郭继聘接受访谈的相关内容。

③ 朱剑飞、胡玮：《唯改革创新者胜——再论媒体融合的发展瓶颈与路径依赖》，《现代传播（中国传媒大学学报）》2016 年第 9 期。

融媒体建设方面，更需要从管理体制上推动省、市、县各方面资源有效配置与整合，尤其是发挥省级媒体平台的支撑作用，如时任湖北广播电视台长江云总编辑邓秀松所言，“湖北省区域内的县级融媒体中心建设得到了长江云的全面支持，长江云作为一个省级支撑平台，不单纯是中央要求的作为县级融媒体的技术平台，而是从内容、运营、技术等层面对县级融媒体进行全面支撑。它服务的是整个区域内的媒体，带动省内各级媒体形成一盘棋，实现全省媒体大融合格局，包括平面媒体、广电媒体和传统网站，甚至还有政府部门的新闻中心、政府网站等。它利用集约机制激活了资源优势，有效解决了中西部地区尤其是一些基层市县媒体面临的资金、技术和人才短板等难题”①。

省级层面进行的媒体资源配置方式改革，可以发挥省级媒体平台对市县级融媒体的支撑作用，倘若所有省级媒体平台都能有力推进改革，就会带来全国媒体融合事业的全面发展。省级层面采取举措具有重要意义，如时任长城新媒体集团大数据产品部首席舆情分析师曲微微围绕河北省的情况所做的分析，“河北省地域广阔，市县较多，县级融媒体建设的体量很大，但全省财政投入比较有限，需要省级层面进行统一管理和集约建设。长城新媒体集团通过搭建省级层面的‘冀云’平台，承担省市县三级宣传网络和融媒体平台的建设，为其提供可直接使用的软件资源和信息服务，市县媒体只需搭建一个硬件空间或物理场景，就可以借助冀云平台生成自己的端口，节约了人力和资金成本。还可以自行设置和拓展应用，立足本地服务和政务服务，形成本地客户端，大大提升县级融媒体引导群众、服务群众的能力”。②

就媒体业界展开的实践探索而言，媒体管理体制改革的相关办法和路径还有很多。由于中国幅员辽阔以及各地媒体发展情形存在差异，因此需要各地媒体从自身的实际情况出发，积极探索媒体管理体制改革，真正释放传统媒体的生产力，推动传统媒体在移动互联网时代实现顺利转型和融合发展。

---

① 整理自时任湖北广播电视台长江云总编辑邓秀松接受访谈的相关内容。

② 整理自时任长城新媒体集团大数据产品部首席舆情分析师曲微微接受访谈的相关内容。

第二节 完善媒体内部管理机制

移动互联网条件下，传统新闻媒体在融合发展的过程中，内部管理机制层面出现种种有悖于媒体转型与融合发展的问题，表现出内部管理机制的不顺畅和不完善。因此，只有“刀口向内”，不断改革媒体内部管理机制，才能有利于传统新闻媒体真正实现媒体融合发展。

一 媒体内部管理机制存在的问题

相对于媒体宏观管理体制，媒体内部管理机制对传统媒体能否顺利转型和融合发展的影响更加直接。这里既包括媒体组织架构调整与决策机制层面，也包括新媒体评估监管体系与内容产品评价激励机制层面。尤其是国内经济相对落后地区的媒体或者一些地市级传统媒体的转型发展比较缓慢，其自身在理念、资本、技术、运营等方面频频受到制约。[①] 在这些因素的共同作用之下，传统媒体的融合转型问题在各个环节相互掣肘，难以实现真正突破。导致这些因素产生的深层原因就是媒体内部管理机制的不顺畅和不完善。

从媒体组织运行结构的角度而言，传统媒体机构尚未建立起主动适应新媒体市场的组织结构。中国传统媒体的组织形式是按照工业化时代大规模集中生产的逻辑建立的科层制结构。[②] 但是，在当前移动互联网条件下，传统媒体要想真正实现融合转型与新媒体产品优化生产，需要的是打破这种僵化迟钝、层层管理的科层制结构，寻求组织架构上的根本性转变，而这本身就是一场利益重新调整和分配制度的彻底改革，需要打破以往那些不适应甚至阻碍改革发展的一系列旧思维和旧痼疾，如“重采编、轻经营、无管理、无技术”的发展理念，“大锅饭式”的平均主义，人才难以市场化，长期激励机制缺失等。[③] 因此，打破组织结构上的传统科层制，采取扁平式的组织结构，可能更有利于传统媒体实现转

---

① 黄楚新：《中国媒体融合发展现状、问题及趋势》，《新闻战线》2017 年第 1 期。

② 宋建武：《媒体融合时代的创新》，《新闻与写作》2014 年第 8 期。

③ 郭全中：《传统媒体转型的五大逻辑》，《新闻与写作》2017 年第 5 期。

型，也更有利于新媒体产品的创意集成和优化生产。

从媒体管理思维角度而言，传统媒体管理在“媒体”思维与“产业”思维的融合上做的功课还不够多，效果还不够明显。中国传统媒体当中，有部分媒体的转型发展缺乏“产业”思维引领和驱动，一方面受行政力量的驱动进行转型，另一方面向大而全的方向铺摊子，于是两微一端成为融合发展中的“标配”，然后紧跟新媒体形态的发展不断延伸和扩展，运行效果、市场效益、用户管理、社群经营等似乎并未得到充分考虑。很多媒体运营者存在融合发展策略的认识误区，缺乏从媒体思维向产业思维的转化与融合，这个问题如果不能得到根本性的解决，仅靠强行推动融合发展，将会出现效果上的不足与媒体资源的极度浪费。[①] 由此看来，管理思维不变，不但不会出现资源节约和高效生产态势，反而可能进一步影响传统媒体原有的传播力和影响力。

从媒体产品生产的业务管理层面而言，诸多媒体机构对新媒体产品生产和传播业务不够重视。他们往往只是将推进媒体融合当作一项政治任务来完成，缺乏深入考量并自我设限，依然是将传统的新闻产品生产与传播作为主体业务，而面向新媒体的新闻产品生产与传播仅成为一种补充性的次要业务，没有充分顾及媒体融合的真正内涵和诉求，缺乏对新媒体业务的同等对待。正是因此才导致传统媒体机构对新媒体的重视往往停留在口号上和文件里，难以在实际操作层面和业务管理层面真正贯彻落实，甚至有的媒体机构对新媒体的运营管理基本上遵循传统媒体管理的老路，其传统保守的思维观念完全跟不上新媒体发展的节奏，并未注重媒体融合发展的规律，而是付诸条块分割的管理方式。最终造成媒体资源仍然集中于传统新闻传播业务，新媒体业务的应用和拓展大大受限，新媒体部门只能在媒体机构中居于一种附庸的地位。[②] 正是由于这些媒体在业务管理层面的偏狭和产品生产主导方向的偏差，导致新媒体产品生产严重缺乏内部驱动力。

从当前中国传统媒体探索融合发展的总体实践情形而言，诸多媒体

---

① 严三九：《中国传统媒体与新兴媒体融合发展的现状、问题与创新路径》，《华东师范大学学报》（哲学社会科学版）2018 年第 1 期。

② 谢新洲：《我国媒体融合的困境与出路》，《新闻与写作》2017 年第 1 期。

并未做到全面而有效的执行，往往只是完成了部分任务，将媒体的“合”做得比较充分，但离媒体的“融”却相去甚远。“融”也并非指的是几个传统媒体结合起来就可以，对新媒体产品生产业务的投入和产出情况，以及与其他新媒体机构或互联网公司协同合作情况，这两个层面才是“融”的关键。由此而言，只有采取主动融合、深度融合乃至跨界融合，才可能破解融合难落地的问题。融合绝不仅是几个媒体简单合并到一起，正如时任河北广播电视台副台长王剑挺分析广播电视台自身融合问题时所言，“对于河北广播电视台而言，广播台和电视台机构合并了，人员调整也挺大，但目前看主要是机构层面的调整，业务融合并不是太多，物理融合多，化学反应少，也还没有完全建成融媒体全流程（中央厨房式）的生产机制。而且还应反思的是，单独的报社或单独的广播电视台内部尚且做不好媒体融合，让一个报社和一个广播电视台合并就能做好融合吗？融合指的是传统媒体与新媒体融合，而不是两个传统媒体融合，不是按照过去的老思维合并，几个传统机构并到一起‘归大堆儿’，这绝非媒体融合的本意。而且将几个主流媒体机构合并到一起，这个未来会怎么样、运行效果如何，还有待观察”①。

传统媒体的决策机制也存在不够科学的地方，主要体现在媒体管理层在有些决策上仍不够理性，不能紧密结合客观实际采取恰当的决策措施。总体来看，很多传统媒体貌似将转型发展的工作摆在了突出位置，做了很多融合探索的举措，但是在媒体融合发展的关键环节或业务上往往并未形成科学的决策，在对待媒体融合发展中的轻重缓解事务上有时候难以清晰辨识与处理，在面对资金缺乏、技术薄弱等发展中的关键棘手难题时往往缺少有效的解决办法和发展思路。尤其是多数传统媒体均面临资金投入不足的问题，管理层在这个问题上就难以形成科学有效的决策，比如面对更新技术设备的问题，一般很难决定专门拿出一大笔资金用于购买那些昂贵而必需的新媒体设备，正如时任浙江工人日报新媒体部副主任张永炳所谈到的情况，“与市场上的新媒体公司相比，传统媒体的新媒体技术应用情况要明显落后，最根本的原因是传统媒体很难拿出大量资金去购买所需设备。新媒体设备更新换代很快，尤其像 VR 等高

① 整理自时任河北广播电视台副台长王剑挺接受访谈的相关内容。

端设备价格还特别贵，一般媒体不会考虑购买。现在有些媒体虽然买了机器人、VR 设备等，但是一般只在两会等重大活动才用，原因之一是这些设备的日常维护成本很高，甚至有些技术还需要 5G 等其他技术的支撑，要耗费大笔资金。要使这些新媒体设备真正运转起来，还需要专业技术人才，而聘用技术人才的市场价格都很高，比如 IT 行业的市场工资就远远高于媒体行业工资，一般媒体不可能做到支付同等薪酬”①。

有些传统媒体机构面对媒体融合的发展趋势，决策上不够积极主动，内部管理机制缺乏灵活性和应变力，还有的缺乏想办法、破难题、谋思路的管理气魄和管理能力，这些方面也亟须传统媒体管理层面予以反思和改进。时任燕赵都市报副总编辑芦海英就谈及燕赵都市报转型中面临的类似情况，“《燕赵都市报》曾经有很大影响力，历史高峰期发行量高达一百万份，位居全球 40 强之列，现在媒体都不再提发行量了，而是转向了新媒体，我们在转型过程中遭遇了些情况。一开始是在 2009 年我们就做了燕赵都市网，当时效果很不错，各项综合指标也都排在国内靠前的位置，但是后来有一段时间我们管理决策层的原因，甚至为是否做移动应用客户端也要纠结很久，导致我们失去了发展先机。《燕赵都市报》这几年领导层频繁调整，导致很多思路也缺乏连贯性，加上纸媒的不景气，导致人才流失严重和新人招聘困难，很多优秀记者转到别的媒体或其他行业，这对《燕赵都市报》造成严重影响，加上报社管理机制的原因，致使其转型遭遇了诸多困难”。②

媒体内部管理机制上还存在一个突出问题，即媒体内容产品评价机制和激励机制不完善。一方面，传统媒体对于内容产品的评价机制不够完善，需要解决不同类型内容产品的具体评估体系、评价规则的问题。即使针对某类内容产品不易制定一个统一评价标准体系，也要制定一定的评价规则来进行总体规范。对于新媒体内容产品的评价而言，应当更多注重社会效应和价值层面的考量，而减少纯粹的点击量、吸粉数等功利目标和商业价值层面的考量。另一方面，传统媒体以往的绩效考核和激励机制很难适应新媒体生产的需要，传统考核方式注重发表在纸媒的

---

① 整理自时任浙江工人日报新媒体部副主任张永炳接受访谈的相关内容。

② 整理自时任燕赵都市报副总编辑芦海英接受访谈的相关内容。

稿件数量、有无头版稿件、头条新闻、是否独家等方面，阻碍了新闻从业人员在新媒体业务上的发展，限制了采编人员对新媒体产品生产的重视程度和工作积极性。网络供稿数量、网络点击量、文章阅读量、点赞数、评论与转发数等新媒体业务指标在考核机制中相对缺乏和模糊，在奖励机制中也缺乏具体而明确的体现。① 这些方面就导致新媒体内容产品不能得到全面有效的评价与衡量，媒体从业人员的新媒体生产积极性未能得到有效调动与充分发挥。如时任长城新媒体集团采访中心记者郭甜肖所言，“我们单位的绩效考核一直在变，但是无论怎么变，总是不太令人满意。虽然将员工收入分为基本工资、基础绩效、奖励绩效、亮点工作奖励等，但是体现并不明显。这个单位作为省级重点媒体单位，更多层面体现了事业属性。绩效评价方面往往比较感性，主要是由人来评，有时候不怎么公平。有的人平常干的活不多，但拿的绩效不少。中层领导的考核是绩效点乘以系数，有些人能力并不突出，带团队效果也一般，但考核方面乘以系数后收入就很高，其他下属反而工资低不少，这样就影响了大家的积极性，体现不出激励机制的作用”。② 绩效考核如何有效发挥作用，确实成为现实难题。

二 加强与完善媒体内部管理机制

进一步完善媒体内部管理机制，首先需要深化新媒体理念与价值认同。传统媒体工作人员面临的一个首要任务就是改变自身固有观念，必须对移动互联网的传播规律有进一步认识，也必须对媒体融合发展的总体趋势保持高度的敏感性，在具体的新闻传播业务工作中，要用这些新理念指导工作，比如在从事具体的新闻报道时，应该秉持移动优先的原则，只要条件允许，头脑里第一个映现出来的应该是如何面向移动互联网平台优先传播信息，这样才能实现新闻传播主战场向移动互联网的转移，从而更好地占领更大的舆论阵地。传统媒体的管理人员必须提高新媒体管理的思想意识，将新媒体运营管理放在极为重要的地位，与传统业务一起进行统筹考虑和

---

① 唐绪军、黄楚新、王丹：《中国媒体融合发展现状（2014—2015）》，中国社会科学出版社2015年版。

② 整理自时任长城新媒体集团采访中心记者郭甜肖接受访谈的相关内容。

合理安排，建设和运营好媒体自有的新媒体平台，与此同时在思想和行动上充分认识并积极寻求与新媒体平台公司的合作。总之，要进一步强化传统媒体从业人员的新媒体理念，不断增进其对新媒体传播规律的掌握和运用，才能进一步完善媒体内部管理机制。

媒体内部管理机制改革，需要建立媒体融合的“一体化发展”格局，即媒体在管理层面将新媒体业务放在与传统业务同等重要的程度，统筹资源、一体安排、协同推进。这就要求媒体管理者必须打破媒体内部之间的原有界线，基于一个统一的内部平台对媒体的人力、物力、财力实施统一调度和管理，对以往媒体人员管理上的条块化、分割化进行根本改革。媒体内部管理机制进一步改革，需要的正是一场更深层次的、更加系统化的全面革新，需要在媒体内部管理各层面展开。

加强与完善媒体内部管理机制，在资源配置和分配机制上要符合媒体融合业务的要求和突出新媒体优先的逻辑。媒体管理层必须首先将新媒体产品生产所需的人力、物力、财力进行统筹调配，把保障新媒体生产任务放在比传统内容生产更加重要的地位。同时要积极调动工作人员将面向两微一端等新媒体平台生产新闻内容作为优先发展的业务，在人事聘用上着力引进一专多能、有新媒体专长的人员，在内部人员工作考核中加大新媒体相关业务所占的权重，从而确保媒体的融合新闻生产及其他新媒体业务得到充分保障。只要在资源配置上向新媒体业务倾斜，就有可能把各方面的积极因素调动起来，强力带动传统媒体的优质新媒体内容生产。正如时任中央广播电视总台总编室编辑夏恩博所言，“中央广播电视总台成立之后，有一些内部融合的工作一直在推进，比如将原来三个台的新媒体平台进行融合管理，在内容策划、信息发布、资源共享等方面进行打通，如央广移动客户端“央广新闻”内容就来源于三台共享的所有内容资源，尤其是视频资源方面可以直接调用央视海量视频节目内容。在一些大型报道项目上三个台共同策划，调动三个台的人才、设备、信息等全方位资源协同合作完成任务”[①]。由此来看，三台之间资源共享、融合传播的优势正在逐渐体现，今后还需要更加多样化、更深层次的融合发展。

---

① 整理自时任中央广播电视总台总编室编辑夏恩博接受访谈的相关内容。

媒体内部管理机制层面发生变化，对媒体内部所有员工都会起到重要的引导作用，充分发挥内部管理机制“牵牛鼻子”的效果，尤其是将人员管理摆在突出位置，推动工作人员转型和业务重心转向，直接有利于传统媒体的新媒体产品生产能力提升，如时任中央广播电视总台社会与法频道记者范晓所言，“央视一直全力向融媒体发展，一个重要目标就是全员转型，现在三台合并之后，发展思路从以前的‘台网并重’转为现在的‘先网后台’，导致央视的所有人员都在紧急转型。新闻生产状态从以前的面向大屏采访剪辑播出，变为现在的面向多屏制作，根据不同终端形态的要求生产不同的产品。尤其是面向手机等小屏生产就需要更灵活的机制，对人员、技术也都提出更高要求，如记者需要掌握手机拍摄视频的技能，而且要使用竖屏拍摄，素材长度要短小精悍，现在一条新媒体视频素材一般是10秒至30秒，记者传回素材后，编辑随即进行加工，即可第一时间发布，这就要求素材采集速度快且条数多，力图短时间内抓住移动互联网用户”①。

媒体内部管理机制的变革，需要积极推动与市场需求之间的衔接。从变革趋势来看，尤其是人员管理机制上需要打破以往僵化的局面，亟待大力推动媒体内部人力资源改革，按照市场化的管理机制实施人员管理，实行人尽其才、能上能下、优胜劣汰的人才竞争机制。由此建立的全面适应市场的内部管理机制，更有利于传统媒体按照用户市场的实际需求开展媒体产品生产。事实证明，媒体内部高效率、科学化的管理机制一旦形成，对传统媒体的新媒体产品生产就会形成一股强大的助推力量。南方都市报通过内部机构调整和用人机制改革，取得了不错的成效，时任南方都市报副总编辑王海军分析，“南方都市报针对各种各样的媒体产品形态进行了内部机构调整，将报社人员管理分成五个序列，原来基本上只有采编一个序列，现在增加了研究序列（针对媒体智库方向，部分人员转型去做研究工作）、研发序列（主要是技术人员，报纸以前没有这类员工）、产品序列（负责新型媒体产品开发）、设计序列（面向移动端产品进行交互设计，优化用户体验），参照互联网公司将这五个序列进一步分为P1—P7共7个等级，分别对应不同的岗位职能和区间年薪，这

① 整理自时任中央广播电视总台社会与法频道记者范晓接受访谈的相关内容。

和原来单纯的写稿计件制、编辑排版计件制相比有了很大区别。这是我们从自身转型发展的实际出发，同时借鉴国内互联网公司的成功经验，形成了自己的人员管理机制”①。

媒体内部管理机制的进一步完善，还需要建立健全新媒体评估体系和内容产品评价激励机制。主要针对新媒体评定指标体系不统一、媒体融合工作认定标准体系不统一的问题，建立起一整套面向转型媒体的科学而全面的媒体评价体系。同时，针对新媒体内容产品生产的不同特征和要求，改变传统媒体以往的绩效考核和激励机制，以符合新媒体产品创作和传播规律的新媒体业务指标，围绕新媒体供稿量、新媒体点击量、阅读量、点赞量、评论与转发量等指标，构建新型内容产品考评体系，并在相关奖励机制中进行对等体现，在绩效工资、薪酬分配上给予一定倾斜，从而充分调动采编人员对新媒体产品生产的积极性，有力推动新媒体产品生产业务的快速发展。

第三节　优化媒体生产机制与生产流程

新闻媒体面向移动互联网寻求转型发展，除了媒体管理体制机制层面的宏观问题，中观层面的生产机制与生产流程也是十分关键的因素。当前，诸多传统新闻媒体正是由于缺乏积极有效的生产机制和完善的生产流程，对传统媒体的新媒体产品生产业务构成了一定障碍，从而对媒体深度融合发展带来不利影响。

一　生产机制与生产流程存在的问题

从目前来看，中国传统媒体尚未形成真正适应移动互联网发展要求的生产机制和生产流程。传统媒体以往固有的内容生产模式已不能顺应移动互联网条件下的新闻传播变革趋势，条块分割的新闻内容生产机制完全不能满足移动传播和融合转型的需要。因此，随着中国媒体日益走向深度融合发展阶段，移动互联网条件下的媒体应当如何进行生产和传播，如何重塑生产机制和流程，这些问题已经对多数传统媒体带来极大

① 整理自时任南方都市报副总编辑王海军接受访谈的相关内容。

困扰。传统媒体实行的科层制结构，决定了其生产流程采取的是线性生产模式，它将大量工作人员放置在一个生产线上重复生产一种产品，而移动互联网条件下需要生产的内容产品是融合型、多元化的新媒体产品，必须完全突破原有的生产组织框架。[①] 当这种新的内容产品生产机制成为传统媒体生存的必要条件时，传统媒体就要被迫重构生产机制，打破原有的生产流程，不得不面对急剧转型带来的阵痛。

有些传统媒体在面对新媒体产品生产格局时，并未构建积极有效的生产机制，依然存在以传统内容生产为绝对主体的问题。它们往往在转型发展过程中没有充分考虑融媒体的未来发展趋势，而只是将新媒体看作一种简单辅助手段或工具，甚至存在传统媒体通过扩张最终将新媒体融合进传统媒体的幻想，这是完全不切实际的，通过一些媒体转型的实践情形可见一斑。如有些媒体依然以传统媒体的生产方式为核心，仅在新媒体形态上进行简单扩充，运营了网站、开办了两微一端，貌似形成了所谓“传统媒体＋”的融媒体架构，但是传统媒体与新媒体各个业务之间没有真正打通，基本上各行其是，甚至依然是传统媒体业务部分一家独大，新媒体业务部分成为附属性、边缘性业务，这就不可能产生真正的媒体融合的成效。

新媒体产品生产机制的改变，涉及的一个关键因素就是新媒体技术，技术及相关技术人员成为生产中的重要一环。然而媒体转型所需要的技术因素还没有受到普遍重视和有效解决。正如时任河北广播电视台新媒体中心主任王景瑞所言，“与传统的生产模式不同，新媒体生产涉及的技术因素比较复杂，有很多是表面看不见的，比如软件、服务器、带宽等方面，这些都需要资金投入。现在的大数据分析系统、人脸识别系统等，没有几百万资金支撑很难运转下来，制约着体制内新媒体的发展。同时还要解决新媒体的用户量及活跃度问题，体制内的媒体既有宣传职能，又有产业职能，很多媒体连养活自己都存在困难。只要做新媒体，就免不了大量资金的投入，这是现在媒体普遍面临的一个难题。比如视频客户端真正能转起来，仅网络流量和 CDN 网络加速方面就得每年投入上千万。机房内几百个服务器常年运转，恒温恒湿，所耗水电费就不少，

---

① 宋建武：《媒体融合时代的创新》，《新闻与写作》2014 年第 8 期。

CDN 加速以每天 30G 的速度运转，有时候遇到突发事件得加到 50G 到 60G 的速度。这些都是新媒体产品生产所涉及的技术因素，需要媒体予以高度重视和妥善解决”。①

如果说新媒体技术构成了媒体生产新媒体产品的前提，那么内容创新就成为媒体生产新媒体产品的关键。有些媒体在从事新媒体产品生产中，一是没有充分认识和顾及新媒体形态和传统媒体形态的根本区别；二是没有投入足够的人力物力财力从事新媒体内容产品的生产创新。这两方面的原因导致媒体生产缺乏原创性的新媒体内容产品，面向新媒体平台的内容生产和面向传统媒体形态的内容生产差别不大，未能建立起一个融合创新的内容生产格局。这样的生产机制难以适应瞬息万变的新媒体信息市场需求，也很难同占据新媒体市场优势的互联网公司进行有效竞争。

诸多媒体的内容产品生产流程仍然是以面向传统媒体的产品生产为首要目标，整个生产流程中涉及的策划、采访、写作、编辑、录制、编排等各个环节没有体现出“一次采集、多元生成”的融合传播理念。虽然近年来情况有所改观，但没有产生根本改变。因此，打破传统的生产流程，再造适应新媒体的生产流程，成为当前媒体转型发展中亟须进一步突破的难题。正如时任河北广播电视台副台长王剑挺进行的分析，“传统媒体向新媒体转型过程中，生产流程改变了，它需要大批全媒型人员，全媒型并不是全能型。全能型要求一个记者既能摄像，又能拍照，还能写作，如遇突发事件等特殊和紧急情况才有需要，日常状态更多的是需要分工合作，专业的片子、好的镜头不是人人都能拍出来的，也不能不讲专业分工，只有分工才能提高效率。全媒型要求一个记者应该一专多能，比如整个河北台能到北京人民大会堂采访全国两会的记者只有四个指标，这种特殊情况下就需要你在具有专长的基础上掌握其他若干技能，既要熟悉各种媒体平台不同的传播特点，掌握好它们的传播规律，还必须能与整个团队协同采制多种形态的新闻。人人成为全能型记者很难，但是具备一专多能是可行的，除了为一种主要媒体生产新闻产品，同时

---

① 整理自时任河北广播电视台新媒体中心主任王景瑞接受访谈的相关内容。

也要为其他多种媒体平台提供所需的素材”①。

二 改革新媒体生产机制与优化生产流程

移动互联网条件下，传统媒体转型中新媒体产品生产的高效运行，亟须改革新媒体生产机制和优化内容生产流程。就目前而言，很多媒体从自身的技术、人才、组织和管理层面进行积极改革，尤其是努力推出自己的“中央厨房”融媒体平台，试图达到“一次采集、多元加工、多次发布”的融媒体生产和传播格局，但是中央厨房并不能适应所有媒体和所有场景的内容生产情形，而应遵循不同媒体的运营逻辑，重构适合自身的内容生产流程。② 不同的传统媒体机构可以根据自身基础和条件，选择适合自身的融媒体平台搭建方式和运行方式，探索出一条能够适应自身新媒体产品生产实践的有效模式。如时任南方都市报副总编辑王海军谈及南都的改革经验，“南方都市报改革生产机制和生产流程，从产品生产的层级制管理转向扁平式管理，把整体部门做得越来越大，原来各种小部门整合到一个大部门，比如报社原有的很多编辑部经过几次整合，2018 年整合成要闻编辑部和融媒体编辑部两个编辑部门，2019 年又进一步整合成一个编辑中心，不分报纸编辑和融媒体编辑，所有编辑都是打通的状态，与此相对应的采访中心也是照此实行，形成完全打通的状态”③。

当前，虽然部分传统媒体转型已经取得了一些阶段性成果，但是就大多数传统媒体而言，仍然需要进一步优化和创新内容生产流程，建构融合内容生产模式。这种模式的核心在于，建立一个内容生产的指挥调度中心，对整个内容生产流程实施有效指挥调度和有序调控管理，④ 同时需要协同合作的全媒型记者团队运用融媒体思维进行新闻信息采集，承担文字、图片、音频、视频等多种形式的报道任务，这考验着记者团队的思维能力、采访技能与现场应变能力，此外还需在后期编辑平台有一

① 整理自时任河北广播电视台副台长王剑挺接受访谈的相关内容。

② 严三九：《中国传统媒体与新兴媒体融合发展的现状、问题与创新路径》，《华东师范大学学报》（哲学社会科学版）2018 年第 1 期。

③ 整理自时任南方都市报副总编辑王海军接受访谈的相关内容。

④ 肖叶飞：《媒介融合的多维内涵与新闻生产》，《新闻世界》2016 年第 2 期。

支适应媒体融合的内容编辑队伍，对各类信息资源进行综合处理和深度开发。

由此而言，传统新闻媒体必须打破以往单一的内容生产流程，建立起高效的媒体融合生产机制，从而对媒体产品生产的实践情形带来一场“质”的改变。时任新华社总编室编辑滕沐颖介绍了新媒体产品《国家相册》的创新生产机制，“《国家相册》是利用新华社照片资源制作的创意动态视频产品。新华社对其实行积极灵活的管理机制，使得该产品经过数次调整，很快适应了新媒体生产规律。灵活的生产管理机制还体现在产品生产的大跨度人员调配方面。《国家相册》采取众筹的形式，总社的编辑和所有分社人员可以无障碍合作，主创人员可以灵活调动各分社人员，目前一百集差不多把国内所有分社和部分国外分社都调动起来了。一般在初片完成后还会调度总社部分人员，展开小范围的头脑风暴，通过观摩讨论形成内部意见，再次修改定稿后推向各个平台端口，这充分体现了新华社新媒体生产的灵活机制与人员的高度协同性。此外，新华社还采取新的考核评价机制，并且围绕新媒体产品生产形成完善的激励机制，在稿件评比甚至新闻奖在内，都给予融合报道、新媒体产品等以更大空间，通过奖金和奖项分配等鲜明的指挥棒，调动大家参与新媒体生产的积极性”①。

传统媒体还需要充分利用新技术改革传统媒体的生产机制。一方面，在媒体产品生产层面，可以在新闻信息采集上依靠社交媒体与网络工具应用，在内容编辑与制作上采取智能化辅助编辑生产，充分利用大数据和机器算法协同生产内容，产品形态注重可视化、富媒体化，内容分发上基于用户数据进行精准传播。另一方面，在生产机构与平台运行机制层面，传统媒体要追求渠道、机构、产品、网络等全维度的转型升级，一是要充分建立并有效运营各类新媒体平台；二是要选择并加强适合自身的融媒体平台建设；三是要在内容产品的创新生产和用户互动方面下足功夫；四是要将传统的采写编业务环节全部纳入互联网统一平台。② 各

---

①　整理自时任新华社总编室编辑滕沐颖接受访谈的相关内容。

②　黎斌：《技术成为媒体融合的主导逻辑》，载《融合坐标——中国媒体融合发展年度报告（2015）》，人民日报出版社2016年版，第144—152页。

种新媒体技术正在迅速迭代，传统媒体要密切关注技术发展并做出快速反应，及时调整和应用最新技术，促进媒体生产机制的不断改革与创新。

第四节 强化用户思维和市场导向

用户思维和市场导向是两个相辅相成的因素，缺乏用户思维，就无所谓市场导向，而不重视市场导向，就不存在用户思维。在移动互联网条件下，未来媒体融合发展理念更需要“以用户数据为核心、多元产品为基础、多个终端为平台、深度服务为延伸”[①]。由此而言，媒体融合发展离不开良好的用户思维和市场导向。

一 用户思维和市场导向偏弱的问题

移动互联网条件下，传统媒体要实现融合转型，就离不开用户思维和市场导向的真正确立。学者蔡雯认为，对于传统媒体而言，媒体融合带来的最本质变化在于以往它们面对的是大规模的模糊“受众”，现在变成了操控各种信息终端的更有自主权的积极“用户”，但是在整个市场变化过程中，传统媒体的运行思路没有发生根本改变，以办传统媒体的思路做新媒体的问题一直没有从根本上得到解决。[②] 传统媒体对新媒体产品生产抱持的态度存在偏差，对新媒体用户的认识严重不足，缺乏用户思维构成了一项较难突破的制约因素。新媒体产品生产必须打破传统的媒体思维，从而自觉遵循新媒体思维。

新媒体的核心思维就是“以用户为中心”的思维，于是用户对新媒体产品的态度和体验状况就显的至关重要。但是广大传统媒体人员的思维惯性并没有太多改变，坚持了多年的“内容为王”的思维模式未能根本转变过来，甚至有些媒体在新媒体平台的运营过程中仍然只遵循自己的“内容为王”思路，而较少关注用户对媒体产品的体验情形，自以为内容做好了就不缺乏受众，但是新媒体用户除了需要优质的传播内容，同时还需要良好的信息获取体验。正是这个原因，新媒体经济在一定意

---

① 腾讯传媒研究院：《众媒时代》，中信出版集团 2016 年版。

② 蔡雯：《媒体融合：面对国家战略布局的机遇及问题》，《当代传播》2014 年第 6 期。

义上被称为“体验经济”。传统媒体独占传播渠道的时代已经过去，因此从事内容生产时就不可能再局限于自己的“一亩三分地”，而应当以更开放的视野寻求更加优化的传播模式。在移动互联网条件下，单纯的“内容为王”已经不再适应今天的传播形势，传统媒体需要在做好内容的同时还必须兼顾渠道、平台和用户等关键要素。

从当前的媒体市场而言，传统媒体还存在一种情况需要引起关注，即一部分传统媒体依然能够在媒体市场中占据几乎垄断的地位，眼前尚未出现生存发展的危机，因此它们更没有动力实施新媒体转型。但是这种固有的思维惰性不利于中国媒体融合事业的整体推进和全面开展，对于这部分缺乏“思危”意识、暂时“居安”的媒体而言，更不利于其未来的长远发展。由于这部分媒体没有将关注点充分投入新媒体转型，造成缺乏对媒体事业发展的通盘考虑，从而忽视新媒体业务变革的时间性和操作性，这也造成它们愈发怀念过去身处“庙堂之高”的权威性和垄断性，怀念过去角色的无可替代和影响的无以复加，从而导致心态失衡、进退失据。[①] 很显然，遵循以往的固有模式，缺乏市场导向，这已经成为媒体深度融合转型中的一个主要障碍。

市场导向的不足，还体现在媒体产品目标定位的不明确，亟须做进一步调整。传统媒体转型并进行新媒体产品生产已有多年探索，媒体组织重构、生产流程再造也在持续进行，但仍然跟不上技术变革与新媒体发展的步伐，媒体产品的市场导向意识和切实举措也未能真正确立。当前，传统媒体开展的新媒体产品生产过程更多的是封闭式生产，并没有面向市场和用户群进行开放式生产。内容产品生产各环节仍是在媒体专业人员的主导下完成，所谓的用户参与依然缺乏主动性、创造性和融合性，难以体现真正的用户价值，更难说去采纳自媒体用户生产的内容或参与式报道了。正是由于传统媒体从业人员的固有思维和习惯，以及凭借以往政策资源优势具有的一定生存空间，造成用户思维和市场导向难以在传统媒体真正确立，带来的直接后果就是新媒体产品生产动力不足。时任浙江日报报业集团浙江在线记者王彬认为，“传统媒体在整个转型过

---

① 朱剑飞、胡玮：《唯改革创新者胜——再论媒体融合的发展瓶颈与路径依赖》，《现代传播（中国传媒大学学报）》2016 年第 9 期。

程中，往往生产的新媒体产品或新闻报道，既想要网络流量，又得端着官方的身份，思维上并没有根本改变，多是固守以往传统的做法，无法真正做出市场和用户需求的报道产品，无法与用户市场进行对接，甚至新闻稿的审稿机制都还同以往一样实行三审制，虽然稿子质量有保障，但是比较繁琐且耽误较多时间"①。与此看法相一致，时任浙江工人日报新媒体部副主任张永炳认为，"传统媒体进行新媒体产品生产，其中存在的一个主要问题，就是缺乏市场意识和产品意识。一般的媒体机构并没有太大改变，基本上还是按照传统宣传报道的套路来做，采编人员即便想要有所突破，很多时候也会被领导否定掉。采编人员很想对接用户生产内容产品，报社核心任务却是全力做好宣传、典型报道等，由此造成新媒体产品生产严重缺乏动力"。②

此外，传统媒体还缺乏成熟的盈利模式。众所周知，传统媒体之所以向新媒体转型发展，走媒体融合之路，是被媒体生态变化和受众整体迁移的因素推动的。不向新媒体转型发展，就意味着不断失去市场和受众，最终可能导致失去自身的生存空间。因此，从一定意义上而言，市场和受众的反应如何，就是对媒体转型成功与否的最好检验方式。新媒体产品生产的首要考量因素就是市场和受众的接受度和欢迎度，以及能否带来市场盈利和潜在盈利的空间。传统媒体还未找到一种可以依赖的相对成熟稳定的盈利模式。虽然有些媒体通过加强策划线上线下活动的方式来弥补媒体传统广告收入减少的缺憾，但是这仅可作为一种补充性的手段和方式，不可能成为媒体生存的主要手段，还有媒体展开"新闻+服务"的运营模式探索，试图寻找一种未来可持续发展的方向，但是具体业务多是局限在政务服务承接层面，缺乏开拓其他的多元服务领域，尤其大数据服务领域更是面临巨大挑战，与市场上具有技术优势的互联网公司相比存在显著劣势。③ 因此，用户思维与市场导向的不足以及盈利模式的缺陷，成为传统媒体转型发展中亟须攻克的一大难题。时任

---

① 整理自时任浙江日报报业集团浙江在线记者王彬接受访谈的相关内容。

② 整理自时任浙江工人日报新媒体部副主任张永炳接受访谈的相关内容。

③ 朱剑飞、胡玮：《唯改革创新者胜——再论媒体融合的发展瓶颈与路径依赖》，《现代传播（中国传媒大学学报）》2016 年第 9 期。

河北广播电视台新媒体中心主任王景瑞认为，“目前，传统媒体领域还没有谁具有明确而稳定的盈利模式。河北台新媒体目前主要盈利渠道就是‘活动+直播’，汽车节、美食节、旅发大会等资源不少，直播是台里的优势，人员适应也快。目前盈利还凑合，比一般频道日子好过，但还没有明确的模式，我们跟全国各台接触很多，没有谁敢说有成功的模式，都在摸索”①。

二　强化新媒体生产的用户思维和市场导向

第一，要不断强化用户思维，立足移动互联网用户的信息需求，将满足用户需求作为媒体融合发展的重要目标。新媒体内容产品生产应充分重视创意，缺乏创意的产品往往不会赢得用户的点击、查看或浏览，更不会得到用户的转发和评论，因此就难以实现新媒体产品的市场价值和社会价值。新媒体内容产品生产，还应重视用户互动因素的充分挖掘，以用户喜闻乐见的互动方式达成信息内容的传播效果。这就要求转型中的传统媒体在坚持“内容为王”的同时，也要努力做到“用户为王”，充分重视用户体验，抛弃传统的“高高在上、我播你看、爱看不看”的旧观念，建立起基于新媒体的“面向用户、你爱我播、互动参与”的新观念，在潜移默化中实现舆论引导功能。② 只有将用户思维最终落实到每一个具体的内容产品中，才算落实用户思维。正如时任河北日报副总编辑赵兵所言，“对于主流媒体而言，好的新闻产品必须要有用户思维，必须生产出真正深入这个时代用户心灵的好产品。主流媒体需要从过去政治宣传模式转变为政治传播，需要更好地把握传播规律。美国的主流媒体从业人员就掌握了传播规律，他们也是靠深入人心的报道产品来传播它的价值观，用户的兴趣喜好在哪里，它就从哪里做，做故事化产品，先吸引住用户，把价值观融到故事里。我们往往更多的是进行道德膜拜或大搞评选，做高大上的内容产品。对主流媒体而言，如何确立用户思维，这是一个需要不断探索创新的大课题”③。

---

① 整理自时任河北广播电视台新媒体中心主任王景瑞接受访谈的相关内容。

② 郭全中：《媒体融合：现状、问题及策略》，《新闻记者》2015年第3期。

③ 整理自时任河北日报副总编辑赵兵接受访谈的相关内容。

第二，要进一步确立新媒体产品的市场导向。移动互联网条件下，传统媒体移动化转型的核心目标就是要抢占移动用户市场，继续保持自身在移动互联市场中的主流地位。这个目标的达成，需要不断增进产品运营理念和市场服务意识。传统媒体提高市场竞争力的关键就是运营产品与提供服务，只有实现了媒体生产与用户需求之间的良好对接，才算达到了产品运营的最终目标。因此，传统媒体必须通过引入新的传播技术，不断创新传播内容的呈现方式，进而有效吸引并稳固一批属于自己的媒体用户。“市场导向”与“产品思维”二者之间是有机相连的，传统媒体可以借鉴互联网媒体的产品化思维，采取一些符合自身实际情况的新举措，比如尝试新媒体产品经理制，以顺应新媒体产品生产运营的市场趋势，从而推动媒体内容产品生产自觉遵循市场导向。

第三，要不断加强内容整合，提供更加丰富多元的内容产品和信息服务，形成媒体自有的更加完善的传媒产业链。移动互联网技术带来的一个显著变化就是催生了一批内容产品新形态，内容与服务的结合比以往更紧密，这也为传统媒体创新带来了良机。传统媒体要加强互联网基因的培育，推进“互联网＋内容”生产方式创新，利用网络平台和用户参与生产的模式，改变传统内容生产的路径。可以通过创新内容生产平台，搭建一个更加丰富多元的内容产品生产链，使市场导向的作用更加突出。南方都市报正是依托自己强大的内容生产能力打造出了一个优势媒体平台。时任南方都市报副总编辑王海军对此深有感触，“我们经过几年摸索，明确找到了自己的定位，我们做不成今日头条，也做不成腾讯新闻，更加做不成抖音，这些都不是我们所追求的方向。我们的发展空间在于找到我们自己的真用户，我们的定位是‘专而深、精而美’。互联网公司可能有很大的用户量，但是用户忠诚度并不高，多是一些泛用户。我们的用户量无法与它们相比，但我们的优势在于我们有大量品牌忠诚度很高的真用户，不乏从报纸时代就跟随过来的用户。我们把这批真用户维护好、使用好，我们就找到了自己的空间，比如说我们以南都应用客户端为依托，做了一个知识分享和社群运营平台。我们每一个新产品开发的背后都拥有一个垂直社群，产生一批南都的真用户。我们对这批用户进行真实画像，分渠道分群体切分，这些真用户就能产生价值，找到自己的商业模式。立足点还是我们的核心优势——内容生产能力，在此基础上来进行我们的垂直社群的深耕和管理”①。

传统媒体本来就以内容生产为主业，在向新媒体转型发展的过程中，内容生产的优势依然是不可替代的，甚至需要媒体进行更多的创新开发，这应该成为传统媒体的普遍共识，时任燕赵都市报副总编辑芦海英指出，“现在的传媒市场，生产和传播的社会分工越来越清晰。以前报纸能够同时掌握内容生产和传播渠道，如今传统媒体在传播渠道上已不占优势，但是仍然有其不可替代的核心竞争力，应该扬长避短。传统媒体掌握很多信息源，尤其是官方权威信息，拥有经验丰富的高素质从业人员，能够保证新闻的品质，这些都是内容生产的核心优势，市场上的新媒体、自媒体都缺乏这个优势”②。

第四，要注重探索成熟稳定的多元盈利模式。媒体需要继续进行多元化的传播业务探索，可以围绕内容产品本身进行生产和传播的进一步创新，也可以延伸出新的信息服务产品，从而不断催生出多元化的盈利模式。目前有一些代表性的媒体围绕多元盈利模式展开探索实践，并已经取得不错的成绩，比如南方都市报就是一个典型代表。在全国都市报普遍不景气甚至很多都市报纷纷退出历史舞台的背景下，南方都市报在2018年实现了七年以来媒体营收的止跌回升，之所以营收能够实现正向增长，时任南方都市报副总编辑王海军分析认为，“南方都市报在营收方面主要有两大部分构成：一部分是数据收入，另一部分是新媒体收入。数据收入依托的是南都的智库平台，我们专门成立了南都大数据研究院，营收相当可观；新媒体收入包括从传统媒体时代转移过来的广告、新媒体增值服务、原生广告、商业直播等方面，营收也比较可观”③。

传统媒体通过转型发展，必须探索出适合媒体自身实际的、具有相对稳定的盈利模式，才能更好地生存发展。即使是党报媒体，也存在不小的市场空间，中国的新媒体市场比较复杂多样，主流媒体可以运营的新媒体业务也并不少。正如时任河北日报副总编辑赵兵所言，“政务服务就是一个非常广阔的市场。政府各厅局都有自己的微端网站平台，但是

---

① 整理自时任南方都市报副总编辑王海军接受访谈的相关内容。

② 整理自时任燕赵都市报副总编辑芦海英接受访谈的相关内容。

③ 整理自时任南方都市报副总编辑王海军接受访谈的相关内容。

他们自己无法运营，这个劳动密集型业务需要一个团队去运营，他们更愿意将其交给主流媒体来做。这既有利于主流媒体生存发展，也使得国家重要信息资源和政务信息掌握在主流媒体手中更能保障信息安全。主流媒体还可以运营好旗下的专业媒体、垂直网或垂直号，比如河北日报报业集团旗下的糖烟酒网就做成了新媒体品牌，凭借其业内地位来吸引用户和调配资源，打通垂直行业获利颇丰，另外还尝试扩展新业务，很早以前就在做河北产业集群数据库，很有市场价值”①。

此外，传统媒体要顺利实现转型发展，还需要投融资机制的改革与创新。在新媒体技术突飞猛进的形势下，媒体寻求发展的技术投资需求是源源不断的，但是倘若传统媒体仅依赖传统的投融资模式，必然会陷入资金困境，这就需要传统媒体在合法合规的前提下，不断创新投融资机制，探索符合媒体自身实际的投融资形式。传统媒体只有寻找到适合自身特点的多元化经营模式，同时在市场融资方面有所突破，才能为传统媒体转型和新媒体产品生产提供源源不断的市场动力和经济活力。

第五节　加强人才引进与培训培养

移动互联网时代，新闻媒体需要的传播人才发生巨大变化。与此同时，人才引进工作却面临诸多困境，人才培训培养工作也存在某些方面的不足。与移动互联网传播的内在要求相比，传统媒体从业人员的新媒体产品生产能力明显偏弱，这更加彰显媒体机构不断加强新媒体业务培训的必要性和紧迫性。

一　人才引进与培训培养存在的问题

对于传统媒体而言，能否引进和培养适应移动互联网时代的新媒体人才，并通过培训等手段进一步完善人才能力结构，成为制约媒体深度融合发展的一个关键因素。面向移动互联网时代，传统媒体转型发展与新媒体产品生产，需要依赖一批新型从业人员，甚至很多任务需要整个

---

① 整理自时任河北日报副总编辑赵兵接受访谈的相关内容。

协同合作的团队完成。因此，人才引进与培训培养工作就成为传统媒体转型发展中的一个非常重要的基础性工作。

传统媒体转型发展中面临的人才问题，一方面是传统媒体的优秀人才不断流动到更加强势、待遇更好的互联网平台公司；另一方面是新媒体人才的引进难上加难，甚至很多传统媒体几年都没有进过新人，更不用说引进具有新媒体专长的高端人才了。另外，传统媒体业界普遍实施融合转型，致使跨媒体和全媒体人才的需求量过大，许多媒体自有的数量不多的技术人才仅能满足现有新媒体平台的日常运维需求，难以开展适应移动互联网发展的前沿技术开发与运维等工作。因此，新媒体技术人才严重缺乏的局面难以在短期内得到改观，这构成了严重的制约因素。正如时任河北广播电视台新媒体中心主任王景瑞所言，“传统媒体转型中涉及的一个核心问题就是人才问题，技术研发人才缺乏的问题最大。现在新媒体技术更新速度太快，然而体制内的薪资标准很难养住新媒体研发人员，能够给付的薪酬和互联网公司相差甚远。主流媒体的核心技术很少有自己的研发人员做出来的，多是市场公司做的，因为缺乏技术人才。但是跟市场公司合作就意味着被它们牵着走，同时也需要大量资金源源不断地投入进去”①。

传统媒体对现有人才的培训培养情况也不容乐观。从目前情形来看，传统媒体普遍缺乏定期业务培训机制及轮岗交流机制，致使从业人员难以真正掌握新媒体产品的生产规律和相关技能，尤其对于地方媒体机构而言，更是缺乏常规的业务培训安排，即便有少许的培训，培训质量和效果往往也比较差，从业人员的新媒体产品生产能力整体偏低的状况难以得到改善，不利于传统媒体的顺利转型，如时任湖北日报记者成熔兴就谈到这个情况，“虽然现在报纸的新媒体产品生产相对比较简单，报社也做过一些培训，但是总体培训质量不高。近年来党报的人员补充很少，现有人员平均年龄比较高，有的人连操作笔记本电脑都不熟练，更别提视频制作等其他大跨度的操作方式了，加上培训又不到位，让他们去做视频甚至做直播，是难以达到标准要求的。我们原来搞过大锅饭式的培训，一年搞两三次，没有明显效果，这种培训机制无法支撑我们的人员

① 整理自时任河北广播电视台新媒体中心主任王景瑞接受访谈的相关内容。

去完成转型”①。

本书对媒体从业人员开展的问卷调查，也发现当前媒体培训类型、培训次数都比较有限，媒体从业人员普遍认为应当进一步加强新媒体业务培训，同时新闻传播院系的未来后备人才培养也亟待调整和加强。

从具体调查数据看，媒体从业人员受到的新媒体业务培训多数为单位内培训，缺少单位外培训和国内外考察学习，甚至有相当部分从业人员尚未接受过新媒体业务培训。具体而言，被调查的媒体从业人员接受过单位内培训的超过六成（63.64%），接受过单位外培训的不足三成（27.27%），接受过国内考察学习（19.25%）和国外考察学习（4.55%）的合计两成多（23.80%），而未接受过新媒体业务培训的占比超过四分之一（26.74%）。这一方面说明媒体从业人员的新媒体业务培训覆盖面不足，另一方面说明业务培训的结构类型严重失衡，往往采取较为单一的培训形式。

媒体从业人员在近一年受到的新媒体业务培训次数总体偏少。具体而言，接受过1—3次培训的占比超五成（55.88%），没有参与过新媒体业务培训的占比近三成（27.81%），两者合计为八成以上（83.69%），近一年时间参与过4次以上新媒体业务培训的占比不足两成（16.31%）。由此可见媒体从业人员所受的新媒体业务培训之缺乏。

绝大多数媒体从业人员认为有必要进一步加强新媒体业务培训。其中，认为非常有必要加强新媒体业务培训的占比超过七成（73.26%），认为比较有必要加强新媒体业务培训的占比15.78%，两项合计近九成（89.04%），这就意味着绝大多数媒体从业人员希望得到更多的新媒体业务培训，以有效提升自身的新媒体产品生产能力。目前，媒体从业人员虽然具有较高的传统新闻素养，且受到一定的新媒体业务培训。但是，从总体上看，从业人员的新媒体素养相对偏低，新媒体产品生产能力严重不足，这就提醒媒体机构需要不断加强新媒体业务培训。

媒体从业人员普遍认为新闻传播院系人才培养最应加强的素质和能力是创新意识、实操能力、跨学科素养。具体而言，被调查的媒体从业人员中，高达八成（80.21%）人员认为“创新意识”是最应加强的素

① 整理自时任湖北日报记者成熔兴接受访谈的相关内容。

质；近八成（77.01%）人员认为“实操能力”是最应加强的能力；超过一半（55.61%）人员认为“跨学科素养”也是最应加强的素质。这就为新闻传播院系培养新闻传播人才指明了方向，尤其创新意识的培养应该成为新闻传播院系人才培养的重要环节。时任人民日报政治文化部记者史一棋讲述的参与融媒体工作室产品生产的经历印证了这一点，“人民日报社创新融媒体工作机制，成立了40余个工作室，我加入了其中一个工作室，成为报社近年来媒体深度融合发展的亲历者。我们工作室大致维持在五六个人的规模，一直在从事新媒体产品创作。新媒体产品生产的最关键之处不在于花费多少时间以及投入多少资金，而在于有没有创意，人员的创新意识才是关键。这个创意不单是形式花样的翻新，而是用适合的产品创意准确把握用户兴奋点，只有这样才能做出有强大传播力的产品”①。

在新媒体产品生产层面，媒体业界最需要的人才已经与过去的传统媒体时代有了显著差异。对于传统新闻生产而言，采、写、编、评、拍、录、摄等基本业务能力是人才核心能力，掌握好其中任何一项技能的人才就可以在媒体立足。但是对于新媒体产品生产而言，除了掌握这些传统的基本业务能力之外，还需要掌握新媒体操作技能和新媒体营销能力，而创新意识、跨学科素养也成为新媒体产品生产所必需的素质和能力。由此而言，广大新闻传播院系需在未来人才培养方面进行更加积极主动的调整和变革。

二　引进新媒体人才及完善人才培训培养机制

移动互联网条件下，传统媒体应大力引进新媒体人才，要敢于打破条框，不拘一格降人才。对于移动互联网条件下的专业传播者，不变的是对媒体职业伦理和道德操守的坚持，而要改变的是不断增强自己的新媒体产品生产能力。从媒体机构的角度而言，要不断强化人才的培训培养机制，围绕打造一专多能的新媒体人才队伍的宏伟目标，适当进行目标分解，注重当下与长远相结合，统筹各种培训资源，形成系统化的培训培养体系。媒体招揽人才时，应主要看应聘者具备的“能力”而不是

---

①　整理自时任人民日报政治文化部记者史一棋接受访谈的相关内容。

学历、名校、户籍等“身份”，要加强内部各个部门之间的联系，针对每个部门所缺人才类型和实际需要进行招聘。引进人才时可根据岗位对人才能力的需求来设置考核门槛，比如通过已发表相关作品分析应聘者的专业技能和创新能力，根据其对某一事件或工作环境、所应聘媒体的分析来了解他们的专业思维和语言表达能力。总而言之，采取人岗相适的方式引进更多新媒体人才。

传统媒体要主动跟踪新媒体发展趋势，积极采取多种手段完善人才培训机制。针对传统媒体从业人员对新媒体传播规律掌握不足、新媒体产品生产能力不强的现实情况，通过单位内培训与单位外培训相结合的方式，围绕新媒体基本业务形成全员培训。在有条件的情况下，可以组织开展国内与国外先进媒体的考察学习。对于日常的新媒体业务培训工作，要设置专项培训经费，妥善安排培训时间及培训内容。积极探索媒体内部轮岗交流机制等有效举措，通过内部轮岗交流培养一批具有多岗位历练、全方位能力、融合水平高的全媒体人才，推动传统媒体的新媒体产品生产综合实力不断提升。新华社作为国家通讯社对培训的重视程度非同一般，培训所起的效果非常显著。正如时任新华社总编室编辑滕沐颖所言，“新华社提出的两个口号，一个是打造全媒体记者，一个是提高国际传播能力。全媒体记者在新华社是非常普遍的，全媒体培训也非常多，一年差不多有七八次以上培训，甚至每年都把分社记者和总社编辑集中到一起进行封闭性大学习。通过培训，全员思想发生转变，记者不再是仅处理单一报道形态，而是主动创新生产多元化内容产品。社内的新媒体技能培训相当充分，如专门对手持云台等新设备使用进行培训。此外还提供诸多实践训练机会，如新媒体专线为记者们提供了拉练全媒体能力的实践平台，社里每年都会有大量资金用来购买新媒体设备和操作技能培训，从而确保员工的新媒体业务能力不断提升”①。

对于培养媒体后备人才的广大新闻传播院系而言，应着重培养人才的创新意识、实操能力和跨学科素养。首先，重视对新闻传播专业学生的基本素质培养。在新媒体时代，优质内容依然是媒体竞争力所在。优质内容的生产取决于从业人员的专业素养和能力，所以新闻传播院系依

① 整理自时任新华社总编室编辑滕沐颖接受访谈的相关内容。

然要重视对学生基本专业素质的培养。其次，应当加强新媒体相关的课程体系建设，注重学生对传播理论和传播技能的全面学习。除了增加网络和新媒体报道类的课程，更不可忽视社交与移动互联网、数据新闻等体现媒体前沿的课程，以培养适应新媒体环境的全能型传播人才。[①] 再次，要不断加强新媒体实验室建设，积极与业界展开合作，为学生提供更多的新媒体实践平台和机会，并聘请新媒体业内精英为学生传授新媒体知识与技能，使学生跟上新媒体发展的步伐，具备较强的新媒体实操能力。最后，广大新闻传播院系要勇于尝试与其他学科专业院系进行合作，为新闻传播学专业学生定制一批跨学科课程，提升学生的跨学科素养，从而培养造就一大批高素质、全媒化、复合型、专家型的新闻传播后备人才，为未来的媒体融合发展及新媒体产品生产提供更有力的人才保障。

---

① 蔡雯、翁之颢：《新闻传播人才需求在新媒体环境中的变化及其启示——基于传统媒体2013—2014年新媒体岗位招聘信息的研究》，《现代传播（中国传媒大学学报）》2014年第6期。

第八章

移动互联网条件下的传播受众应对策略

伴随移动互联网的飞速发展，传播受众迎来与以往完全不同的媒介环境。无数受众自觉不自觉地徜徉在精准传播的信息世界，同时也掌握着与以往完全不同的移动终端设备，加上各种自媒体、社交媒体的蓬勃发展，充分赋予受众前所未有的信息传播权利。但是，我们需要充分意识到事物的两面性，在关注事物好的一面的同时，更应当关注我们容易忽视却影响严重的另一面。移动互联网条件下的泛传播时代，信息本身也因其海量性和冗杂性，在裂变式传播中增加了传播的多元性、复杂性和不可控性。广大受众在移动互联网条件下如何采取正确的应对策略，既顺应移动互联网发展趋势，使其为我所用，同时又避免移动互联网带来的各种弊端或危害，就成为当前移动互联网传播领域亟待解决的一项重要课题。

第一节　受众媒介素养的自我跃升

如今的传播受众面对的是愈加纷繁复杂的传媒世界，媒介形态日趋多样，传播信息与日俱增，使得受众面临一些新的传播困境。一方面，受众可能疲于接受海量新媒体信息的狂轰滥炸，极易成为信息的“奴隶”；另一方面，有些缺乏行业自律和道德底线的新媒体传播不良内容，使受众思想被导入误区甚至歪曲腐化。因此，受众必须提高自身的辨识能力，养成良好的新媒体使用习惯，有效遏止“病毒”式的信息侵染，实现媒介素养的自我跃升。

一　受众提升新媒体素养的必要性

（一）受众需要形成独立思维和辨识能力

马歇尔·麦克卢汉曾经从技术决定论的角度作出判断，传播媒介在技术的助推下将改变整个人类社会。在大众传播时代，传媒是人类社会化最强大、最直接、最有效的工具。从人类传播技术的变迁史看，传播技术越发展，媒介的社会化功能就越强大，人类社会发生的改变就越剧烈。当传播技术步入移动互联网时代，人类社会因此而发生的改变更是令我们叹为观止，几乎每个人的日常工作和生活都受到它的牵动和影响。

传播学中的涵化理论告诉我们，从中长期的效果来看，一个处于大众传媒中的人会对传媒产生依赖性，从而改变个人对世界的认知和感受、信仰和价值观，甚至对个体行为方式和生活方式产生巨大的影响。随着移动互联网技术的飞速发展，人对媒介的依赖性也在急剧增大，“媒介依赖症”表现得越来越重。

移动互联网条件下，智能手机、平板电脑、可穿戴设备等移动媒介终端成为受众接触网络的新型终端设备，随之而来的是鱼龙混杂的海量信息内容。即便传播的信息内容是真实信息，也是传播者针对客观事实通过主观判断重新建构出来的事实，如果长期不加判断地全盘接受网络的内容和观念，那么个人的思想观念就会越来越与网络趋同，进而导致逐渐丧失个人的独立思维和辨识能力。特别是当今网络媒体中的信息复杂繁乱，很多信息甚至存在价值观念上的激烈交锋，很可能造成网民的思维混乱和传播失序。提升媒介素养的一个重要作用，就是让网民在纷繁冗杂的信息世界中进行独立思考和辨识，通过自己的大脑进行信息判断，进而理性地选择和接受信息。这既是提升网民政治素养、科学素养、文化素养的必然要求，也是中国公民道德素养建设的重要组成部分。

（二）促进媒介的自我规范和水平提升

任何形式的媒介传播形式都是面向受众的传播，受众成为信息传播领域的一个最基础概念。传统意义的受众，即接受信息的人或人群，一般特指接受大众传媒信息的不同特质的人。在移动互联网条件下，受众变得十分广泛，人人皆可成为移动传播的受众。无论是以往受众理论中的强效传播理论、“沉默的螺旋”理论、分众理论及其他理论，还是移动互联网带来的新型受众理论，都是围绕达成受众接受传播信息的目标而展开的。媒介与受众之间天然地形成相互对应关系。

移动互联网条件下，各种媒体需要面向受众市场展开更加激烈的竞争性传播，自然使得不少媒体形成完全迎合受众需求的传播模式。受众的信息偏好、审美情趣、价值观念等因素对媒介传播的内容影响在日益增强。那么，当受众的媒介素养水平不高的情况下，一些新媒体机构在大数据、人工智能的“糖衣炮弹”指引下，单纯为了迎合受众的兴趣而改变信息传播的方向，降低信息传播的正向作用。很长一段时间以来，网络上不断涌现庸俗低下的内容和为吸引受众眼球过度炒作的内容，带来了十分恶劣的影响。

传播学的集大成者威尔伯·施拉姆曾经将受众比喻为在自助餐厅就餐的人，由于传媒市场的不断扩展，传媒产品日益多元和富足，受众对信息的选择机会不断增多，这与人们在自助餐厅内对食物的选择机会更多是一样的道理。那么，在这种情况下，受众如何进行信息选择，就成为一种完全自主的行为，而不是被迫的行为。传播媒体是难以控制受众的口味和选择的，适应和满足受众的口味和偏好的传媒产品就有生存的空间，反之则失去生存的机会。鉴于这样的关系，受众的媒介素养水平的高低，就成为媒体传播信息水平和自我规范程度的风向标。提高受众的媒介素养，尤其是提高移动互联网条件下的新媒体素养，可以促进媒介的自我规范和水平提升，从而带来移动互联网信息环境的净化，真正实现人与媒介良性互动、和谐共处的媒介传播格局。

二 受众主动接受新媒体素养教育

（一）移动互联网时代受众媒介素养的构成

人类传播时代从传统媒体“一统天下”的时代发展到新媒体各显神通、“百舸争流”的时代，受众的媒介素养也在发生急剧变化。在以往的传统媒介素养认知层面（包含传统的互联网素养在内），既包括受众对媒介的认知和使用，也包括受众对媒介信息的批判和辨识能力。然而在如今移动互联网条件下，新媒体素养不仅需要受众对各种移动媒介平台及其传播信息的正确认知，而且也更加强调受众在新媒体使用中的自控能力。从移动互联网对社会带来的深刻影响看，除了使人们可以随时随地的连接网络的正面作用，其负面影响也日益显现，如造成越来越多的“低头族”和“拇指控”，尤其是长时间沉迷于手机游戏对广大青少年的身心健康带来的不利后果，这些层面受到社会民众越来越多的关注。因此，我们需要搞清楚移动互联网时代受众媒介素养的基本构成，并将其恰当地运用于我们的实际生活当中。

有研究者按照受众使用媒介的不同目的和实际需求，将媒介素养划分为媒介安全素养、媒介交互素养、媒介学习素养和媒介文化素养四个层次。[①] 这四个层次的媒介素养是一级一级逐步提升的，这对我们理解移动互联网条件下的媒介素养颇有裨益。第一，在移动互联网条件下，受众需要的最重要保障依然是自身的生命财产安全和个人隐私等基本信息安全，这也是移动互联网受众最基础的一项媒介素养；第二，移动互联网对于受众而言，带来的移动社交方式和多元交互手段比以往都要更加繁杂，受众要正确地选择有利于身心健康的连接渠道，建立人与人之间的和谐互动关系；第三，移动互联网带来的智能手机等移动智能终端设备为受众提供了更加丰富多彩的娱乐休闲方式，导致受众将更多的时间用在娱乐上，而没有充分的利用移动媒介进行知识和技能的学习，迫切需要提升受众的学习素养；第四，移动互联网媒介对受众最深层的影响是文化的影响，受众需要不断深化媒介对社会与文化影响的认识，深入理解媒介的变迁史并自觉地将媒介文化素养视为个人文化素养的有机组成部分。

（二）接受新媒体素养教育的基本要点

移动互联网条件下，受众媒介素养教育比以往显得更加迫切。传播受众应当更加全面和理性地认识媒介，进而形成更加合理的受众观念。从移动互联网媒介用户的使用行为而言，其涉及“媒介接触”和“媒介消费”这两个关键概念，“媒介接触”这个概念往往指的是我们自身所无法控制的过程，是较为中性的概念，媒介接触行为成为一种客观存在的传播现象，而媒介消费则带有强烈的市场化的味道，它更强调与生产及

---

① 卢峰：《媒介素养之塔：新媒体技术影响下的媒介素养构成》，《国际新闻界》2015 年第 4 期。

生产者相对应的消费和消费者，不管从哪种意义上而言，都是认识和研究移动互联网受众的关键视角。我们在这里提出移动互联网条件下的受众应当成为“更加积极的受众”的观点，一个方面是针对以往被动接受传播内容的传统媒体受众和相对积极主动的传统网民而言，另一个方面是指移动互联网受众可以更加自主地选择接触哪些新媒体平台的哪些内容或信息产品，同时也可以决定自己是否需要进行信息传播以及是否积极参与媒体传播活动。

移动互联网条件下的新媒体素养教育，要求受众能够正确认识和驾驭移动互联网技术及其衍生的各类新媒体平台产品。在移动互联网条件下，新媒体及其产品的生产速度大大超越了以往任何一种传播形态，受众面临的信息过载和信息污染的状况更加严重。因此，受众对移动互联网技术及其媒介产品形成正确认识并合理使用，自然成为提升受众新媒体素养的核心要务。受众要充分意识到当前移动互联网技术快速发展的状态，从内心深处要提醒自己正确理解媒介的根本性质和功能，万变不离其宗，媒介始终是向受众提供信息服务的，避免面对层出不穷的新媒体技术产生焦虑情绪，可以积极主动地了解和接触各类新媒体，以掌握该媒介的属性和特征，进而作出是否适合自身使用的基本判断。受众一定要克服面对层出不穷的新媒体形态产生的惧怕心理，不能在主观上害怕接触新媒体，而应积极掌握新媒体技术及各类新媒体的使用要领，让新媒体为自己更加便捷的获取新闻及其他信息提供更优质的服务，在时刻处于连接状态的时代中保持自我的存在感和主体价值，始终保持受众对移动互联网的驾驭能力。

移动互联网条件下的受众，应当不断更新自己的媒介观念，养成良好的媒介使用习惯，尤其是提升自己的专注力、鉴别力和连接力。有研究提出移动互联网时代的媒介素养正在发生剧烈转型，主要体现在聚焦素养、怀疑素养、连接素养和伦理素养这四个层面。[①] 提升受众的专注力，实际上就是要让受众在新媒体使用过程中克服碎片化、分散性和割裂性的信息接触习惯，增强自身对移动互联网负面影响的抵制力和免疫

① 黄峥：《驾驭媒介：移动互联网时代的媒介素养转型》，《浙江万里学院学报》2018 年第 6 期。

力，避免移动互联网带来专注力的减损；提升受众的鉴别力，就是要求受众时刻保持怀疑精神和反思习惯。基于移动互联网的各类应用纷繁复杂，充满了各种信息陷阱，因此要对各种信息尤其是非权威来源的信息保持警惕之心，不断提高自身的信息鉴别能力；提升受众的连接力，是因为移动互联网带来随时随地的连接和无所不在的连接，受众需要建立有利于自身工作生活及长远发展的有效连接关系，这自然成为受众非常重要的一项基本素养，它要求受众更好地培养自身的移动社交能力和线上协作能力。

第二节　受众的媒介使用行为调适

传统的报纸、杂志、广播和电视媒体针对的传播受众，是不特定的、分散性的、具有相当规模的人群，这些传统媒体在受众的眼中基本是具有高度权威性、可信度的传播机构。到了门户网站为主的传统互联网时代，所谓的受众就发生了质的变化，从以往被动型的受众转变为积极型的受众，单纯的信息受众身份转变为具有一定传播自由度的网民身份，受众的个人属性和社群属性均得到一定的展现。如今处于移动互联网时代，受众的个体性、碎片化、场景化、社群性、节点性、连接性等方面的特征十分突出，受众身份变得更加多元，受众的媒介使用行为也更加复杂多变。因此，鉴于移动互联网条件形成的特殊传播环境，受众应从态度和行动两方面着手，不断调适自身的媒介使用行为。

一　态度：坚持批判意识和质疑精神

面对移动互联网，受众的主观态度会深刻影响自己的客观行为。因此，受众的态度成为媒介使用行为调适的一个关键因素。近些年来，受众对媒介传播内容的积极处理和批判解读能力，一直是受众研究领域的主要问题。批判和质疑能力是指受众能够对存在疑点的媒介报道信息提出自己的疑问，对某些不恰当、不精确的报道信息或某些细节内容的真实准确性，做到不盲从、不盲信。移动互联网条件下，各种各样的新媒体平台为受众带来前所未有的自由发声机会，“人人皆有麦克风”成为随时随地可以做到的事情，具有强大功能的社会化媒体为受众的大规模信息传播行为带来难得的机遇。正是从这个意义上而言，受众增强对信息的批判质疑能力，是媒介使用行为的重要前提。

无论是国内还是国外，新媒体市场都存在各种各样的问题，都需要受众具有批判和质疑精神。正如理查德·约翰尼斯曾经指出，“在这个大众传播信度丧失的时代，依然需要合理的怀疑来对抗大多数大众传播总是靠不住的自然假设。正是因为传播是一种或来源于某种信源（政府、候选者、新闻媒体、广告者），它不能自动地、不经过评价就被作为腐朽的或不可信的加以拒绝。很显然，我们必须一贯小心谨慎地接受、关注评价……运用我们可以利用的最好证据，我们才能做出最佳的判断”。[①] 移动互联网条件下的各种新传播媒介，它们的出发点和传播目标是多种多样的，有的是敢于亮明身份和底牌的，有的则是隐匿身份和暗抱“盘算”的，有的是出于社会公益目的，有的是为政治宣传目标，有的是纯粹的商业盈利行为，有的则是综合性的混合状态，不管面对什么样的新媒体传播平台，受众都需要对该平台及其产品抱有一定的批判态度和质疑精神。具有批判意识的受众只要能够充分运用好自己手中批判的武器，就可以做到对移动互联网及其产品的正确评判和正向利用，从而有利于建构更加和谐友善的新媒体传播环境。

二　行动：注重信息筛选与信息安全

自从人类由传统媒体时代步入互联网时代，传播符号和语言逻辑等方面均发生了巨大变化。由于互联网传播所表现出来的时空虚拟、主体隐匿、交际规范颠覆等特征，传播符号的能指和所指均在尽其所能地拓展传播，受众对传播符号的编码和解码也变得相对随意起来。[②] 到了移动互联网时代，移动通信技术与互联网技术的叠加，使得传播过程与传播符号变得更加凸显自主性、多元性和随意性。此时的受众可以完全自主地介入新媒体生活，正因如此，受众也更加需要强化媒介信息的筛选与

① Richard L. Johannesen, Ethics in Human Communication. Third Edition, Illinois: Waveland Press, Inc. , 1990. pp. 136 - 137.

② 曹进：《网络时代批判的受众与受众的批判》，《现代传播（中国传媒大学学报）》2008年第12期。

甄别，同时兼顾传播过程中的信息安全，否则就可能在传播过程中导致个人利益或隐私信息等合法权益受到侵害。

从传统互联网发展到移动互联网，超文本形态、多媒体特征、互动性因素得到全面强化与提升，在传统网页的传播形态基础上，增加了两微一端、H5 页面、VR/AR 等更加符合受众移动传播需求的新媒体传播形态。受众的信息需求从固定时空范围内的需求发展到可以随时随地获取信息的需求，受众从面对浩瀚无垠的信息海洋找寻信息发展到随着场景变化而自动获取媒介精准推送的个性化信息。但是，移动互联网技术带来超强传播性能的背后，也可能发生受众对信息把控的进退失据甚至迷失方向。在此情况下，受众应当时刻保持警醒，不断提醒自己实际需要的信息是有限的，自动推送的信息未必是自己真正需要的信息，很多推送信息潜藏着某些商业诱惑与利益陷阱，自身的时间和精力也是有限的，要注重信息的有效筛选和甄别，不能盲目地进行挥霍与浪费，尤其注意避免陷入“娱乐至死”的媒介困境。

飞速发展的新媒体技术使“敞视监狱”日益成为当今社会的现实情境。只要个人发生接触网络行为之后，个人的隐私在互联网世界中仿佛就已经无处藏身，随时有遭到窥视、监控和曝光的危险。移动互联网条件下，受众尤其要格外加强媒介使用的安全意识。移动互联网为受众提供了随时随地的触网条件，加上商业软件根据用户位置进行的无数信息推送，带来可能泄露个人隐私的种种危险。这种隐忧不仅是遭遇黑客入侵，还有其他方面的情形，比如 2018 年发生的高铁占座男事件。2018 年 8 月 21 日，高铁占座的男乘客一时之间轰动了网络，遭到网友的强烈谴责及人肉搜索，其学历背景、工作单位等信息均被披露，该乘客在舆论压力之下已经不敢随便出门。高铁占座男的公共道德失范行为固然应当受到批评和纠正，但是网民对此进行的人肉搜索造成个人隐私的不当曝光，形成了一种网络暴力，给当事人带来了严重的精神伤害，消极作用大于积极作用。人肉搜索不当，还有可能造成触犯法律和承担法律后果的危险。因此，社会公众需要提高对隐私安全的认识，并在移动互联网使用过程中注重保护个人隐私安全。

移动互联网对受众的影响超越了以往任何一种传播技术，这种影响既有正面的影响，也有不容忽视的负面影响。受众通过移动互联网媒介的使用，既要有效筛选信息以满足个人真正的信息需求，又要能够保障个人的信息安全。这就要求受众必须具备较好的移动互联网使用技能，能够有效地操作、使用和维护有关媒介工具，同时掌握有效使用和管理信息资源的技能，使自己能够从纷繁凌乱的信息世界定位自己的信息取向，通过检索、鉴别等手段安全地运用信息资源来解决问题。以往被动型的“受众”成为无数匿名的“无冕之王”，他们不仅要具备信息接收技能，更要从态度和行为多维度合理使用媒介，懂得利用移动互联技术来传播自己的声音和思想。① 总之，移动互联网受众要善于使用媒介，获取对自己更有价值的信息。

第三节　受众的传播伦理坚守

伦理作为人与人之间的一种行为规范，是从人际交往的过程中发展而来的，主要依靠舆论监督的力量进行维系。对于移动互联网时代的受众而言，传播伦理的坚守不可或缺。传播伦理的范畴是采用伦理学与传播学的理论和方法探索传播行为道德规范的系统，属于传播规律与道德规律的交叉范畴。② 受众的传播伦理作为整体传播伦理研究的一个重要方面，日益受到学界的重视。在当下的移动互联网时代，受众在传播过程中的参与度空前提升，已具有了传者和受者的双重特性，其在传播过程中应享有的道德权利和应承担的道义责任愈发凸显出来。

一　主动性：加强伦理意识与伦理学习

移动互联网条件下的信息传播环境与传统的媒体传播环境相比，使受众获得了更多的自主权，受众依靠移动互联网技术实现了充分自主性、互动性的信息交流。在信息监管相对宽松自由的网络环境中，受众更有必要主动增强伦理意识，弥补自身的知识盲区，以便在海量的复杂信息世界中不会迷失自我，能够有效避免当前移动传播中出现的一系列伦理失范问题。

---

① 芮必峰、陈夏蕊：《新传播技术呼唤新“媒介素养”》，《新闻界》2013 年第 7 期。

② 陈汝东：《论传播伦理学的理论建设》，《伦理学研究》2004 年第 3 期。

（一）明晰移动互联网受众伦理原则

1996年，新闻传播伦理领域的著名研究者詹姆士·奥考恩总结了六条媒体受众伦理准则，这六条准则主要针对的是传统媒体时代的受众伦理，但就移动互联网传播时代而言依然有很强的指导价值。这六条准则分别为：赞成交谈；要求有充分证据，才接受报道或事件的真实性；即使主动接受一个报道的真实性，也保持有益的怀疑度；鉴别并挑战信息发送者的意识形态；认知并挑战传播者的私下动机；从过去经验和收集到的事实中获得个人理解，并与媒体信息进行批判性比照。[①] 这里的传播者（信息发送者）既包括传统权威媒体机构也包括自媒体和社会化媒体等其他传播者。很明显的是，詹姆士奥考恩的原则中实际上包含了对传者和信息的怀疑和批判态度，其观点值得我们进一步反思和辩证分析。詹姆士·奥考恩总结的这六大准则中，其中有四条都是要求受众具有批判性和质疑精神，确保媒体传播信息的真实性和客观性，如提到重视事实的“充分证据 ”、鉴别隐含的“意识形态”、识别传播者的“私下动机”、对传播信息的“批判性对照”等，这对进一步明晰移动互联网条件下的受众伦理原则颇有裨益。在吸收一般性的国外优秀研究成果的同时，也要考虑中国的特殊国情，从而建立一套符合中国国情和社会实际的受众伦理原则。对于中国的受众而言，非常重要的一点是必须维护社会主义意识形态以及社会核心价值观，并勇于和善于辨别不良的意识形态侵袭，提高自我警惕意识和怀疑态度，确保中国主流意识形态在移动互联网世界中的主导地位。

由是观之，移动互联网条件下，受众不同于以往的传统受众，受众身份从被动的信息接受者的角色转变为积极的信息传播参与者的角色，甚至在某些特殊传播场景中担负着重要的传播网络节点的作用，其所发布的信息和言论可能带来巨大的网络舆论效应。因此，受众需要更好地保持自身的批判意识和质疑精神，受众应具有良好的网络表达工具使用能力，要对移动互联网技术特征有深刻的理解和掌握，要确保传播信息的真实性，要懂得一定的新闻价值判断标准。这些就成为受众面对移动

---

① James Aucoin, Implications of Audience Ethics for the Mass communicator, Journal of Mass Media Ethics, Provo: 1996. Vol. 11, Iss. 2; pp. 69 – 81.

互联网信息传播变革的总体伦理原则。

（二）肩负道德权利和道义责任

在移动互联网条件下的信息传播环境中，传播者与接受者的分野已经不再像以前那么清晰，两者之间的界线变得越来越模糊，从而导致受众不仅要承担接受者角色所应担负的道德权利和社会责任，同时亦需要承担传播者角色所必须担当的道德权利和道义责任。因此，受众既作为接受者又作为传播者形成的双重传播伦理责任在移动互联网条件下变得更加突出，尤其是传播者的角色伦理比以往任何时候显得都更加重要甚至不可或缺。由于移动互联网为受众带来的信息量呈几何级增长，带来的传播机会数倍增加，倘若受众缺乏分辨能力和批判意识，缺乏网络使用技巧和准确表达能力，将难以应对移动互联网条件下的复杂传播局面。因此，明晰道德权利和责任义务是受众在伦理层面亟待思考的重点议题。

受众应当以充分认识移动互联网带来的传播复杂性为前提和出发点，通过个人识别力和表达力，确保获得新闻信息的真实性和发布事实及言论的准确性，而不能由于个人的判断失误甚至一时脑热，无法控制自己的网络传播行为，带来负面的网络舆论效应甚至引发严重的网络舆情事件，这就违背了受众的伦理原则，不利于中国形成和谐有序的移动互联网传播格局。我们通过一个案例可见一斑，2017 年 11 月 22 日，网络上出现“北京红黄蓝幼儿园被曝出虐童”的一则消息，紧接着涌现出大量关于该幼儿园存在“群体猥亵幼童”等方面的内容，后证明信息纯系编造。根据有关数据统计可知，11 月 24 日到 11 月 26 日三天内，新浪微博一共产生 203 条热门微博，仅 11 月 24 日当天就产生 112 条热门微博。“虐童事件”经过“大 V”和各微信公众平台的大肆传播，全网阅读量达“10 万 +”的文章共有 55 条，“老虎团”“猥亵”“禽兽”等情绪化表达的字眼出现频次较多。截至 11 月 26 日，在该事件的事实真相尚不明朗且警方尚未通报调查结果的情况下，大量谣言充斥了整个网络空间。受众群体的道德责任意识过低，无疑是造成该事件谣言混传、责任不清的重要原因。

综上所述，受众享有获取公共信息的权利，同时也应承担社会道义责任。一定意义上，移动互联网就是一把双刃剑，其为社会和受众可以带来正面或负面两种截然相反的效果。移动互联网带来何种效果，其中最关键的问题是我们能否理性对待和正确使用移动互联网。唯有如此，移动互联网才能真正成为社会和受众之福。在移动互联网条件下，受众需要承担越来越多的道义责任，因此更加有必要做到明晰自身担负的传播伦理责任，对网络信息始终保持自身的敏感性和辨识力，要懂得对信息进行综合分析和逻辑推断的技巧与方法，要不断克制自己面对网络舆论的情绪化反应，秉持真实、客观和公正的态度实施信息传播行为。只有道义在肩、责任在心，受众才能将自己培养成移动互联网条件下的水平高、责任强、善传播的新型受众。当然，这是一个需要长期坚持和多方共同努力的过程。

二　自律性：自觉抵制伦理失范行为

从当前整体传播生态格局看，移动互联网条件下的传播形态为受众的自我赋权与扩张创造了更加有利的传播条件，受众参与话语表达的机会日渐增多，且完全突破了以往所受到的时空限制。受众真正实现了信息传播的自主和互动，他们既成为信息的消费者，同时也成为信息的传播者。[①] 正是基于受众作为传播者话语权的迅速扩大，我们才更有必要强调受众的传播自律，因为只有受众自觉抵制传播伦理失范行为，才能形成良好有序的移动传播格局。

（一）受众自觉提升传播自律能力

移动互联网条件下的传播环境，为具有不同政治背景、经济水平或文化层次的社会大众提供了同等的自我赋权的机会，移动智能终端用户均获得了更加自由的信息生产者的身份。但是，作为信息生产者和信息消费者合而为一的身份，往往容易导致两个角色之间的混淆，因为二者的权利和义务关系存在诸多不同之处。比如，作为信息接受者的信息鉴别能力要求和作为信息传播者的信息鉴别能力要求是有很大差异的，前者是为了获得真实可靠的信息，为自己准确理解某些现象、问题和做出正确决策而提供参考依据，后者则是为了确保信息准确无误的传播出去，为其他受众或网络用户提供有价值的信息，是为他人做参考的，更多应当承担的是传播义务，这就更需要受众不断提高传播自律意识和自律

---

① 张潇：《受众自我赋权扩张与手机传播自律》，《中国报业》2014 年第 10 期。

能力。

从现实中的受众表现而言，由于受众成分的纷繁芜杂，导致他们的信息鉴别能力存在高低不同，甚至有的受众在移动互联网条件下更是不辨真伪、不分是非地肆意传播虚假信息和恶意信息。不管他们是出于好奇心或同情心，还是存在某些明显或隐蔽的物质利益及其他利益诉求，都不应当成为虚假传播和恶意传播的理由。当前的自媒体平台十分发达，受众借助自媒体宣泄内心情绪、发表各种言论的机会不断增多，与此同时，各类社交媒体又为受众在圈层化的社交环境中传播信息提供了更多的空间。任何信息传播产生的效果都不可能是单一效果，而是在各种传播形式和环节之间产生相互影响的涟漪效应。即便为数不多的受众进行虚假传播和恶意传播，长此以往也可能破坏整个移动互联网舆论生态环境。

因此，在移动互联网条件下，普遍提升受众的传播自律意识和自律能力，就成为当前和今后很长一段时间内建构移动互联网良好生态环境的必要举措。一方面，受众要不断对自己的传播行为进行自我调节和控制，自觉用道德约束自己的网络行为，并自觉接受家人、朋友和其他人的道德提醒与监督，共同捍卫公平正义理性的传播伦理，以此增强受众作为传播者角色的传播自律意识和自律能力；另一方面，广大受众要对网络信息进行理性分析、推理、验证，以求准确判断信息的真伪、正误以及价值倾向的正确与否，尤其是对自己传播的信息进行事实比对、信息筛选和加工处理，向社会传递更多真实、客观、公正和充满正能量的有益信息，对自己的传播行为切实负起道义责任。

（二）受众调整心态防止伦理失范

中国社会自从改革开放以来获得了全面快速发展，当今时代已进入黄金发展期和矛盾凸显期，改革进入攻坚期和深水区。在此社会背景下，阶层分化日益明显，各种利益集团逐渐增多。由于不同的阶层和利益集团的立场不同，对于同一事件的认识和评价常常产生分歧，继而滋生多元的受众心态。

受众心态可以全方位反映整个社会发展过程中产生的受众情绪、共识和价值取向。移动互联网引发的传播变革，是一场泛社会化和传播权力全民化的革命，由于急躁心态在社会转型期愈发突出，移动互联网这一“传声筒”在赋予民众高度自我表达权的同时，情绪化表达也极易被放大和感染，受众心态面临着低信任感甚至不信任感扩大的危机。移动互联网及各种新媒体平台日益成为广大受众传播信息、表达情绪、发表意见以及寻求政治参与的常规路径。因此，受众通过移动互联网表达出来的观点和意见以及展现出来的情绪和情感，都可能引发传播裂变，可能在瞬间发展成波及面广、爆发性强、破坏力大、影响力久的舆情危机，带动网络谣言四起，致使受众整体伦理失范的发生。

当前，移动互联网条件下的舆论环境十分复杂，虽然传统主流媒体占据舆论场的主导地位，党和政府也高度重视网络舆论引导和综合管控工作并取得了一定成效，但是有些地方管理人员的思维固化，往往采取简单粗暴的屏蔽、封锁信息、不发声、视而不见等态度和做法，在舆情危机出现后即便进行舆论引导，往往产生的作用和效果出中也是比较有限的。随着网络技术从 Web1.0、Web2.0 发展到目前的 Web3.0 时代，网络舆论变得相对宽松，传播手段日益低门槛化，导致受众伦理失范现象更加突出。

移动互联网传播环境中，传统主流媒体“一统天下”的传播格局被打破，形成了众声喧哗的传播局面，受众心态亟待调整。受众在提升自身对舆论环境整体认知的同时，还亟须转变自身的网络不信任及信息对抗等不良社会心态，这俨然成为抵制伦理失范的关键。受众心态的健康调整和有效引导，也成为国家层面在移动互联网条件下开展社会传播伦理建设的重要内容。我们应当致力于增进传播受众的理性和自律意识，调适面对网络事件的情绪和心态，保持和平息自我情绪，追求事实真相，达成意见共识，形成积极的价值取向，最终营造一个积极、正向、理性、和谐的移动互联网舆论环境。

第九章

移动互联网条件下的国家监管策略

移动互联网技术带来的一个显著变化，就是人人都能成为信息内容的生产者和传播者，媒介融合也步入了一个崭新的发展阶段。从一定意义上而言，移动互联网重构了媒介生态环境，因此亟须形成一套适应移动互联网语境的国家监管策略。法律法规监管是最基本的监管形式，从近几年来看，国家连续制定出台了多部相关法律法规，使得国家监管有法可依，大大增强了对移动互联网条件下的传播行业监管力度。如2016年连续出台《中华人民共和国网络安全法》《移动互联网应用程序信息服务管理规定》《互联网信息搜索服务管理规定》《互联网直播服务管理规定》等法律法规，2017年连续出台《互联网新闻信息服务管理规定》《互联网信息内容管理行政执法程序规定》《互联网跟帖评论服务管理规定》《互联网用户公众账号信息服务管理规定》《互联网群组信息服务管理规定》等法律法规，2018年出台《微博客信息服务管理规定》，2019年出台《区块链信息服务管理规定》。接下来，亟须在这些相关法律法规和监管政策的基础上，进一步探索移动互联网条件下的国家监管应对策略，这对进一步加强中国网络空间法治建设和促进移动互联网新闻信息服务健康有序发展具有重要意义。

第一节　新闻信息监管：明确职责与健全制度

移动互联网的普及深刻影响着人们日常生活的方方面面。在信息传播方面，人们的信息需求通过移动互联网得到了更充分的满足，人们的表达欲求通过移动互联网得到了更充分的实现。就当前而言，智能手机的日渐普及使人们参与新闻信息传播活动变得更加便利，能够随时随地获取新闻信息和发表新闻评论信息。当普通民众利用各种自媒体和社交媒体大量参与新闻传播活动的时候，他们就不应该再被视为一种可有可无的力量了，而应该同传统媒体和新媒体公司等传播机构一起纳入有关法律法规的监管范畴。

一　明确新闻信息服务从业者职责体系

移动互联网条件下的新闻信息服务更加多元和复杂，正是针对网络新闻信息服务相关管理制度的缺失，国家互联网信息办公室在 2017 年顺利出台《互联网新闻信息服务管理规定》，针对近年来新出现的互联网新闻传播服务方面的诸多问题进行法律层面的监管，尤其是对当前移动互联网条件下的新闻传播业起到十分重要的监管作用。下面将结合该规定的法律条款，对新形势下互联网新闻的管控问题进行分析，以期对移动互联网条件下的新闻传播监管予以一定启示。

第一，坚决落实新闻信息服务提供者的总编辑责任制。互联网新闻传播的特点往往是涉及多元传播主体，导致这些传播者之间责任不清、权利不明。《互联网新闻信息服务管理规定》明确提出了总编辑责任制，其中第 11 条指出“互联网新闻信息服务提供者应当设立总编辑，总编辑对互联网新闻信息内容负总责”①，这样就使得专业新闻传播机构或其他提供新闻信息的服务方在新闻传播过程中难以摆脱自身的把关作用和传播责任，必须对通过自己的平台传播出去的新闻信息负起责任来，否则一旦由于自身把关原因出现重大新闻传播事故，就会形成明确的事故责任认定并承担相关事故责任，重则可能影响今后自身的生存发展。移动互联网环境空前自由，网络空间的匿名性和基于差序格局的网络用户媒介素养极易导致信息传播环境失衡。因此，总编辑责任制能够从顶层设计层面彻底规范互联网新闻信息服务提供者的传播行为，可谓一种长效

---

①　国家互联网信息办公室：《互联网新闻信息服务管理规定》（http：//www.cac.gov.cn/2017－05/02/c_1120902760.htm）。

的制度保障。

第二，严核新闻信息服务从业者的专业资质。对于互联网新闻信息服务提供者的法律监管，明确总编辑责任制仅是第一步，第二步需要做出明确规定是进一步限定出任总编辑人选的资质条件。《互联网新闻信息服务管理规定》第11条第一款明确规定“总编辑人选应当具有相关从业经验，符合相关条件，并报国家或省、自治区、直辖市互联网信息办公室备案”[①]。其中“从业经验”和“相关条件”的限定对总编辑人选的资质管理有相当重要的作用，总编辑人选的新闻传播专业水准将成为重要资质条件，这样就能基本保证日常新闻传播服务过程中的专业把关作用及效果。与此同时，该规定对总编辑之外的一般从业人员也做了相关资质条件要求，第11条第二款规定“互联网新闻信息服务相关从业人员应当依法取得相应资质，接受专业培训、考核。互联网新闻信息服务相关从业人员从事新闻采编活动，应当具备新闻采编人员职业资格，持有国家新闻出版广电总局统一颁发的新闻记者证”[②]。这条规定对从事互联网新闻服务的新闻采编人员提出了极为苛刻的专业要求，持有国家统一颁发的记者证的要求对于加强互联网新闻信息管理而言也确实非常有必要，应当得到严格贯彻执行。媒体从业人员在新闻传播活动中发挥着举足轻重的作用，信息传播的每一个环节都离不开媒体人的劳动。因此，媒体单位中除了总编辑进行总体方向和重要决策把关之外，普通新闻服务从业者对新闻传播内容的把关更加直接有效，只要他们的专业资质过硬，移动互联网条件下的新闻传播内容质量就拥有了更加稳固的保障。

二 健全新闻信息内容审核和管控制度

移动互联网条件下，新闻信息内容的体量极速增长，新闻信息传播行为无处不在，如何保障新闻信息内容的有效审核，在这种情况下就显

---

① 国家互联网信息办公室：《互联网新闻信息服务管理规定》（http：//www. cac. gov. cn/2017 - 05/02/c_ 1120902760. htm）。

② 国家互联网信息办公室：《互联网新闻信息服务管理规定》（http：//www. cac. gov. cn/2017 - 05/02/c_ 1120902760. htm）。

得异常重要。《互联网新闻信息服务管理规定》第12条规定“互联网新闻信息服务提供者应当健全信息发布审核、公共信息巡查、应急处置等信息安全管理制度，具有安全可控的技术保障措施”[①]。该规定对新闻信息内容审核做出明确的要求，并将该要求提升到信息安全管理制度的高度，同时规定中提出要求新闻信息服务提供者“具有安全可控的技术保障措施”，这就使得内容审核与管控工作具有更加切实可行的实质性保障。因为移动互联网条件下的新闻传播从业者每天都要面对数以万计的新闻信息审核任务，如果完全依靠人工审核是不可能完成的任务。而借助当前人工智能技术的最新成果，进行机器识别和自动过滤来监测传播内容，进而辅以人工审核相对更具复杂性的内容，就可以更加有效、高质量地完成内容审核任务，从而保障网络新闻信息的传播安全。

移动互联网为人们传播信息、发表观点和交流意见提供了前所未有的便利机会，但是在信息时效性大大提高的同时，却出现虚假信息和谣言传播等负面影响，全景敞视的互联网环境一方面时刻监督着人们的言行举止，另一方面也的确存在一些黑暗的、不光彩的角落。对互联网新闻信息服务平台上注册用户的信息传播行为进行有效管理，其现实意义日益彰显。《互联网新闻信息服务管理规定》第13条第一款对此做出了用户实名制管理的明确规定，“互联网新闻信息服务提供者为用户提供互联网新闻信息传播平台服务，应当按照《中华人民共和国网络安全法》的规定，要求用户提供真实身份信息。用户不提供真实身份信息的，互联网新闻信息服务提供者不得为其提供相关服务”[②]。坚持实施好用户实名制管理，就可以对用户构成一定的制约，对保障用户生产内容的质量提供了第一道屏障。紧接着，该规定第14条进一步规定，“互联网新闻信息服务提供者提供互联网新闻信息传播服务，应当与在其平台上注册的用户签订协议，明确双方权利义务。对用户开设公众账号的，互联网

---

① 国家互联网信息办公室：《互联网新闻信息服务管理规定》（http：//www.cac.gov.cn/2017－05/02/c_ 1120902760.htm）。

② 国家互联网信息办公室：《互联网新闻信息服务管理规定》（http：//www.cac.gov.cn/2017－05/02/c_ 1120902760.htm）。

新闻信息服务提供者应当审核其账号信息、服务资质、服务范围等信息，并向所在地省、自治区、直辖市互联网信息办公室分类备案”[①]。围绕自媒体传播形成的如此体系化、细致化的制度性规定，就对用户生产内容的质量监督和管控起到决定性的保障作用。

此外，还需要不断完善互联网新闻信息传播的社会监督机制。移动互联网内容海量、传播迅速、影响广泛，因此必须接受各方面的有效监督。《互联网新闻信息服务管理规定》第 18 条第二款规定“互联网新闻信息服务提供者应当自觉接受社会监督，建立社会投诉举报渠道，设置便捷的投诉举报入口，及时处理公众投诉举报”。[②] 在此基础上形成一种自我规训的移动互联网传播机制，遏制不法分子的恶意传播乃至社会破坏念头。该规定第 20 条继续明确，“任何组织和个人发现互联网新闻信息服务提供者有违反本规定行为的，可以向国家和地方互联网信息办公室举报。国家和地方互联网信息办公室应当向社会公开举报受理方式，收到举报后，应当依法予以处置。互联网新闻信息服务提供者应当予以配合”[③]。监督入口与举报程序并行发挥效果，最大限度上为广大民众提供监督网络信息的窗口，保障了移动互联网条件下新闻传播秩序的良性运转。

第二节　网络视听监管：建立标准与全面监管

伴随移动互联网的日益普及，信息传播与交流的平台日益多元，从手机、iPad 等移动终端到荔枝、蜻蜓 FM 和抖音等移动应用客户端，从芒果 TV 的夫妻观察治愈节目《妻子的浪漫旅行》到腾讯视频出品的亲密关系实景观察节目《幸福三重奏》，网络视听节目不断创新，形式多种多

① 国家互联网信息办公室：《互联网新闻信息服务管理规定》（http：//www. cac. gov. cn/2017 - 05/02/c_ 1120902760. htm）。

② 国家互联网信息办公室：《互联网新闻信息服务管理规定》（http：//www. cac. gov. cn/2017 - 05/02/c_ 1120902760. htm）。

③ 国家互联网信息办公室：《互联网新闻信息服务管理规定》（http：//www. cac. gov. cn/2017 - 05/02/c_ 1120902760. htm）。

样，集声音传播与图像传播于一体，信息呈现方式越来越趋向人性化传播形态，但与此同时亦存在着诸多方面的传播风险，面临诸多方面的监管难题，这些都亟待破解。

围绕视听节目监管问题，2016 年国家相继出台《关于加强网络视听节目直播服务管理有关问题的通知》《互联网直播服务管理规定》，2017 年中国网络视听节目服务协会在《互联网视听节目服务管理规定》（2007）和《网络剧、微电影等网络视听节目内容审核通则》（2012）基础上发布《网络视听节目内容审核通则》，由此对移动互联网条件下各类视听节目内容监管工作进行了与时俱进的调整，监管内容进一步规范，监管力度进一步增强。虽然《网络视听节目内容审核通则》是行业协会制定的规则，但是对协会下属各个成员单位均有较强约束力，因此该通则里所提出的一系列管理条款能够对整体行业内的视听节目内容监管工作起到重要的作用。

一　建立互联网视听内容监管标准

移动互联网带来视听信息传播更加自由和便捷的同时，几乎不设年龄限制的视听信息传播门槛也导致国家意识形态和公共利益长期处于风险状态。一般情况下，越是相对自由的受众，其信息辨别力越弱，道德自律意识越低，就越容易出现传播极端现象，从而可能危害公共安全。《网络视听节目内容审核通则》非常重视国家意识形态安全和社会公共利益，第二章第 4 条第一款即指出视频内容的一个重要审核要素“政治导向、价值导向和审美导向”，具体到第四章节目内容审核标准中详细规定了视听节目不能违背国家意识形态安全和社会公共利益的几条底线，第四章第七条第二款“危害国家统一、主权和领土完整，泄露国家秘密，危害国家安全，损害国家尊严、荣誉和利益，宣扬恐怖主义、极端主义的”和第五款“危害社会公德，扰乱社会秩序，破坏社会稳定，宣扬淫秽、赌博、吸毒，渲染暴力、恐怖，教唆犯罪或者传授犯罪方法”①，集中体现了底线要求。

---

① 中国网络视听节目服务协会：《网络视听节目内容审核通则》（http：//news. cctv. com/2017/06/30/ARTIm9a7zMhtdUHKCE0OqlfP170630. shtml）。

在基本底线要求的基础上，《网络视听节目内容审核通则》对如何执行具体内容审核做了条分缕析的明确规定，基本明确了禁止制作和播放的内容、应予剪辑和删除的内容及情节、体现高雅健康的审美情趣和文化品位等相关具体审核标准。如第8条第九款对“危害社会公德，对未成年人造成不良影响的”系列行为做了明确规定，只要有其中的具体内容或情节，都不能直接播出，如含有“以肯定、赞许的基调或引入模仿的方式表现打架斗殴、羞辱他人、污言秽语等”“表现未成年人早恋、抽烟酗酒、打架斗殴、滥用毒品等不良行为”[①]，就必须将涉及的违规内容剪辑删除之后，方能播出整个视听节目。

由此而言，《网络视听节目内容审核通则》不失为监管网络视听节目内容的一个有力规定，它能够对快速增长的各类互联网视听节目起到切实的审核监管作用。但是，《网络视听节目内容审核通则》毕竟只是一种协会内部会员单位自律性的规定，而不是法律法规层面的规定，有关部门应当充分考虑这种实际情况，更加有的放矢地制定相关监管法规和国家政策，从而建立起一套互联网视听内容监管的标准体系。

二　全面加强互联网直播服务监管

随着移动互联网的深入发展，网络直播行业迅速火爆起来。但是，网络视频直播乱象引发了整个社会的担忧，网络直播监管缺失的问题暴露出来。因此，迫切需要对网络直播的内容和形式进行全面从严监管。

2016年是网络直播的元年，也是各类直播主体野蛮生长的一年。一直以来，直播秀场中存在的各种乱象不断引起相关部门的注意，并且一直在适时地采取相关整治措施，尤其是加大违规处理和违法查处的力度。为了促进移动直播行业健康有序发展，国家广电总局和网信办在2016年相继出台《关于加强网络视听节目直播服务管理有关问题的通知》和《互联网直播服务管理规定》，使得移动直播行业有法可依、有规可循。

---

① 中国网络视听节目服务协会：《网络视听节目内容审核通则》（http：//news. cctv. com/2017/06/30/ARTIm9a7zMhtdUHKCE0OqlfP170630. shtml）。

《关于加强网络视听节目直播服务管理有关问题的通知》（以下简称《通知》）规定，禁止网络视频直播平台在未取得“网络信息传播视听节目许可证”的情况下，提供视频直播间的视频直播服务，同时也规定个人不能无资质从事直播。《通知》还要求，从事直播的个人和组织，要摒弃低俗、过度娱乐和宣扬拜金的内容，努力传播积极向上、健康的和有涵养的直播内容。《互联网直播服务管理规定》则界定了网络直播的概念，即基于互联网以视频、音频、图文等形式向公众持续发布实时信息的活动。从这个概念界定可以看出，从直播的内容和形式上扩大了监管的范围，监管对象不仅包括视频，音频也同样要受到监管，其中首当其冲的是音频类应用客户端。该规定还明确指出，互联网新闻直播的提供者和发布者，在未取得互联网新闻信息服务资质的情况下，禁止开展新闻直播业务，这条规定将一些从事时政类新闻、突发性新闻和新闻评论的平台和个人挡在门外，有利于保证新闻信息真实性和社会稳定。规定还要求，从事互联网直播服务的平台，要切实遵守法律法规，严禁从事有损社会健康和不利于社会主义核心价值观的直播活动。

互联网直播领域的监管重拳频出，加上各种网络直播平台本身内容同质化现象就很严重，这两种因素将使整个直播行业重新洗牌，强化垂直领域直播和增强直播原创性将是未来直播的发展方向。面对新的行业发展趋势，现有的监管法规、政策和措施能够起到积极的监管作用，基本保证网络视频直播行业的健康有序发展，但是在有些监管层面还存在不够细致全面的问题，尤其是在面对一些新出现的行业问题时，监管难以充分到位。因此，在今后一段时间内，应集中研究相关问题和新的情况，不断改进和完善监管规定，全面加强互联网直播服务监管。

第三节　改革新媒体融合产业管理体系

移动互联网技术的发展为中国传媒产业尤其是新媒体产业的繁荣奠定了强大的技术支撑，极大地推动了传统媒体与新媒体的深度融合发展。面对新媒体融合产业的蓬勃发展，有必要进一步完善产业相关法律法规和政策制度等管理体系，并加快探索今后中国传媒体制改革的基本思路与可行方向。

一 加强移动互联网终端服务管理

从技术特征的角度而言，移动终端和应用服务是移动互联网的两大基本要素。应用服务必须立足于移动终端基础之上，以智能手机为主的移动互联网终端为多种多样的应用服务软件提供了良好的物质硬件基础。一定意义上，移动互联网技术为新闻信息、视听节目、网络游戏和电子图书等数字内容的传播注入了新的活力，也为用户消费数字内容提供了多样化的选择。① 从移动互联网用户的实际使用情况看，移动互联网终端服务存在诸多方面的隐忧，如虚假信息、网络暴力、欺诈陷阱等。因此，从加强政府管理的层面而言，需要进一步加强对移动互联网终端服务领域的监管，而且管理移动互联网终端和管理应用服务需要同时出手、兼而有之。

针对移动互联网终端服务领域的管理，应当采取多措并举的融合监管之策。一般情况下，移动互联网终端服务领域牵涉国家政府的电信管理部门、广电管理部门、宣传管理部门、文化管理部门和工商管理部门等多部门交叉业务管理范畴或环节，除了这些具体的政府行政管理部门需要集体共同管辖之外，从产业运行的层面看，也往往涉及内容提供商、服务提供商、终端厂商、平台运营商和网络运营商等产业链的多个环节以及多种内容传播形态。因此，面对多重产业链环节，可尝试借鉴国际上的融合监管经验，建立一个高于这个行业的专门独立机构。② 这个机构融合了多个管理部门权限，统筹了产业链条的多个环节，是行业内进行融合监督和管理的唯一机构，这样就大大提高了监管的效率和效果。此外，我们还需要进一步完善社会举报机制与行业自律机制，遵循移动互联网传播的规律，围绕移动网络、移动终端、应用服务等各个要素与环节，不断强化行业内部的自律机制，从而形成行业融合管理的立体监管格局。

---

① 何波：《移动互联网之发展现状及监管对策》，《广播电视信息》2011 年第 10 期。

② 何波：《移动互联网之发展现状及监管对策》，《广播电视信息》2011 年第 10 期。

与此同时，应出台移动互联网专项法规，强化移动互联网应用客户端程序的法治化管理。2016 年 6 月 28 日，国家互联网信息办公室发布了《移动互联网应用程序信息服务管理规定》。移动互联网应用客户端程序成为当下大多数人手机里的常规配置。这些应用客户端程序为移动用户带来了方便快捷的信息服务，激活了互联网背景下的经济社会活力。但是同时要注意，应用客户端程序也有可能成为不法分子实施违法犯罪行为的平台，比如在应用客户端程序上传播黄色淫秽信息和危害国家安全的违法违规信息，窃取公民个人隐私或者实施诈骗行为等。《移动互联网应用程序信息服务管理规定》的发布，标志着应用客户端程序管理步入法治轨道。该规定要求无论是应用程序的提供者还是应用商店服务商，均不得从事危害国家安全、扰乱社会秩序、侵犯他人合法权益等法律法规禁止的活动。同时还要求应用程序提供者承担信息安全管理责任，基于移动电话号码等真实身份信息对注册用户进行认证。该法律注重保障用户的知情权和选择权，如要求在用户安装或使用过程中，要向用户明示并经同意后，才能开启收集地理位置、读取通讯录、使用摄像头、启用录音等功能，不得开启与服务无关的功能或捆绑安装无关应用程序。法律还规定了应用商店服务商对应用程序提供者履行相关审核管理责任。今后应继续跟踪移动互联网终端服务领域的新变化，及时调整管理政策。

二　完善新媒体融合信息版权管理

面对移动互联网带来的新媒体产业融合发展格局，逐渐暴露出来的信息版权管理的系列问题尤当引起管理部门的足够重视。以往由传统媒体主导的传媒市场版权归属相对清晰，但是免费内容大肆传播的网络传播时代到来之后，引发了愈演愈烈的信息版权之争。一方面是传统媒体的版权保护出现了断裂；另一方面是近年来自媒体的迅速发展带来的新媒体信息版权问题进一步严重。原有的版权管理法律法规严重滞后，无法解决新的融合信息版权纠纷问题，难以维持各个传播参与方的利益平衡状态。这就需要我们全面分析当前信息版权遇到的各个层面问题，重构新媒体融合信息版权管理体系。

为推动产业健康发展，中国亟须建立一套完整的互联网新闻版权法规体系。虽然目前有非常权威的《中华人民共和国著作权法》，但是距离完整的法律法规体系相去甚远，还有待进一步提升和完善。我们应该看到，信息版权问题在国内外都有一些相似的现象或问题出现，国外一些国家对本国著作权法都做了适当调整，针对违反信息版权的有关问题进行了约束和惩戒的重新规制。国外的立法经验对中国具有一定的借鉴意义，一方面是借鉴其通过法规严格限制信息传播侵权行为发生的经验；另一方面是借鉴其在信息传播侵权事件发生后有一套有效的法律规制进行解决的经验。

从当前来看，《互联网新闻信息服务管理规定》的出台对互联网转载以及相关版权做出了比较明确的规定，其中第15条第一款对转载新闻信息提出了具体而明确的要求，“互联网新闻信息服务提供者转载新闻信息，应当转载中央新闻单位或省、自治区、直辖市直属新闻单位等国家规定范围内的单位发布的新闻信息，注明新闻信息来源、原作者、原标题、编辑真实姓名等，不得歪曲、篡改标题原意和新闻信息内容，并保证新闻信息来源可追溯”①，这条规定一方面从新闻源头保证了新闻信息的真实性和权威性；另一方面对新闻信息版权有了明确的认定，要求转载新闻信息必须明确和尊重新闻信息的原作所有权。由此而言，新闻作为一种知识，和其他的知识一样有其自身的产权归属，这种知识产权在移动互联网条件下必须得到尊重和保护。今后，我们应继续完善新媒体融合信息版权管理法规，在保护好信息版权的同时，也需要遵循保护适度的原则，唯有如此，才能确保传播各方的利益保持大体均衡，从而为信息传播活动的和谐有序开展提供坚实的法律保障。

三　传媒管理体制改革的创新思路

伴随移动互联网的飞速发展，整个传媒业正处于一个体系重构、动力变革与范式转换的大转型期。近年来，传媒产业结构已经悄然发生深刻的变化，例如百度、腾讯、阿里巴巴等互联网巨头企业规模持续扩大，产业生态布局不断优化，产业链建设日益完善，5G时代的到来将使传媒

---

① 国家互联网信息办公室：《互联网新闻信息服务管理规定》（http://www.cac.gov.cn/2017-05/02/c_1120902760.htm）。

竞争更加激烈，内容付费、粉丝经济和数据跨境贸易正在成为传媒业新的经济增长点。[①] 传统的图书、报纸、广播、电视、电影等大众媒体市场急剧衰微，基于互联网的各种新媒体平台发展势头强劲。面对传媒市场结构的变化，以往的传媒管理体制有诸多方面已不能适应实际需要，亟待进一步创新改革思路。

传媒管理体制的革新，首先，要建立起一套真正的融媒体管理体制，它要求彻底填平相关管理部门之间以往存在的鸿沟，对涉及媒体融合发展事业所需的各方面资源进行有效的整合与打通，唯有如此才能更加有效地发挥资源优化配置的作用，集中资源和精力办好媒体融合发展大业；其次，可局部性调整“事业性单位、企业化管理”的主要管理体制，不进行一刀切的模式，而是给予媒体一种政策支持机制，比如将媒体业务进行分层处理，纯粹的政治宣传业务和社会公共服务部分由国家财政承担，不允许商业运作，与此同时，允许经营一些可以市场化运作的业务，给予媒体一定的灵活处理机制；最后，对于不同级别的媒体机构采取不同的融媒管理方案。如中央级的媒体可以进行体系重构，将中央三大台合并成立中央广播电视总台即是改革创新举措之一，省级媒体着重培养和扶持一到两个新型媒体集团，采取不同于传统主流媒体的管理体制，对于市县级媒体尤其是县级媒体可尝试回归体制内管理的试点方案，按照事业性体制进行管理改革，设计更加合理高效的目标绩效考核体系，真正发挥其引导群众、服务群众的功能。

中国媒体管理体制改革的声音一直比较强烈，但是中国有复杂的国情社情，也有着比较复杂的媒体结构，因此管理体制的改革不可能一蹴而就，也不会一劳永逸。中国的媒体管理体制改革创新，既不能走西方媒体普遍的全面市场化、自由化的路子，也不能走完全事业化的单一发展路径，甚至对不同区域不同级别媒体实施的管理改革措施都应该实事求是、因地制宜。从总体的改革趋势来看，无论采取怎样的创新改革举措，所实施的改革一定要更有利于建立一批具有强大传播力和影响力的新型主流媒体和媒体集团，要更有利于满足人民追求美好生活的信息需

---

① 崔保国、郑维雄、何丹嵋：《数字经济时代的传媒产业创新发展》，《新闻战线》2018年第6期。

要，要更有利于建设一个和谐有序的新闻传播新格局。

第四节 增强移动用户的信息安全保障

随着移动互联网对人们日常工作和生活的深度嵌入，以智能手机为代表的移动终端设备基本接近普及状态，然而大量移动用户对移动互联网带来的信息安全问题缺乏充分认识，更谈不上思想上的高度重视。与此同时，移动互联网相关法律法规建设和政府监管措施往往存在明显的滞后性。正是因此，不法分子才得以利用受众的心理和法律的空子，进行不良信息传播、窃取用户隐私、实施网络诈骗等违背网络信息安全的不法行为。因此，除了受众自身提高信息安全意识和注重自身新媒体素养之外，国家和政府层面应当敢于出手，实施有效的规范化管理，从而为广大移动互联网用户的信息安全提供最根本的保障。

一 加快网络立法与加强个人信息法律保护

移动互联网技术的变革速度非常快，但是相关法律法规的制定却需要保持一段时间内的稳定，这就产生了一定的矛盾。这对矛盾迫切需要法律法规的制定者予以充分重视与合理解决，出台既切实可行又具有前瞻性的法律法规，解决由技术发展带来的社会之困，减少由于法制滞后与不健全给人们带来的各种利益侵害。从当前来看，加快网络立法与加强个人信息法律保护，在技术发展日新月异、社会变革日益提速的情况下显得更加紧迫。

我们建议针对移动互联网领域的发展实际和未来趋势，早日展开专门立法。移动互联网领域涉及的产业范围非常广，涉及的政府管理部门也比较多，一直以来就缺乏一个行之有效的、具有整体性的行业监管法律体系。比如《电信法》虽在2005年就进入了国家立法的议事日程，但是直到今天仍然没有顺利出台，由此可见其牵涉的各方面复杂因素之多，绝非一朝一夕就能够理顺和解决的。当然，《电信法》虽然一时难以制定出台，但是一些相关的法规制度和管理规章一直在陆续制定和面世。比如《外商投资电信企业管理规定》（2008）、《规范互联网信息服务市场秩序若干规定》（2011）、《电信和互联网用户个人信息保护规定》（2012）、《关于加强移动智能终端管理的通知》（2013）等相继出台，为移动互联网信息传播领域提供了必要的法律保障。

近年来，中国网民因个人信息的泄露而遭遇网络传销、诈骗的案件呈高发态势，其中不仅存在网民自我信息保护意识不够的问题，还存在对网络运营者不当使用用户信息的监管缺失的问题。针对网络运营者未经用户同意，为谋取商业利益而导致用户信息泄露，遭受经济损失的问题，第十二届全国人大常委会表决通过了《中华人民共和国网络安全法》，并于2017 年6 月1 日起实行，以求有效遏制网络信息泄露和网络诈骗的高发态势。《网络安全法》明确要求网络运营者在收集用户信息时，要表明信息使用的目的、方式和范围，在征得用户同意的基础上，才能对信息进行合法、合理使用。该法律还明确要求网络运营者要建立健全有效的用户信息保护机制，确保收集的用户信息不被泄露。该法律还规定在互联网上利用网站和社交软件群组实施诈骗、传播犯罪方法以及制作销售违禁品的个人或组织，要受到法律严惩。

此外，人肉搜索等网络信息搜索方式对个人信息的不良侵害事件时有发生，相关法律对其进行了一定规范。2016 年的“魏则西”案引发了国家网信办对规范互联网信息搜索服务的重视，并于2016 年6 月25 日下发《互联网信息搜索服务管理规定》。该规定涉及立法依据、接受管理者的性质和应该承担的义务、对网络公关的严厉打击、对搜索网站中付费搜索业务的规范以及用户保护自身权益等方面内容。其中，“建立健全行业自律制度和行业准则”的写入，标志着中国互联网治理思路正在由他律逐渐转变成自律，这就要求提供互联网信息搜索服务的企业要自觉接受社会监督，更好地履行社会责任。自律和他律相比，其优势是能够在行业内形成一种无形的约束力量，行业内部体现出的积极性和主动性更高，这也是中国网民对互联网法治的一种期待。该规定还明确指出网络信息搜索服务提供者需要履行的法定义务，要求平台建立起搜索服务平台的整体责任体系。今后，随着移动互联网带来的个人信息保护方面新问题的出现，应当不断修订和完善相关法律法规，形成一个科学高效的个人信息安全保护法律体系。

二 加强政府监督与强化用户信息安全教育

移动互联网条件下，个人信息安全问题比以往的任何时候都要突出，而个人信息安全的有效保障，需要行之有效的法律体系，需要个人提高信息安全意识并掌握网络行为中的自我保护方法。此外，政府监督和执法管理效果如何，也成为一个越来越重要的关键因素。倘若政府监督和管理不力，结果就是移动互联网用户的个人信息安全频受侵害且难以合理解决，从而造成相关政府部门难以取信于民，进而阻碍移动互联网行业的健康有序发展。

加强政府部门监管，需要解决多方面的问题。首先，要明晰具体权责关系，避免事件涉及的多个行政部门之间互相扯皮、互相推诿，如遇部门交叉的问题，亦需要有一个高于各个行政部门之上的协调机构进行全面研究和统筹协调；其次，要对各类互联网企业、平台等移动互联网市场主体进行规范监督，确保企业具有保护用户个人信息安全的技术能力和相关制度；最后，政府要监督到位，针对涉事企业执法必严，严格惩处和依法制裁对个人信息保护措施不力的企业，对于造成严重用户信息安全问题的企业实行一票否决，形成行业监管的巨大威慑力，推动整个行业树立起保护用户个人信息安全的集体意识，形成自觉维护用户个人信息安全的良好风气，从而为个人信息安全提供切实有效的保障。

面对移动互联网日新月异的发展态势，政府有关部门除做好行业监管职责外，应不断加强对全社会民众的移动互联网信息安全教育。从当前总体情况看，中国移动互联网用户的个人信息安全防护意识不足，用户的移动互联网媒介素养状况与实际媒介使用情况相比存在巨大的鸿沟，因此迫切需要加强用户的个人信息安全意识和进一步提高移动互联网媒介素养。

政府部门需要做好以下几项任务。一是大力加强个人网络信息安全的宣传工作，如对冒充熟人和客服诈骗、网络交友诈骗、交易异常诈骗等最新的电信网络诈骗手段，要通过各种传播手段向全体社会民众进行揭示和宣传报道，提高社会民众的信息安全意识，让电信网络诈骗无利可图、无处藏身；二是各级有关部门要积极组织多种形式的网络信息安全教育活动，如积极发动社区管委会等在管辖的社区范围内开展灵活多样的信息安全教育，以保证信息安全教育的普及效果；三是将信息安全教育更充分合理的分阶段、分层次纳入九年义务教育，对广大青少年进行适时的普及教育，使他们从小树立良好的信息安全意识；四是组织发动互联网企业协同开展信息安全的宣传教育活动，借助这些互联网企业与用户之间交流互动的优势，全面扩大信息安全教育的成果。总之，个人信息安全教育应该成为政府有关部门的一项重要工作，应采取更加多样化的安全教育形式，组织开展教育效果更突出、更有创意性的安全教育活动，从而不断强化移动互联网用户的信息安全意识以及不断提升新媒体素养，为移动互联网的健康有序发展筑牢社会根基。

第十章

结论与讨论

本书全面探讨移动互联网条件下的新闻传播新形态及其特征，判断其未来演变趋势，进而提出媒体、受众、政府等不同传播主体的应对策略。概括而言，本书首先对移动互联网技术及其传播应用进行了较为清晰的阐述，在此基础上，全面描绘了移动互联网条件下的传者图像，探索了移动互联网条件下的融合媒介，剖解了移动互联网条件下的全媒内容，明晰移动互联网条件下的多元受众，提出了移动互联网条件下的传播主体应对策略。

第一，阐述移动互联网技术及其传播应用。

随着移动互联网技术的不断迭代升级，技术越来越完美，为新闻传播的发展提供了必不可少的技术支撑，其中主要涉及移动社交技术、位置信息技术、移动视频技术、移动传感技术等最关键的几项传播技术应用。正是这些传播技术应用，才得以不断创生新闻传播的系列新形态。

探求移动互联网条件下的新闻传播规律，应当了解和掌握移动互联网技术的核心要素及发展变迁。移动互联网技术的核心要素有三个：一是移动互联网的前提和基础——移动终端；二是移动互联网的重要基础设施——移动网络；三是移动互联网的技术应用核心——应用服务。移动互联网技术的发展变迁，从当前而言，大致经历了五个发展阶段，即：1G：第一代移动互联网技术；2G：第二代移动互联网技术；3G：第三代移动互联网技术；4G：第四代移动互联网技术；5G：第五代移动互联网技术。

为了探究移动互联网条件下的新媒体形态特征及其未来趋势，还应当摸清移动互联网技术条件下的典型传播应用。一是视频传播类的应用，包括智能化视频软件应用、视频直播类应用、短视频类应用；二是社交与娱乐的主要应用，包括微信——免费的即时通讯服务、微博——社会化分享交流平台、游戏——个性化与交互式的新娱乐；三是位置服务类的应用，主要是基于用户的具体地理位置来提供相应服务的信息增值业务；四是新闻服务类的应用，包括机器人写作、数据新闻、临场化新闻、可穿戴设备、移动互联网+政务信息服务、个性化推荐信息服务等新应用；五是生活服务类的应用，主要包括移动购物类应用、共享服务类应用、日常服务信息类应用、金融理财信息服务应用、医疗健康服务应用、教育学习类应用。

第二，描绘移动互联网条件下的传者图像。

移动互联网条件下的传者主体依然是传统媒体与新媒体行业中的职业媒体人。他们对移动互联网条件下的媒体转型认知情况及其从事新媒体产品生产的具体情形，都直接关涉移动互联网条件下的传者"画像"的准确性和深刻性。本书面向中国职业媒体人通过问卷调查的方式展开研究，以期全面而深入的了解移动互联网时代背景下中国职业媒体人的媒体转型认知及其新媒体产品生产情况。

通过移动互联网条件下的职业媒体人问卷调查分析，获得了职业媒体人对媒体转型的整体实践认知情况。从职业媒体人的视角，明确了媒体转型的最重要事项，摸清了媒体转型急需的体制机制改革重点，以及媒体转型措施的效果评价。勾勒出了职业媒体人的新媒体产品生产图景，既看到了职业媒体人的新媒体产品生产具体情形，也梳理了职业媒体人的新媒体生产能力培训培养情况。

伴随移动互联网与新媒体技术的不断发展，中国传统媒体转型经历着一个迅速变革的过程，从移动延伸的手机报到两微一端，再到当今智媒转向的智能化融媒体，指引着传统媒体转型的未来趋势。人民日报、中央电视台、新华社、光明日报、湖北广播电视台、浙江日报等构成了中国传统媒体转型的典型经验，对其他传统媒体转型和新媒体产品生产提供了一定的经验借鉴。

移动互联网条件下，传者发生的改变是颠覆性的，这就需要我们对传者图像进行重新描摹，尤其需要跟踪和判断传者的演变趋势，才能适应移动传播的未来，这些趋势主要包括：新闻媒体与技术公司合作态势日趋显著、自媒体社交化的参与式传播价值更加彰显、职业媒体人的融媒生产与协作能力不断提高、人机协同的内容自动化生产机制趋向成熟。

第三，探索移动互联网条件下的融合媒介。

移动互联网对传播媒介形态带来全面影响，移动互联网条件下的新媒体形态与报刊、广电等传统媒体形态相去甚远。媒介终端从传统型媒介衍变为新型终端形态，媒体平台形成“移动优先”的新媒体平台架构，媒介内容则是新型设计的传播内容形态。智能手机成为最具普及性的移动媒介终端，iPad 等平板电脑成为媒体融合的一种人性化媒介形态，VR/AR 代表了沉浸式传播的虚拟体验媒介，可穿戴设备则是提供贴身服务的传感媒介。

移动互联网条件下的融合媒介特征体现了其独特性所在。移动互联网媒介终端的物理特性包括：媒介终端的移动性、媒介终端的个体性、基于位置提供服务、以用户需求为导向。进而形成移动互联网条件下的三个媒体传播特征：“个人化”传播——个体性因素与私密性意涵、“社交化”传播——伴随虚拟社交的信息传播过程、“全时空”传播——随时随地的信息传播体验。

根据美国学者保罗·莱文森所提出的媒介进化理论，新媒体将趋向更加人性化的演进趋势，新媒体的形态和特征一定会更加符合人类的信息传播需求。传播媒介形态的嬗变和新特征的彰显，使得我们可以清晰地判断出未来传播媒介的几个发展趋势：媒介深度融合趋势进一步加强、未来传播媒介更趋智能化、新闻传播媒介边界不断模糊、媒介引发的信息安全问题更为复杂。

第四，剖解移动互联网条件下的全媒内容。

移动互联网条件下，从传播内容角度而言，媒体为受众提供全媒内容的能力不断增强。本书首先通过大量移动新媒体产品内容案例解析，对微信公众号、短视频、数据新闻、直播新闻、H5、VR/AR 等多种不同形态的传播内容进行详细剖析，探讨移动互联网条件下的不同传播内容形态及其特征。

本书对人民日报微信公众号这一传播内容典型个案进行分析，通过随机选择 2018 年 4 月 15 日至 5 月 16 日的 73 篇图文内容和 2018 年 8 月 27 日至 9 月 26 日的 74 篇图文内容，进行议题设置和高频词的相关分析，并在内容分析法的基础上佐以定性研究方法，对信息样本的部分高频词做进一步分析，总结其传播内容及其典型特征。其在议题内容方面，第一个典型特征是报道内容准确、观点权威，第二个典型特征是标题内容彰显强烈的情感价值，第三个典型特征是推送内容的图文结合度极高。与此同时，高频词汇也反映出几个明显特征，一是党的建设尤其是党内反腐败议题相关词汇集中出现；二是习近平重要活动相关词汇也属于人民日报微信公众号的超高频关键词；三是有着鲜明情感倾向的词汇使用较为频繁。人民日报作为中央主流媒体的旗舰，不断寻求为受众提供更丰富的优质新媒体内容产品，担当社会舆论引导的先锋，在网络空间真正发挥了新型主流媒体的主导作用。

移动互联网条件下的媒介传播内容正在发生巨大变化，揭示其基本的演变趋势，有利于我们更好地应对移动互联网传播的未来格局。从总体趋势上看，传播内容正朝向 UGC 内容与 PGC 内容融合共生、图文内容与视听内容融合叙事、新闻内容与服务内容融合发展、内容生产产品化及个性化传播等趋势不断演变。

第五，分析移动互联网条件下的多元受众。

随着移动互联网的深入发展，广大网民通过移动终端接入网络的频率不断提高，日益趋向普及状态。在移动互联网条件下，通常意义上的被动型受众正在最大限度地转化为积极用户的角色。在新闻传播过程中，受众获取新闻信息的方式更加多元，使用媒介的习惯也发生深刻改变，新闻传播效果的衡量标准也有必要进行重新调整，受众角色正在悄然发生变化，然而不变的是受众对新闻信息日益扩大的需求。

本书通过问卷调查法展开受众分析，调研移动互联网用户的新闻信息接触习惯，包括每天上网时长、上网媒介、上网动机、具体上网行为、经常使用的视频类应用客户端、经常使用的音频类应用客户端、经常关注的新闻资讯类微信公众号、经常使用的新闻资讯类客户端、比较喜欢接触的新闻类型、浏览新闻的场所、浏览新闻的时长、接触新闻经常采取的互动方式、面对媒体信息偏差或错误的看法、在与网络主流观点发生冲突时的做法、在安全性和隐私保护方面的用户评价、对自身新媒体素养是否有必要提高的认知情况。使我们对当前的多元复杂受众有了一定了解，也大体摸清目前移动互联网用户的新闻信息接触习惯。

囿于时间、精力和经费的限制，对于国外受众的信息接触行为分析，主要依托现有的受众调查数据，尤其是路透社的全球主要国家受众的研究数据作为重要数据来源。自 2013 年开始，使用智能手机访问新闻的比率每年都在迅速增长，年龄较小的群体对智能手机表现出更强烈的偏好。本书着重分析了移动互联网给传播受众带来的关于获取新闻途径、新闻内容类型和使用场景三项主要内容的变化。此外，包括受众的新闻信任度、内容满意度、受众与媒体间的关系、新闻付费行为、广告传播偏好、用户算法和编辑等都值得进一步研究。

移动互联网条件下，传播受众发生的变化有目共睹，今后的受众将会发生更大的变化，摸清受众演变的趋势，对于新闻传播业的发展而言至关重要。从当前来看，可以判断出如下几个发展趋势：基于场景的信息接触模式更加成熟、传播过程中的受众主体意识不断增强、多任务切换的行为习惯日益养成、受众新媒体素养将成为社会基本素养。

第六，提出移动互联网条件下的应对策略。

新闻媒体作为新闻信息的主要提供方和传播者，需要遵循移动传播规律，针对转型发展中面临的多种问题，从多个层面采取了积极的应对策略，才能真正融入当下这个移动互联网时代，进而开创深度融合发展的良好局面。本书主要使用深度访谈法，通过对代表性的新闻媒体各层次从业者进行访谈，获取来自媒体一线的经验认识和判断，进而结合有关理论对媒体应对策略展开探索性的研究。新闻媒体要寻求移动互联网条件下的顺利转型与融合发展，自身需要克服几个关键问题：媒体宏观管理体制问题、媒体内部管理机制问题、新媒体生产机制与生产流程问题、用户思维和市场导向问题、新媒体人才引进与培训培养问题。这些问题几乎涉及新闻媒体的宏观、中观和微观等全部层面。针对这些主要问题，本书提出相应的对策和建议：进一步改革现行媒体管理体制、加强与完善媒体内部管理机制、改革新媒体生产机制与优化生产流程、强化新媒体生产的用户思维和市场导向、引进新媒体人才及完善人才培训培养机制。通过采取以上对策及具体举措，全方位提升新闻媒体在移动互联网时代的传播力和影响力。

移动互联网条件下的传播受众要实现自身媒介素养的自我跃升，已经变得十分必要，它有利于受众形成独立思维和辨识能力，促进媒介的自我规范和水平提升。新媒体素养的内涵在发生变化，主要指向公众接触、解读和使用新媒体及新媒体信息时所表现出的素养，根据人们使用媒介的不同目的和实际需求，可分为媒介安全素养、媒介交互素养和媒介学习素养三个层次。受众应主动接受新媒体素养教育，以更新信息观念为基础，以掌握信息技术为核心，不断进行媒体使用行为的调适，在态度上要坚持以批判意识和质疑精神为前提，在行动上注重信息处理过程中的筛选与安全。受众更应坚守移动互联网时代的传播伦理，一方面加强伦理意识与伦理学习，明晰移动互联网受众伦理原则，肩负道德权利和道义责任；另一方面增强自律性，自觉抵制伦理失范行为，并不断提高信息鉴别能力。

移动互联网重构了媒介生态环境，因此亟须形成一套适应移动互联网语境的国家监管策略。对移动互联网新闻传播的管控方面，要明确新闻信息服务从业者的职责体系，健全新闻信息内容的审核和管控制度，严控外资和非公有资本的介入，注重新闻信息服务从业者的专业资质，推行用户实名制管理，并不断地完善社会监督机制。对移动互联网视听节目监管方面，要保障国家意识形态和公共利益，明确网络视听内容的创作边界，建立互联网视听内容监管标准。面对移动互联网带来的新媒体融合新型业态，要不断提高产业管理体系的改革创新，针对移动互联网终端服务存在的隐忧，要加强移动互联网终端服务的监管，开展多元融合监督，强化网络运营商管理职责，加强内容服务商和平台运营商监管，完善行业自律机制，与此同时不断完善新媒体融合信息版权管理体系，加强各传播主体的行业自律，构建行业内的信息版权集体管理与维护制度，探索公平合理的利益分配模式。国家层面亦需进一步推动传媒管理体制改革，推动形成管理体制改革的创新思路。此外，还需要进一步增强移动互联网用户的信息安全保障，加快网络立法与完善个人信息法律保护制度，加强有关政府部门的监管力度，不断强化用户信息安全教育。总之，综合运用各种方式与手段，全面提升中国移动互联网条件下的网络信息安全保障。

综上所述，本书全面探讨了移动互联网条件下的新闻传播新形态、特征、趋势及应对策略，研究中尽可能追求全面细致，但是由于时间、精力和研究能力所限，恐有诸多地方尚不周全，感觉顾及的面虽宽，却难以做到深，很多具体问题都没有来不及展开深入探讨。随着5G时代的到来，移动互联网将带来更加剧烈的传播变革，有待后续研究不断跟进和探索。本书算是抛砖引玉，期待更多富有学术价值和实践意义的研究成果不断出现。

参考文献

一　中文文献

（一）论文文献

包圆圆：《移动直播新趋势：明星化　垂直化　社交化》，《新闻战线》2016 年第 24 期。

毕维娜：《微信公众号的内容运营——以“新世相”为例》，《新媒体研究》2017 年第 13 期。

蔡名照：《“现场新闻”拉开主流媒体全面数字化转型的帷幕》，《中国记者》2016 年第 3 期。

蔡雯、刘国良：《纸媒转型与全媒体流程再造——以烟台日报传媒集团创建全媒体数字平台为例》，《今传媒》2009 年第 5 期。

蔡雯：《媒体融合：面对国家战略布局的机遇及问题》，《当代传播》2014 年第 6 期。

蔡雯、翁之颢：《微信公众平台：新闻传播变革的又一个机遇》，《新闻记者》2013 年第 7 期。

蔡雯、翁之颢：《新闻传播人才需求在新媒体环境中的变化及其启示——基于传统媒体 2013—2014 年新媒体岗位招聘信息的研究》，《现代传播（中国传媒大学学报）》2014 年第 6 期。

曹进：《网络时代批判的受众与受众的批判》，《现代传播（中国传媒大学学报）》2008 年第 12 期。

曹依武：《电商环境下直播营销的现状、挑战及趋势》，《山西农经》2017 年第 18 期。

常江：《蒙太奇、可视化与虚拟现实：新闻生产的视觉逻辑变迁》，《新闻大学》2017 年第 1 期。
陈昌凤：《新闻客户端：信息聚合或信息挖掘——从“澎湃新闻”、〈纽约客〉的实践说起》，《新闻与写作》2014 年第 9 期。
陈慧稚：《研究称网民留言能透露经济趋势“失业”是关键词》，《文汇报》2012 年 3 月 30 日。
陈佳佳、王蕊、朱沙磊：《大数据与人工智能背景下的媒体智能化转型》，《传媒评论》2017 年第 7 期。
陈建栋：《技术驱动媒体融合快速发展》，《中国报业》2016 年第 4 期。
陈汝东：《论传播伦理学的理论建设》，《伦理学研究》2004 年第 3 期。
陈思博、李厚锐、田新民：《基于移动互联网的大学生消费行为影响研究》，《浙江学刊》2016 年第 3 期。
陈旭管：《大数据技术驱动媒体融合发展》，《中国传媒科技》2017 年第 6 期。
陈正荣：《打造“中央厨房”的理念、探索和亟需解决的问题》，《中国记者》2015 年第 4 期。
程桂花、王杨、赵传信、邓琨：《应用模逆运算的移动互联网可信终端设计方法》，《计算机技术与发展》2012 年第 11 期。
程丽荃：《智能手机移动互联网应用的界面设计研究》，《电子技术与软件工程》2015 年第 2 期。
崔保国、郑维雄、何丹嵋：《数字经济时代的传媒产业创新发展》，《新闻战线》2018 年第 6 期。
崔婧：《百度地图“套牢”大数据》，《中国经济和信息化》2014 年第 5 期。
戴世富、韩晓丹：《移动互联网时代纸媒转型策略》，《中国出版》2015 年第 1 期。
党君：《移动新闻客户端的用户体验分析》，《编辑之友》2015 年第 9 期。
邓茄月、覃川、谢显中：《移动云计算的应用现状及存在问题分析》，《重庆邮电大学学报》（自然科学版）2012 年第 6 期。
邓秀军、申莉：《反转的是信息而不是新闻——框架理论视阈下微信公众号推文的文本结构与内容属性分析》，《现代传播（中国传媒大学学报）》2017 年第 1 期。

丁钊：《移动互联网时代广播媒体面临的机遇与挑战》，《中国广播》2014年第3期。

董兰兰：《资讯短视频的内容生产策略——基于对“梨视频”发布的热门资讯短视频的分析》，《新闻研究导刊》2017年第1期。

杜跃进、李挺：《移动互联网安全问题与对策思考》，《信息通信技术》2013年第8期。

范红霞：《微信中的信息流动与新型社会关系的生产》，《现代传播（中国传媒大学学报）》2016年第10期。

范以锦：《冷静看待纸媒数字化转型》，《新闻与写作》2013年第7期。

范以锦：《人工智能在媒体中的应用分析》，《新闻与写作》2018年第2期。

方洁、颜冬：《全球视野下的“数据新闻”：理念与实践》，《国际新闻界》2013年第6期。

方玮：《移动互联网与传统互联网的服务融合》，《图书情报工作》2011年第9期。

方兴东、石现升、张笑容、张静：《微信传播机制与治理问题研究》，《现代传播（中国传媒大学学报）》2013年第6期。

冯艳茹：《分享经济——互联网技术发展背景下的商业新模式》，《时代金融》2016年第6期。

付晓光、袁月明：《对话与狂欢：从全民直播看移动视频社交》，《当代电视》2016年第12期。

付玉辉：《移动通信网络语境下的社会网络分析》，《互联网天地》2014年第5期。

傅晓杉：《传播与社会学视角下的移动视频直播研究》，《山东社会科学》2017年第4期。

高贵武、王梦月：《新媒体环境下电视新闻报道的突破与演进——从央视新闻移动网看融媒时代的新闻报道》，《电视研究》2017年第5期。

高红波：《视听新媒体节目的类型与特征》，《编辑之友》2013年第9期。

高阳：《从传统电视到网络视频——互联网时代视听媒体传播内涵的嬗变》，《青年记者》2017年第21期。

庚志成：《移动互联网技术发展现状和发展趋势》，《移动通信》2008年第5期。
顾成凤、茆晓林、任嘉漪：《“互联网+”视角下南京地区的共享单车行业的发展趋势研究》，《时代金融》2018年第8期。
郭全中：《传统媒体转型的五大逻辑》，《新闻与写作》2017年第5期。
郭全中：《媒体融合：现状、问题及策略》，《新闻记者》2015年第3期。
杭云、苏宝华：《虚拟现实与沉浸式传播的形成》，《现代传播（中国传媒大学学报)》2007年第6期。
郝永华、闫睿悦：《移动新闻的社交媒体传播力研究——基于微信订阅号“长江云”数据的分析》，《新闻记者》2016年第2期。
何波：《移动互联网之发展现状及监管对策》，《广播电视信息》2011年第10期。
何其聪、喻国明：《移动传播时代：纸媒二次崛起的机遇——“移动互联网时代中国城市居民媒介接触状况”数据解读》，《出版发行研究》2015年第7期。
何翔：《移动互联网时代广播媒体的发展》，《编辑之友》2016年第6期。
贺倩：《人工智能技术在移动互联网发展中的应用》，《电信网技术》2017年第2期。
洪小娟、刘雅囡、姜楠：《移动互联网舆情生成机制研究》，《南京邮电大学学报》（社会科学版）2013年第6期。
胡海洋、李忠金、胡华、赵格华：《面向移动社交网络的协作式内容分发机制》，《计算机学报》2013年第3期。
胡世良：《移动互联网发展的八大特征》，《信息网络》2010年第8期。
胡晓泓：《基于“使用与满足”理论的微博直播研究》，《传播与版权》2017年第5期。
胡旭、刘晓莉：《微博庭审直播，司法不再“神秘化”》，《人民论坛》2017年第13期。
胡正荣：《媒体的未来发展方向：建构一个全媒体的生态系统》，《中国广播》2016年第11期。
黄楚新：《中国媒体融合发展现状、问题及趋势》，《新闻战线》2017年第1期。
黄河、翁之颢：《移动互联网背景下政府形象构建的环境、路径及体系》，

《国际新闻界》2016年第8期。
黄建省：《移动互联网背景下的电视话语权重构》，《新闻战线》2016年第6期。
黄升民、宋红梅：《过去、现在与未来——广播媒体应对挑战与摸索转型的轨迹探析》，《现代传播（中国传媒大学学报）》2006年第6期。
黄峥：《驾驭媒介：移动互联网时代的媒介素养转型》，《浙江万里学院学报》2018年第6期。
姜胜洪、殷俊：《移动新闻客户端发展现状与问题》，《新闻与写作》2015年第3期。
蒋鸣和：《第三种学习方式来临?》，《人民教育》2014年第23期。
蒋晓琳、黄红艳：《移动互联网安全问题分析》，《电信网技术》2009年第10期。
蒋晓琳、赵妍：《移动互联网定位业务与技术研究》，《电信网技术》2013年第5期。
蒋雪柔：《O2O模式下"美团外卖"的"蓝海"战略分析》，《经营与管理》2018年第5期。
金兼斌：《数据媒体与数字泥巴：大数据时代的新闻素养》，《新闻与写作》2016年第12期。
鞠宏磊：《手机报盈利模式探究》，《当代传播》2008年第1期。
康明吉：《共享经济模式的移动互联网技术属性研究》，《电信网技术》2015年第11期。
匡文波、李芮、任卓如：《网络媒体的发展趋势》，《编辑之友》2017年第1期。
匡文波、刘波：《纸媒转型移动互联网的对策研究》，《新闻与写作》2014年第7期。
雷卫华、汪涛：《移动互联网环境下如何创新社会治理》，《中国经济周刊》2017年第22期。
黎斌：《技术成为媒体融合的主导逻辑》，载《融合坐标——中国媒体融合发展年度报告（2015）》，人民日报出版社2016年版，第144—152页。
黎经纬：《中国消费者网络购物行为的影响因素》，《现代交际》2018年第 5 期。
李昌、刘纯怡：《移动互联网新闻客户端舆论传播研究》，《编辑学刊》2017 年第 3 期。
李海舰、田跃新、李文杰：《互联网思维与传统企业再造》，《中国工业经济》2014 年第 10 期。
李红秀：《微信写作：从社交应用到新闻生成》，《西南民族大学学报》（人文社科版）2017 年第 3 期。
李洁原：《基于新闻网站的移动客户端系统设计与实现》，《中国传媒科技》2015 年第 5 期。
李静：《移动互联网时代广播媒体的创新策略》，《中国广播》2014 年第 4 期。
李岚：《移动化、社交化：视听新媒体融合发展新态势》，《声屏世界》2013 年第 8 期。
李庆捷：《移动搜索引擎的设计与实现》，《数字技术与应用》2012 年第 10 期。
李荣伟：《5G 移动通信发展趋势及关键技术研究》，《中国新通信》2018 年第 1 期。
李宇：《中国电视国际传播的新挑战与新逻辑》，《国际传播》2018 年第 11 期。
李越：《移动互联网技术的发展现状及未来发展趋势探析》，《数字通信世界》2018 年第 3 期。
李昀晓：《微博与微信的传播特点比较》，《经贸实践》2018 年第 7 期。
李志军、郭同德：《智能可穿戴设备在新闻领域中应用路径探讨》，《中国出版》2016 年第 22 期。
梁栋：《〈Pokemon GO〉爆红　虚拟技术引爆游戏市场》，《上海信息化》2016 年第 10 期。
梁瑞仙：《中国中小企业的移动互联网营销策略研究》，《改革与战略》2017 年第 2 期。
刘宏波、潘鸯鸯、刘洋：《专网无线通信技术与云计算平台融合演进的研究》，《移动通信》2016 年第 23 期。
刘剑、刘胜枝：《青少年移动互联网娱乐行为分析及对策研究》，《中国青年研究》2015 年第 12 期。
刘韬、王文东：《移动互联网终端技术》，《中兴通讯技术》2012 年第 3 期。
刘迎盈、丁钰、汪正周：《个性化视频内容智能推荐的算法设计》，《视听界（广播电视技术）》2013 年第 6 期。
刘正红：《报纸转型：奔着“脱胎换骨”而去的折腾——移动互联网语境下的报业运营实践及现象观察》，《新闻与写作》2016 年第 7 期。
卢峰：《媒介素养之塔：新媒体技术影响下的媒介素养构成》，《国际新闻界》2015 年第 4 期。
陆地、靳戈：《大数据：电视产业转型升级的支点和交点》，《电视研究》2014 年第 4 期。
陆钢、朱培军、李慧云、文锦军：《智能终端跨平台应用开发技术研究》，《电信科学》2012 年第 5 期。
陆先高：《产品融合：媒体融合发展的关键》，《传媒》2014 年第 12 期。
吕欣：《用移动互联网“转基因”重构电视产业格局——一场正在进行的电视媒介生态变革》，《传媒》2015 年第 2 期。
栾轶玫：《移动声媒：融合时代广播变革的新形态》，《新闻与写作》2015 年第 10 期。
罗军舟、吴文甲、杨明：《移动互联网：终端、网络与服务》，《计算机学报》2011 年第 11 期。
马继华：《3G 时代的手机游戏产业》，《信息网络》2010 年第 1 期。
马友忠、孟小峰、姜大昕：《移动应用集成框架、技术与挑战》，《计算机学报》2013 年第 7 期。
聂辰席：《以重点工程为抓手 打造“智慧融媒体”》，《中国广播电视学刊》2015 年第 11 期。
欧阳世芬、谢丽：《移动互联网时代移动在线视频 App 的现状与发展趋势》，《新闻研究导刊》2015 年第 6 期。
潘筠：《移动互联网下的分享经济研究》，《电子世界》2017 年第 4 期。
彭国军、邵玉如、郑祎：《移动智能终端安全威胁分析与防护研究》，《信息网络安全》2012 年第 1 期。
彭兰：《场景：移动时代媒体的新要素》，《新闻记者》2015 年第 3 期。

彭兰：《泛传播时代的传媒业及传媒生态》，《新闻论坛》2017 年第 6 期。

彭兰：《记者微博：专业媒体与社会化媒体的碰撞》，《江淮论坛》2012 年第 2 期。

彭兰：《媒介融合时代的“合”与“分”》，《中华新闻报》2007 年 7 月 4 日。

彭兰：《媒体网站突围的四个方向》，《新闻实践》2013 年第 8 期。

彭兰：《“内容”转型为“产品”的三条线索》，《编辑之友》2015 年第 4 期。

彭兰：《社会化媒体、移动终端、大数据：影响新闻生产的新技术因素》，《新闻界》2012 年第 8 期。

彭兰：《万物皆媒——新一轮技术驱动的泛媒化趋势》，《编辑之友》2016 年第 3 期。

彭兰：《未来传媒生态：消失的边界与重构的版图》，《现代传播（中国传媒大学学报）》2017 年第 1 期。

彭兰：《无边界时代的内容重塑》，《现代传播（中国传媒大学学报）》2018 年第 5 期。

彭兰：《移动化、社交化、智能化：传统媒体转型的三大路径》，《新闻界》2018 年第 1 期。

彭兰：《移动化、智能化技术趋势下新闻生产的再定义》，《新闻记者》2016 年第 1 期。

彭兰：《智媒化时代：以人为本》，《中国社会科学报》2017 年 3 月 30 日。

彭兰：《智媒化：未来媒体浪潮——新媒体发展趋势报告（2016）》，《国际新闻界》2016 年第 11 期。

彭兰：《重构的时空——移动互联网新趋向及其影响》，《汕头大学学报》（人文社会科学版）2017 年第 3 期。

强月新、陈志鹏：《未来媒体的内容生产与叙事变革》，《新闻与写作》2017 年第 4 期。

冉华、王凤仙：《从边缘突破：移动互联网环境下广播媒体的融合发展之路》，《新闻界》2015 年第 4 期。

人民网研究院：《走上国际舞台的中国移动互联网——〈中国移动互联网

发展报告（2018）〉发布》，《中国报业》2018 年第 13 期。
任柯霓：《弹幕：视频交互新玩法》，《科技传播》2016 年第 8 期。
芮必峰、陈夏蕊：《新传播技术呼唤新“媒介素养”》，《新闻界》2013 年第 7 期。
邵晓：《基于 LBS 的移动社交传播模式及应用研究》，《东南传播》2011 年第 1 期。
沈静、景义新：《传统媒体转型视野下 iPad 研究面向：属性、重构、质疑与未来》，《编辑之友》2014 年第 1 期。
沈阳：《媒介的未来图景，何样?》，《中国记者》2016 年第 12 期。
慎海雄：《遵循新闻传播规律　抢占媒体融合制高点》，《新闻与写作》2014 年第 11 期。
施连敏、盖之华、陈志峰：《移动互联网背景下推动移动学习发展的策略研究》，《信息技术与信息化》2014 年第 11 期。
石长顺、曹霞：《即时通信时代的网络规制变革——从“微信十条”谈起》，《编辑之友》2014 年第 10 期。
史安斌、张耀钟：《虚拟现实新闻：理念透析与现实批判》，《新闻记者》2016 年第 5 期。
宋建武：《媒体融合时代的创新》，《新闻与写作》2014 年第 8 期。
宋建武、乔羽：《建设县级融媒体中心　打造治国理政新平台》，《新闻战线》2018 年第 12 期。
宋雅云、蔡毅：《移动健康医疗 App 现状分析研究》，《中国卫生信息管理杂志》2017 年第 4 期。
苏国良：《无线通信技术发展趋势》，《移动通信》2010 年第 10 期。
隋欣、顿海龙：《从广播类 App 看移动互联网时代广播的发展》，《当代传播》2013 年第 3 期。
孙福查：《手机报“井喷”现象初探》，《采写编》2006 年第 6 期。
孙其博：《移动互联网安全综述》，《无线电通信技术》2016 年第 2 期。
孙巍、王行刚：《移动定位技术综述》，《电子技术应用》2003 年第 6 期。
谭天：《网络直播：主流媒体该怎么打好这一仗》，《人民论坛》2017 年第 1 期。
唐江：《微博新闻传播的优势与不足》，《编辑学刊》2016 年第 3 期。

唐涛:《移动互联网舆情新特征、新挑战与对策》,《情报杂志》2014 年第 3 期。

滕颖、楚燕梅、赵丽娜:《移动互联网环境下通信产业链纵向整合模式研究》,《工业技术经济》2011 年第 11 期。

涂凌波:《探索新型主流媒体:云平台、移动政务与融合新闻》,《中国新闻传播研究》2016 年第 2 期。

王波:《移动互联网对传统互联网的影响探析》,《信息通信》2018 年第 1 期。

王迪、王汉生:《移动互联网的崛起与社会变迁》,《中国社会科学》2016 年第 7 期。

王芳菲:《问题与应对:中国政务客户端的发展研究》,《现代传播(中国传媒大学学报)》2017 年第 1 期。

王海豹:《移动电子政务发展问题分析及对策研究》,《电子政务》2011 年第 11 期。

王红、孙敏:《移动互联网时代文化产业的商业模式与创新路径》,《学习与实践》2015 年第 10 期。

王军峰:《封面新闻:技术驱动下的场景传播》,《视听》2018 年第 2 期。

王求:《移动互联网时代广播发展的机遇与挑战》,《中国广播电视学刊》2014 年第 2 期。

王姝睿:《移动互联网模式下的新型学习方式》,《吉林省教育学院学报》2014 年第 4 期。

王卫明、董瑞强:《新闻品格　网络风味:微信新闻传播手法解析》,《中国记者》2015 年第 9 期。

王晓红、任垚媞:《中国短视频生产的新特征与新问题》,《新闻战线》2016 年第 17 期。

王学强、雷灵光、王跃武:《移动互联网安全威胁研究》,《信息网络安全》2014 年第 9 期。

王宇航、张宏莉、余翔湛:《移动互联网中的位置隐私保护研究》,《通信学报》2015 年第 9 期。

王玉祥、乔秀全、李晓峰、孟洛明:《上下文感知的移动社交网络服务选择机制研究》,《计算机学报》2010 年第 11 期。

王玥、郑磊：《中国政务微信研究：特性、内容与互动》，《电子政务》2014 年第 1 期。
王志峰、刘爽：《媒体竞争新战场：新闻客户端的新闻直播》，《传媒》2018 年第 13 期。
文军、张思峰、李涛柱：《移动互联网技术发展现状及趋势综述》，《通信技术》2014 年第 9 期。
翁昌寿、黄昕悦：《移动新闻客户端的价值创造与编辑增值——从今日头条的估值说起》，《中国编辑》2014 年第 9 期。
邬莹颖：《懒人经济升级 智能经济当道》，《纺织服装周刊》2016 年第 35 期。
吴少军：《网页游戏开发新趋势与新技术漫谈》，《当代教育理论与实践》2012 年第 6 期。
吴正楠：《移动视频直播改变新闻业?》，《传媒评论》2016 年第 8 期。
郄小明、徐军库：《云计算在移动互联网上的应用》，《计算机科学》2012 年第 10 期。
向安玲、沈阳、罗茜：《媒体两微一端融合策略研究》，《现代传播（中国传媒大学学报）》2016 年第 4 期。
肖叶飞：《媒介融合的多维内涵与新闻生产》，《新闻世界》2016 年第 2 期。
谢静：《微信新闻：一个交往生成观的分析》，《新闻与传播研究》2016 年第 4 期。
谢新洲：《国媒体融合的困境与出路》，《新闻与写作》2017 年第 1 期。
谢耘耕、丁瑜：《融合和转型：未来广播的生存之道》，《中国传媒科技》2009 年第 7 期。
新华网研究部：《盘点新华社全媒体集群（一）转型发展中的新华网》，《中国记者》2011 年第 10 期。
徐全盛、葛林强、邹勤宜：《基于大数据分析的无线通信技术研究》，《通信技术》2016 年第 12 期。
徐园、李伟忠：《数据驱动新闻　智能重构媒体》，《新闻与写作》2018 年第 1 期。
徐园：《新闻 + 服务：浙报集团的媒体融合之道》，《传媒评论》2014 年第12期。
许向东：《对中美数据新闻人才培养模式的比较与思考》，《国际新闻界》2016年第10期。
严三九：《中国传统媒体与新兴媒体融合发展的现状、问题与创新路径》，《华东师范大学学报》（哲学社会科学版）2018年第1期。
颜枫：《打造"互联网+"企业核心能力》，《企业研究》2015年第10期。
杨波：《移动互联网时代的消费行为分析》，《中小企业管理与科技》2016年第3期。
杨峰义、张建敏、谢伟良、王敏、王海宁：《5G蜂窝网络架构分析》，《电信科学》2015年第5期。
杨继红：《打造央视新闻产品矩阵，开创融合发展新格局》，《新闻战线》2016年第5期。
杨文祥、高峰：《移动互联网传播呼唤电视新闻的"短、实、新"》，《电视研究》2015年第8期。
杨志坚：《泛在学习：在理想与现实之间》，《开放教育研究》2014年第4期。
杨洲：《美国新闻客户端的发展趋势》，《新闻与写作》2016年第11期。
杨状振、欧阳宏生：《移动互联网时代的"媒—信产业"及其规制路径》，《新闻界》2013年第22期。
姚洪磊、石长顺：《新媒体语境下广播电视的战略转型》，《国际新闻界》2013年第2期。
叶蓁蓁：《重新定义媒体——站在全面融合的时代》，《传媒评论》2016年第1期。
殷俊、罗玉婷：《移动新闻客户端的发展策略》，《新闻与写作》2015年第11期。
殷乐：《重新连接：移动互联网时代的电视媒体转型路径思考》，《电视研究》2014年第12期。
于红、李名珺：《传播学视域下明星微直播公益活动探究》，《新媒体研究》2017年第3期。
于晓娟：《移动社交时代短视频的传播及营销模式探析》，《出版广角》

2016 年第 24 期。
余全洲:《1G—5G 通信系统的演进及关键技术》,《通讯世界》2016 年第 11 期。
喻国明、兰美娜、李玮:《智能化:未来传播模式创新的核心逻辑——兼论“人工智能+媒体”的基本运作范式》,《新闻与写作》2017 年第 3 期。
喻国明、李彪:《当前社会舆情场的结构性特点及演进趋势——基于〈中国社会舆情年度报告(2015)〉的分析结论》,《新闻与写作》2015 年第 10 期。
喻国明、刘界儒、李阳:《数据新闻现存的问题与解决之道——兼论人工智能的应用价值》,《新闻爱好者》2017 年第 6 期。
喻国明、张文豪:《VR 新闻:对新闻传媒业态的重构》,《新闻与写作》2016 年第 12 期。
喻国明:《中国媒体官方微博运营现状的定量分析》,《新闻与写作》2013 年第 1 期。
袁楚:《引爆点:手机游戏新机遇》,《互联网天地》2010 年第 8 期。
詹新惠:《直播答题诞生与存续的三层逻辑》,《新闻战线》2018 年第 5 期。
张长青:《浅析 5G 网络对移动互联网的影响》,《电信网技术》2015 年第 11 期。
张海明:《“长江云”:开创区域融合新生态》,《电视研究》2017 年第 1 期。
张海艳:《自媒体时代微信对于网络新闻编辑的价值意义》,《编辑学刊》2015 年第 6 期。
张洪忠:《“人工智能+新闻”引领媒体大势》,《中国报业》2017 年第 6 期。
张建红:《共建共享 开创区域媒体融合新生态》,《中国广播电视学刊》2016 年第 10 期。
张蕾:《移动互联网时代广播新闻形态发展浅谈》,《中国广播电视学刊》2016 年第 8 期。
张美娟:《关于 5G 移动通信技术分析及发展趋势探讨》,《计算机产品与流通》2017 年第 12 期。
张青、陶彩霞、陈翀：《移动互联网数据可视化技术及应用研究》，《电信科学》2014 年第 10 期。
张守美：《泛在技术与脱域结合重构世界经济》，《中国信息界》2017 年第 1 期。
张腾之：《融合元年：央视新媒体实践的探索与思考》，《新闻战线》2015 年第 11 期。
张文娟：《手机报内容的缺陷制约其发展》，《新闻与写作》2008 年第 2 期。
张潇：《受众自我赋权扩张与手机传播自律》，《中国报业》2014 年第 10 期。
张漩：《解读微信 H5 传播模式新特征》，《今传媒》2016 年第 8 期。
张余：《移动互联网时代 H5 页面的设计与营销》，《东南传播》2015 年第 9 期。
张征、何苗：《微博新闻对社会问题的追溯现象研究》，《国际新闻界》2013 年第 12 期。
张志安、吴涛：《国家治理视角下的互联网治理》，《新疆师范大学学报》（哲学社会科学版）2015 年第 5 期。
张志安：《新闻生产的变革：从组织化向社会化——以微博如何影响调查性报道为视角的研究》，《新闻记者》2011 年第 3 期。
张志安：《新新闻生态系统：当下和未来》，《新闻战线》2016 年第 7 期。
张志安、曾励：《媒体融合再观察：媒体平台化和平台媒体化》，《新闻与写作》2018 年第 8 期。
赵曙光：《传统电视的社会化媒体转型：内容、社交与过程》，《清华大学学报》（哲学社会科学版）2016 年第 1 期。
赵雅鹏、李世国：《移动社交游戏的用户体验研究》，《包装工程》2012 年第 12 期。
郑洁琼、陈泽宇、王敏娟、吴杰森：《3G 网络下移动学习的探索与实践》，《开放教育研究》2012 年第 2 期。
郑善珠：《社会媒体对新闻与受众互动的塑造——以微博的新闻传播为例》，《新闻界》2014 年第 17 期。

郑跃平、黄博涵：《“互联网＋政务”报告（2016）——移动政务的现状与未来》，《电子政务》2016年第9期。

钟瑛、范孟娟：《湖北省微信公众号综合热度与社会责任评析》，《决策与信息》2016年第10期。

钟瑛、邵晓：《技术、平台、政府：新媒体行业社会责任实践的多维考察》，《现代传播（中国传媒大学学报）》2020年第5期。

周博、李照华：《移动互联网接入网络技术》，《科技资讯》2013年第8期。

周勇、何天平：《从“看”到“体验”：现实体验技术对新闻表达的重构》，《新闻与写作》2016年第11期。

朱剑飞、胡玮：《唯改革创新者胜——再论媒体融合的发展瓶颈与路径依赖》，《现代传播（中国传媒大学学报）》2016年第9期。

朱谦、李雅卓：《移动新闻客户端新闻的五大特点》，《传媒》2016年第5期。

（二）著作文献

保罗·莱文森：《人类历程回放：媒介进化论》，西南师范大学出版社2017年版。

保罗·莱文森：《数字麦克卢汉》，社会科学文献出版社2001年版。

保罗·莱文森：《思想无羁：技术时代的认识论》，南京大学出版社2004年版。

布莱恩·阿瑟：《技术的本质》，浙江人民出版社2014年版。

蔡雯：《媒体融合与融合新闻》，人民出版社2012年版。

陈国权：《新媒体拯救报业?》，南方日报出版社2012年版。

大卫·克罗图、威廉·霍伊尼斯：《运营媒体在商业媒体与公共利益之间》，清华大学出版社2007年版。

戴维·阿克：《管理品牌资产》，机械工业出版社2012年版。

戴维·温伯格：《新数字秩序的革命》，中信出版社2008年版。

菲利普·迈耶：《正在消失的报纸——如何拯救信息时代的新闻业》，新华出版社2007年版。

金·钱·W.、莫博涅·勒尼：《蓝海战略：超越产业竞争，开创全新市场》，商务印书馆 2005 年版。
克劳斯·布鲁恩·延森：《媒介融合：网络传播、大众传播和人际传播的三重维度》，复旦大学出版社 2018 年版。
黎斌：《电视融合变革——新媒体时代传统电视的转型之路》，中国国际广播出版社 2011 年版。
李怀亮：《新媒体：竞合与共赢》，中国传媒大学出版社 2009 年版。
李建国、宋建武：《报业内容生产案例分析》，浙江文艺出版社 2008 年版。
李良荣、姚志明：《中国传媒业的战略转型》，复旦大学出版社 2008 年版。
李沁：《沉浸传播》，清华大学出版社 2013 年版。
刘冰：《融合新闻》，清华大学出版社 2017 年版。
刘阳：《媒介转型论》，中国传媒大学出版社 2008 年版。
刘易斯·芒福德：《技术与文明》，中国建筑工业出版社 2009 年版。
卢文浩：《中国传媒业的系统竞争研究个媒介生态学的视角》，中国经济出版社 2009 年版。
吕尚彬：《中国大陆报纸转型》，上海交通大学出版社 2009 年版。
罗杰·菲德勒：《媒介形态的变化认识新媒介》，华夏出版社 2000 年版。
罗以澄、吕尚彬：《中国社会转型下的传媒环境与传媒发展》，武汉大学出版社 2010 年版。
马歇尔·麦克卢汉：《理解媒介——论人的延伸》，商务印书馆 2000 年版。
玛丽贝尔·洛佩兹：《指尖上的场景革命》，中国人民大学出版社 2016 年版。
迈克尔·塞勒：《移动浪潮：移动智能如何改变世界》，邹韬译，中信出版社 2013 年版。
迈克尔·波特：《竞争优势》，华夏出版社 2005 年版。
麦尚文：《全媒体融合模式研究：中国报业转型的理论逻辑与现实选择》，中国人民大学出版社 2012 年版。
曼纽尔·卡斯特：《网络社会的崛起（第 2 版）》，社会科学文献出版社 2003 年版。

梅宁华、宋建武：《中国媒体融合发展报告：2017—2018》，社会科学文献出版社2017年版。
尼尔·波兹曼：《童年的消逝》，吴燕莛译，广西师范大学出版社2004年版。
尼古拉·尼葛洛庞帝：《数字化生存》，海南出版社1997年版。
邵培仁：《媒介生态学——媒介作为绿色生态的研究》，中国传媒大学出版社2008年版。
石长顺：《融合新闻学导论》，北京大学出版社2013年版。
唐晓芬：《中国媒介：转型与趋势》，中国传媒大学出版社2008年版。
唐绪军、黄楚新、王丹：《中国媒体融合发展现状（2014—2015)》，中国社会科学出版社2015年版。
腾讯传媒研究院：《众媒时代》，中信出版集团股份有限公司2016年版。
童兵：《技术、制度与媒介变迁：中国传媒改革开放年论文集》，复旦大学出版社2009年版。
王菲：《媒介大融合》，南方日报出版社2007年版。
王润珏：《媒介融合的制度安排与政策选择》，社会科学文献出版社2004年版。
吴大鹏、欧阳春等编著：《移动互联网关键技术与应用》，电子工业出版社2015年版。
肖赞军、吴信训：《西方传媒业的融合竞争及规制》，中国书籍出版社2011年版。
新华社新闻研究所：《数字化时代的传媒战略转型》，新华出版社2009年版。
许颖：《媒介融合的轨迹》，中国人民大学出版社2011年版。
约翰·V. 帕弗利克：《新闻业与新媒介》，新华出版社2005年版。
张辉锋：《转型与抉择——十字路口的传媒业》，人民日报出版社2016年版。
张咏华：《媒介分析：传播技术神话的解读》，北京大学出版社2017年版。

二 外文文献

Anthony Friedmann, *Writing for Visual Media*, Focal Press, 2010.

August E. Grant, Jeffrey S, *Wilkinson*, *Understanding Media Convergence: The State of the Field*, New York: Oxford University Press, 2009.

David Thorburn&Henry Jenbus, *Rethinking Media Change: The Aesthetics of Transition*, MIT Press, 2003.

Dizard, Wilson Jr, *Old Media, New Media: Mass Communications in the Information Age*, Longman, 1999.

Dwayne Roy Winseck, Dal Yong Jin, *The Political Economies of Media: The Transformation of the Global Media Industries*, Bloomsbury Academic, 2011.

Elana Levine & Michael Z. Newman, *Legitimating Television: Media Convergence and Cultural Status*, Routledge, 2011.

Ellen Seiter, *Television and New Media Audiences.* Oxford University Press, 1999.

Ester Appelgren, *Media Convergence and Digital News Services*, VDM Verlag, 2008.

Everett M. Rogers, *Communication Technology: The New Medial in Society*, New York: Free Press. , 1986.

Gracie L. Lawson-Borders, *Media Organizations and Convergence: Case Studies of Media Convergence Pioneers*, Lawrence Erlbaum Associates Inc. , 2005.

Henry Jenkins, *Convergence Culture: Where Old and New Media Collide*, New York University Press, 2008.

Hugh Mackay&Tim OSullivan, *The media Reader: Continuity and Transfurmation*, SAGE Publications Ltd. , 1999.

James Aucoin, Implications of Audience Ethics for the Mass communicator, *Journal of Mass Media Ethics*, Provo: 1996. Vol. 11, Iss. 2; pp. 69 –81.

Janet Kolodzy, *Practicing Convergence Journalism: An Introduction to Cross-Media Storytelling*, Routledge, 2012.

Jennifer Gillan, *Television and New Media: Must-Click TV*, Routledge, 2010.

Kenneth C. Killebrew, *Managing Media Convergence*: *Pathways To Journalistic Cooperation*, Wiley-Blackwell, 2004.

Philip M. Napoli, *Audience Evolution*: *New Technologies and the Transformation of Media Audiences*, Columbia University Press, 2010.

Quinn, S, *Convergent Journalism*: *The Fundamentals of Multimedia Reporting*, New York: Peter Lang Publishing, 2005.

Ravi S. Sharma, Margaret Tan& Francis Pereira, *Understanding the Interactive Digital Media Marketplace*: *Frameworks*, *Platforms*, *Communities and Issues*, Business Science Reference, 2012.

Richard L. Johannesen, *Ethics in Human Communication Third Edition*, Illinois: Waveland Press, 1990, Inc. pp. 136 – 137.

Scott Gant, *We're All Journalists Now*: *The Transformation of the Press and Reshaping of the Law in the Internet Age*, Free Press, 2011.

Tim Dwyer, *Media Convergence*, Open University Press, 2009.

Yuan, Elaine, *News Consumption Across Multiple media Platforms*, *Information*, Communication & Society, 2011.

后　　记

随着新技术不断迭代，新媒体形态也在不断产生。移动互联网带来的新闻传播变革，让每一位媒体从业人员感触至深，让每一位移动互联网用户感慨万千。在当下的时代，“移动化生存”已经成为新闻传播行业的一种常态。从未来趋势看，“移动化”和“智能化”的叠加，使得人类正在迎来一个崭新的移动智媒时代，这将带来媒介化社会的全新变革。本书立足移动互联网探讨新闻传播新形态、特征、趋势及应对策略，以期为新闻传播学界和业界提供一定参考。

本书是国家社会科学基金项目“移动互联网条件下的新闻传播新形态、特征、趋势及应对策略研究”（14CXW026）成果，并获2022年度河北省哲学社会科学学术著作出版资助、河北省文化名家暨“四个一批”人才资助项目及河北经贸大学学术著作出版基金资助。

这部著作能够顺利面世，有三个因素起了重要作用：一是国家社会科学基金项目研究结项带来的压力和动力；二是作者之一于2016年至2019年在中国人民大学新闻学院从事博士后研究工作带来的研究便利；三是得益于多名研究生的参与和助力，河北经贸大学文化与传播学院硕士研究生韩庆鑫、孙宇、牛文静、王竞莹、任俊艳、史雅楠、刘新家、康映雪等参与了课题部分章节的研究工作，在此表示衷心感谢。

感谢中国社会科学出版社编辑赵丽博士给予的悉心关照，本书才得以顺利出版。感谢国家社会科学基金项目的五位匿名专家结项评审意见指引本书的后续修改，虽修改未能到位，但指明了今后研究的努力方向。还要感谢诸多人士在这部著作研究中给予的热情帮助，令我们深深感动！他们是作者分散在全国各地的老师、同学、校友、学生和媒体朋友，由于要感谢的人真的太多，这里就不再一一列出姓名，没有他们的积极支持和帮助，就没有本书的问世，在此一并致以最诚挚的谢意。

随着本书研究任务完结，笔者不得不感慨新媒体发展之迅速，新媒体研究永远在路上，而且唯有超越技术“表层”，深入理论“肌底”，才是研究之关键！今后有暇之时，定当集中精力投入新媒体理论“肌底”潜心研究。由于作者的学识和水平有限，书中难免有不当和错误之处，敬请学界和业界同人给予批评和指正。

记于滹沱河畔

2022 年 3 月